高职高专"十二五"规划教材

机械设计基础（项目化教程）

史新逸　李　敏　徐剑锋　编

化学工业出版社

·北京·

本书针对高职教学特点，以培养学生的应用能力为主线，以对学生进行通用机械设计能力的训练为目标，在教学体系上大胆进行改革创新，对机械设计原有知识体系进行合理分解，按照工学结合的教学要求重构项目化教学体系，将机械设计所涉及的基本理论知识高度整合，形成以任务驱动为主线，以工程实际中的设备、机构、零件为载体，通过知识点详细地讲解机械设计基本方法和基本技能。

全书共分总论和12个项目，主要内容包括：机械设计总论，平面连杆机构、凸轮机构、间歇运动机构、螺旋机构、齿轮传动、轮系、蜗杆传动、挠性传动、机件连接、轴承、轴、联轴器和离合器等。本书结合工程实际，列举丰富多样的示例，每个项目后面都编排有各种类型的、丰富的思考题和练习题。

可以与本书配套使用的《机械设计课程设计》（徐剑锋等编），也已经由化学工业出版社出版。

本书主要作为职业技术院校和成人教育院校机械、机电、数控等相关专业的教材，也可供从事机械设计与制造专业的工程技术人员和自学者参考。

图书在版编目（CIP）数据

机械设计基础（项目化教程）/史新逸，李敏，徐剑锋编．—北京：化学工业出版社，2012.6
高职高专"十二五"规划教材
ISBN 978-7-122-14221-4

Ⅰ．机… Ⅱ．①史…②李…③徐… Ⅲ．机械设计-高等职业教育-教材 Ⅳ．TH122

中国版本图书馆CIP数据核字（2012）第090172号

责任编辑：王听讲　　　　　　　　　　　　文字编辑：余纪军
责任校对：蒋　宇　　　　　　　　　　　　装帧设计：关　飞

出版发行：化学工业出版社（北京市东城区青年湖南街13号　邮政编码100011）
印　　装：三河市延风印装厂
787mm×1092mm　1/16　印张16　字数415千字　2012年8月北京第1版第1次印刷

购书咨询：010-64518888（传真：010-64519686）　售后服务：010-64518899
网　　址：http://www.cip.com.cn
凡购买本书，如有缺损质量问题，本社销售中心负责调换。

定　价：32.00元　　　　　　　　　　　　　　　　　　　版权所有　违者必究

前 言

本书根据教育部有关机械设计基础课程的教学基本要求，充分汲取高等职业教育在培养技能型技术人才方面的经验和成果，以"必需、够用"为度，密切结合工程实际，突出应用性，重排教学内容，简化理论与公式，结合编者多年的教学经验和教改实践编写而成，可供机械类、机电类各专业使用。

作为机械学科课程体系中的一门技术基础课教程，编写中力求使本书具有如下特色。

1. 对机械设计整体内容进行了重新编排与整理。全书按照实际工程的内在联系和认识的一般规律，依照项目学习重构教学体系，将全书内容分为12个项目进行阐述，形成以设计任务为主线，以实际工程中的设备、机构、零件为载体的教学体系，做到"用什么，学什么"。同时，每个项目后都包含相应的知识拓展，以开阔学生的视野，促进学生可持续发展。

2. 突出职业教育"理论知识够用，注重能力培养"的特点，在各项目教学中均有训练例题，各项目教学后均列出了形式多样化的习题（思考题、填空题、选择题和计算题等），供学生进行分析问题、解决问题的能力训练。

3. 项目教学中，以任务驱动导向，从常见的工程实践出发，讲清基本概念、工作原理；在列出定义、公式时，主要着力于定性的分析，省略或简化了数学的推导过程。

4. 项目教学采用图文并茂的讲解方式，图形、图样清晰规范，文字表达深入浅出。

5. 采用了已颁布的最新国家标准、有关技术规范、数据和资料。

为了方便教学使用，我们还编写了与本书配套的《机械设计课程设计》（书号：ISBN 978-7-122-14268-9），该书也由化学工业出版社出版。

在编写过程中，我们参考了相关文献，在此对这些文献的作者表示衷心的感谢！

限于编者水平，书中难免存在不足之处，敬请广大同行和读者批评指正，宝贵意见请发到电子邮箱：jcbwh@126.com。

编 者
2012 年 4 月

目　录

机械设计总论 ··· 1
　【任务驱动】 ··· 1
　【学习目标】 ··· 1
　【知识解读】 ··· 2
　　知识点一　机械设计的基本概念 ··· 2
　　知识点二　机械设计的基本准则及一般步骤 ··· 5
　　知识点三　机械零件常用材料与选择 ··· 8
　　知识点四　机械零件设计的标准化、系列化、通用化 ······························ 11
　【知识拓展】　现代设计方法 ·· 11
　练习与思考 ·· 14

项目一　平面连杆机构 ··· 15
　【任务驱动】 ··· 15
　【学习目标】 ··· 15
　【知识解读】 ··· 15
　　知识点一　平面机构的结构和运动分析 ··· 15
　　知识点二　铰链四杆机构的形式及特性 ··· 23
　　知识点三　铰链四杆机构的演化 ··· 28
　　知识点四　平面四杆机构的图解法设计 ··· 30
　【知识拓展】　机构的组合及其应用 ·· 32
　练习与思考 ·· 33

项目二　凸轮机构 ··· 38
　【任务驱动】 ··· 38
　【学习目标】 ··· 38
　【知识解读】 ··· 38
　　知识点一　凸轮机构的应用和类型 ··· 38
　　知识点二　凸轮从动件常用运动规律分析 ··· 40
　　知识点三　图解法设计凸轮轮廓 ··· 43
　　知识点四　凸轮机构基本参数的确定 ·· 46
　　知识点五　凸轮常用材料和结构选择 ·· 47
　【知识拓展】　改进型运动规律简介 ·· 48
　练习与思考 ·· 48

项目三　间歇运动机构 ………………………………………………………………… 51
【任务驱动】 ………………………………………………………………………… 51
【学习目标】 ………………………………………………………………………… 51
【知识解读】 ………………………………………………………………………… 51
　　知识点一　棘轮机构 ……………………………………………………………… 51
　　知识点二　槽轮机构 ……………………………………………………………… 54
　　知识点三　不完全齿轮机构 ……………………………………………………… 56
【知识拓展】 凸轮间歇运动机构 …………………………………………………… 57
　　练习与思考 ………………………………………………………………………… 58

项目四　螺旋机构 ……………………………………………………………………… 60
【任务驱动】 ………………………………………………………………………… 60
【学习目标】 ………………………………………………………………………… 60
【知识解读】 ………………………………………………………………………… 60
　　知识点一　螺旋机构的应用分析 ………………………………………………… 60
　　知识点二　螺旋副的受力分析、效率和自锁 …………………………………… 63
【知识拓展】 静压螺旋传动简介 …………………………………………………… 64
　　练习与思考 ………………………………………………………………………… 65

项目五　齿轮传动 ……………………………………………………………………… 67
【任务驱动】 ………………………………………………………………………… 67
【学习目标】 ………………………………………………………………………… 67
【知识解读】 ………………………………………………………………………… 67
　　知识点一　齿轮传动的特点及类型 ……………………………………………… 67
　　知识点二　渐开线齿廓及其啮合特性 …………………………………………… 68
　　知识点三　渐开线标准直齿圆柱齿轮的基本参数及几何尺寸 ………………… 71
　　知识点四　渐开线直齿圆柱齿轮的啮合传动 …………………………………… 73
　　知识点五　渐开线直齿圆柱齿轮的加工 ………………………………………… 75
　　知识点六　直齿圆柱齿轮强度计算 ……………………………………………… 78
　　知识点七　平行轴斜齿圆柱齿轮传动 …………………………………………… 89
　　知识点八　直齿圆锥齿轮传动 …………………………………………………… 95
　　知识点九　齿轮的结构与齿轮传动的润滑 ……………………………………… 99
【知识拓展】 圆弧齿齿轮传动简介 ………………………………………………… 101
　　练习与思考 ………………………………………………………………………… 102

项目六　齿轮轮系 ……………………………………………………………………… 107
【任务驱动】 ………………………………………………………………………… 107
【学习目标】 ………………………………………………………………………… 107
【知识解读】 ………………………………………………………………………… 107
　　知识点一　轮系的类型 …………………………………………………………… 107
　　知识点二　定轴轮系及其传动比 ………………………………………………… 108

知识点三　周转轮系及其传动比 ……………………………………… 110
　　　知识点四　混合轮系及其传动比 ……………………………………… 113
　　　知识点五　轮系的功用 ………………………………………………… 114
　【知识拓展】　特殊的行星传动 …………………………………………… 115
　练习与思考 …………………………………………………………………… 116

项目七　蜗杆传动 ……………………………………………………… 119
　【任务驱动】 ………………………………………………………………… 119
　【学习目标】 ………………………………………………………………… 119
　【知识解读】 ………………………………………………………………… 119
　　　知识点一　蜗杆蜗轮机构的形成与特点 ……………………………… 119
　　　知识点二　圆柱蜗杆传动主要参数和几何尺寸 ……………………… 120
　　　知识点三　蜗杆传动强度计算 ………………………………………… 123
　　　知识点四　蜗杆传动的材料和结构 …………………………………… 125
　　　知识点五　蜗杆传动的效率、润滑和散热 …………………………… 127
　【知识拓展】　各种类型蜗杆传动简介 …………………………………… 131
　练习与思考 …………………………………………………………………… 133

项目八　挠性传动 ……………………………………………………… 136
　【任务驱动】 ………………………………………………………………… 136
　【学习目标】 ………………………………………………………………… 136
　【知识解读】 ………………………………………………………………… 136
　　　知识点一　带传动的类型、特点及应用 ……………………………… 136
　　　知识点二　V 带和 V 带轮 ……………………………………………… 138
　　　知识点三　带传动的工作情况分析 …………………………………… 141
　　　知识点四　普通 V 带传动设计计算 …………………………………… 145
　　　知识点五　带传动的张紧、安装与维护 ……………………………… 151
　　　知识点六　链传动的类型和特点 ……………………………………… 152
　　　知识点七　滚子链与链轮 ……………………………………………… 153
　　　知识点八　链传动运动特性及受力分析 ……………………………… 155
　　　知识点九　滚子链传动的设计计算 …………………………………… 157
　　　知识点十　链传动的布置、张紧与润滑 ……………………………… 160
　【知识拓展】　同步带传动介绍 …………………………………………… 163
　练习与思考 …………………………………………………………………… 164

项目九　机件连接 ……………………………………………………… 168
　【任务驱动】 ………………………………………………………………… 168
　【学习目标】 ………………………………………………………………… 168
　【知识解读】 ………………………………………………………………… 169
　　　知识点一　螺纹连接的基本类型及特点 ……………………………… 169
　　　知识点二　螺纹连接的强度计算和结构设计 ………………………… 171

  知识点三 键连接和花键连接 …………………………………… 179

  知识点四 销连接 …………………………………………… 183

 【知识拓展】不可拆连接 …………………………………………… 184

 练习与思考 …………………………………………………………… 185

项目十 轴承 …………………………………………………… 188

 【任务驱动】…………………………………………………………… 188

 【学习目标】…………………………………………………………… 188

 【知识解读】…………………………………………………………… 188

  知识点一 滚动轴承基本知识 …………………………………… 189

  知识点二 滚动轴承的工作能力计算 …………………………… 194

  知识点三 滚动轴承的组合设计 ………………………………… 202

  知识点四 滑动轴承 ……………………………………………… 206

 【知识拓展】滚动轴承与滑动轴承的对比 ………………………… 213

 练习与思考 …………………………………………………………… 214

项目十一 轴 …………………………………………………… 216

 【任务驱动】…………………………………………………………… 216

 【学习目标】…………………………………………………………… 216

 【知识解读】…………………………………………………………… 216

  知识点一 轴的分类、材料及一般设计步骤 …………………… 216

  知识点二 常用轴的结构设计 …………………………………… 219

  知识点三 轴的强度计算 ………………………………………… 225

 【知识拓展】刚性回转件的平衡 …………………………………… 231

 练习与思考 …………………………………………………………… 234

项目十二 联轴器与离合器 ……………………………………… 237

 【任务驱动】…………………………………………………………… 237

 【学习目标】…………………………………………………………… 237

 【知识解读】…………………………………………………………… 237

  知识点一 联轴器 ………………………………………………… 237

  知识点二 离合器 ………………………………………………… 242

 【知识拓展】制动器 ………………………………………………… 244

 练习与思考 …………………………………………………………… 245

参考文献 ……………………………………………………………… 247

机械设计总论

【任务驱动】

人类在长期的日常生活和生产实践中，逐渐创造和广泛使用着各种各样的机械设备，用来减轻人的劳动强度，改善劳动条件，优化产品质量，提高工作效率，帮助人们创造更多更好的社会财富。

机械的发展经历了一个从简单到复杂的过程。从早期的杠杆、滑轮和近代的机床、汽车、轮船，到现代的机器人、航天器等，机械的发展日新月异，在生产力发展中一直扮演着重要角色。特别在当今，科学技术和工业生产的飞速发展，使计算机技术、电子技术与机械技术有机结合，实现机电一体化，促使机械产品向高速、高效、精密、多功能和轻量化方向发展。

使用机械进行生产的水平已成为衡量一个国家工业发展和现代化程度的重要标志之一，学习和掌握一定的机械设计基础知识是现代工程技术人员必备的素质。

各种机械设备的类型很多，用途不一，但都是若干零件、部件或装置组成的一个特定的系统，而其中的零部件、装置是组成机械系统的基本要素，可看成为子系统。如图 0-1 所示的卷扬机、图 0-2 所示的颚式破碎机、图 0-3 所示的牛头刨床，都是由若干零件、部件组成的不同功能和构造各异的机械系统。机械零件和部件是组成机械系统的基本要素，它们为完成一定的功能相互联系而分别组成了各个子系统。这些子系统之间有什么联系？这些子系统设计有什么要求？常见的设计方法有哪些？设计的步骤是什么？现代机械创新设计的方法和创新设计的原则有哪些？要搞清楚这些问题，并能合理进行机械系统设计和创新设计，就需要学习机械系统设计的方法、内容、一般原则、设计步骤等知识。

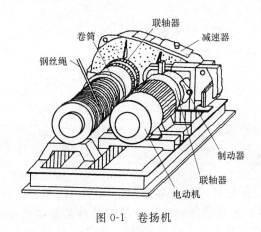

图 0-1　卷扬机　　　　　　　　　图 0-2　颚式破碎机

【学习目标】

在现代化生产中，几乎没有一个领域不使用机械设备，这就需要大批具有一定机械基础知识的技术人员。工科院校机械类专业正是为了满足这一需要而设置的，其目标是培养从事

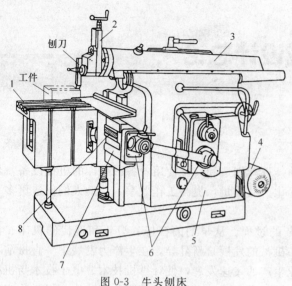

图 0-3 牛头刨床

1—工作台；2—刀架；3—滑枕；4—电动机；5—机身；
6—工作台横向进给机构；7—横梁；8—丝杆

现代机械工业制造、运行、管理、服务的应用型、技能型专门人才。机械设计基础以机械为研究对象，是工科院校中的一门重要的技术基础课，它在专业培养目标中，起着承上启下的作用。一方面，工程力学、工程材料及热成形工艺、公差与技术测量、机械制图等相关选修课程知识，是学习本课程的基础，同时也在本课程中得到综合应用与拓展。除此之外，由于当代机械设备并非单纯采用机械传动，机械专业的工程技术人员还应学习掌握液（气）压传动、电力传动、电子技术和计算机技术等有关知识。

机械设计课程主要研究机械中的常用机构和通用零件的工作原理、结构特点、基本的设计理论和计算方法。本课程重点讨论了机械零部件的选用和设计问题，具体机械零、部件包括以下几点。

① 传动件，如带传动、链传动、齿轮传动、螺旋传动等。

② 支承零部件，如轴、滚动轴承及滑动轴承等。

③ 连接件，如轴毂连接、螺纹连接等。

④ 其他零部件，如联轴器、离合器、制动器等。

本课程的主要任务是培养学生具备以下能力。

① 掌握常用机构和通用零件的工作原理、组成结构和特点，使学生具有设计机械传动装置和简单机械的能力。书中虽然只讨论了一些零、部件，但绝不是仅仅为了学会这些零、部件的设计理论和方法，而是通过学习这些基本内容去掌握有关的设计规律和技术措施，从而具有设计一切通用零、部件和某些专用零、部件的能力。

② 初步具有运用标准、手册、规范、图册和查阅有关技术资料的能力。

③ 了解典型机械的实验方法，受到实验技术的基本训练。

【知识解读】

知识点一 机械设计的基本概念

1. 机器的概念

本课程的研究对象是机械。机械是机器和机构的总称。

（1）机器的组成

在现代生产活动和日常生活中，广泛应用着各种各样的机器，如自行车、汽车、拖拉机、内燃机、电动机、洗衣机、复印机、缝纫机、金属切削机床等。尽管其种类非常繁多，式样、用途、性能各异，但它们都有共同的特征，即实现能量的转换，或完成有用的机械功，其目的是为了代替或减少工人的劳动，提高劳动生产率和产品质量，创造出更多更好的物质财富。

机器的种类繁多，其结构和用途各不相同。按用途的不同，机器可分为：动力机器，如内燃机、电动机和发动机等；工作机器，如金属切削机床、轧钢机、收割机、汽车等；信息机器，如照相机、打字机、复印机等。

现代机器一般由五大部分组成。

① 动力装置部分。它是驱动整台机器完成预定功能的动力来源，其作用是把其他形式的能量转换为机械能，以驱动机器各部件，如电动机、内燃机、液压马达等。内燃机主要用于移动机械，如汽车、农业机械等，大部分现代机器采用电动机。

② 执行装置部分。它是机器中直接完成工作任务的组成部分。如机床的刀架、汽车的车轮、船舶的螺旋桨、工业机器人的手臂等。其运动形式依据用途的要求，可能是直线运动，也可能是回转运动或间歇运动等。

③ 传动装置部分。它是将动力装置的运动和动力传递给执行装置的中间环节，利用它可以减速、增速、调速、改变转矩以及改变运动形式等，从而满足执行部分的各种要求。如机械传动（如带传动、齿轮传动）、液压传动、电力传动等。过去，工程上应用最多的是机械传动。

④ 操纵、控制部分。操纵装置用于如启动、停车、正反转、运动和动力参数的改变及各执行装置间的动作协调等。控制装置有自动监测、自动数据显示和处理、自动控制与调节、故障诊断和自动保护等功能。检测和控制部分的作用是显示和反映机器的运行位置和状态，控制机器正常运行和工作。如工业机器人，检测部分的作用是检测工业机器人执行机构的运动位置和状态，并将信息反馈给控制部分，而控制部分是工业机器人的指挥系统，它控制机器人按规定的程序运动，完成预定的动作。随着计算机技术的高速发展，检测和控制部分在机电一体化产品（加工中心、数控机床、工业机器人）中的地位越来越重要。

⑤ 辅助装置部分。辅助装置如照明、润滑、冷却、清扫等装置。

对于简单的机器往往只有前三部分，有的甚至只有动力部分和执行部分，如水泵、排风扇等。

（2）机器的特征

如图 0-4 所示为单缸内燃机，它由缸体、活塞、连杆、曲轴、齿轮、凸轮、推杆、从动

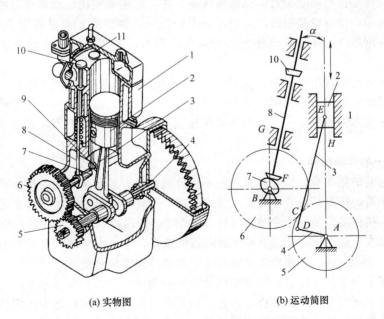

(a) 实物图   (b) 运动简图

图 0-4 单缸内燃机

1—缸体；2—活塞；3—连杆；4—曲轴；5，6—齿轮；7—凸轮；8—推杆
9—动杆；10—进气阀；11—排气阀

杆、进气阀、排气阀等组成，燃气膨胀推动活塞作往复移动，通过连杆转变为曲轴的连续转动；凸轮和推杆用于启闭进气阀和排气阀；一对齿轮及机架组成传动部分，从而把燃料燃烧产生的热能转换为机械能。

又如全自动洗衣机主要由机体、电动机、叶轮和控制电路组成。驱动电动机经带传动使叶轮回转，搅动洗涤液实现洗涤，洗衣机就会自动完成洗涤、清洗、甩干等洗衣全过程。

由上述实例及日常生活中常见的其他机器可以看出，尽管机器的种类繁多，构造和差别很大，但注意观察，就会发现机器都有着下列共同特征：

① 机器是若干实物的组合；
② 组成机器的各实物间具有确定的相对运动；
③ 机器能够完成有用的机械功或实现能量转换。

2. 机构的概念

从前例中还可以看出，机器中若干实体的组合，可实现某些预定的动作。这些由若干具有确定相对运动的实体组成，用来传递力、运动或转换运动形式的系统称为机构。机构是机器的重要组成部分，用以实现机器的动作要求。一部机器可能只包含一个机构，也可由若干个机构组成。

通过对内燃机的结构分析，可以发现它主要由三种机构组成。

① 由机架、曲轴、连杆和活塞组成的曲柄滑块机构，它将活塞的往复运动转化为曲轴的连续运动。

② 由机架、凸轮和进排气门推杆构成的凸轮机构，它将凸轮的连续转动转变为推杆的往复直线运动。

③ 由机架、齿轮构成的齿轮机构，其作用是将曲轴的主动转动转换成凸轮轴的从动转动，并改变其转速的大小和方向。

组成机构的具有确定相对运动的实体，称为构件，如上述活塞、连杆、缸体（机架）等。因此，机构是具有确定相对运动的构件组合体，它用来实现运动和动力的传递或转换。

组成机构的构件可以是刚性的，也可以是挠性的、弹性的，或是液压、气动、电磁件。如果机构中除刚体外，液体或气体也参与运动的变换，则该机构相应称为液压机构或气动机构。

从机器的运动原理角度分析，机器的主体通常由一个或几个机构组成。机器的种类很多，但组成机器的机构并不太多，常用的机构有连杆机构、齿轮机构、凸轮机构、螺旋机构等；随着机械技术的发展，一些新型传动机构也正在得到开发和应用，如谐波齿轮、滚珠丝杠等。

3. 构件、零件和部件

从机构运动的角度看，构件是机构中不可分割的相对运动单元体，即运动单元。从制造加工的角度来看，机器是由若干零件组装而成的，零件是机器的最小制造单元，是机器的基本组成要素。构件可以是一个单独的零件，如图 0-5 所示内燃机中的曲轴；也可以由几个零件刚性地连接在一起组成，如图 0-6 所示内燃机连杆，它是由单独加工的连杆体 1、连杆盖 2、连杆套 3、轴瓦 4 和 5、螺栓 6 和螺母 7 等零件装配而成的构件。

对于机器中的零件，按其功能和结构特点可分为通用零件和专用零件。各种机器中普遍使用的零件称为通用零件，如螺栓、齿轮、轴等；仅在某些特定机器中才用到的零件称为专用零件，如内燃机中的活塞、曲轴、汽轮机中的叶片、电动机中的转子等。

对于一组协同工作的零件组成的独立制造或装配的组合体称为部件，部件是机器的装配单元。部件也分为专用部件和通用部件，如滚动轴承、电动机、减速器、联轴器、制动器属

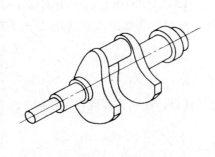
图 0-5 曲轴

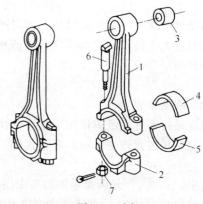
图 0-6 连杆
1—连杆体；2—连杆盖；3—连杆套；
4，5—轴瓦；6—螺栓；7—螺母

于通用部件，汽车转向器则属于专用部件。

知识点二 机械设计的基本准则及一般步骤

1. 机械零件的失效形式及设计计算准则

机械零件在预定的时间内和规定的条件下，不能完成正常的功能，称为失效。

机械零件的失效形式主要有断裂、过大的残余应力、表面磨损、腐蚀、零件表面的接触疲劳和共振等。

机械零件的失效形式与许多因素有关，具体取决于该零件的工作条件、材质、受载状态及其所产生的应力性质等多种因素。即使是同一种零件，由于材质及工作情况不同，也可能出现各种不同的失效形式。如轴工作时，由于受载情况不同，可能出现断裂、过大塑性变形、磨损等失效形式。同一种零件对于不同失效形式的承载能力各不相同。以防止产生各种失效为目的而拟定的零件工作能力计算依据的基本原则称为设计计算准则。机械零件设计时的主要计算准则如下。

（1）强度

强度是指零件在预期寿命工作中抵抗断裂或过大的残余变形及表面失效的能力，是机械零件必须首先满足的基本要求，可分为整体强度和表面强度两种。

① 整体强度。整体强度的计算准则：零件在危险截面处的最大应力 σ、τ 不得超过允许的限度，即

$$\sigma \leqslant [\sigma]、\tau \leqslant [\tau] \tag{0-1}$$

或

$$\sigma \leqslant \frac{\sigma_{\lim}}{S_\sigma},\tau \leqslant \frac{\tau_{\lim}}{S_\tau} \tag{0-2}$$

式中，σ、τ 分别为零件工作时的正应力和切应力；$[\sigma]$、$[\tau]$ 分别为零件材料的许用正应力和许用剪应力；$\sigma_{\lim}$、$\tau_{\lim}$ 分别为零件材料的极限正应力和极限切应力；S_σ、S_τ 分别为危险截面的实际安全系数。

② 表面强度。表面强度可分为表面接触强度和表面挤压强度。

若两个零件在受载前后由点接触或线接触变为小表面积接触，且其表面产生很大的局部应力（称为接触应力），这时零件的强度称为表面接触强度（简称接触强度）。表面强度不够，会发生表面损伤。表面接触强度的计算准则：最大接触应力 σ_H 不得超过材料的许用接触应力 $[\sigma_H]$，即

$$\sigma_H \leqslant [\sigma_H] \tag{0-3}$$

面接触的两零件,受载后接触面间产生挤压应力,这时零件的强度称为表面挤压强度,挤压应力过大会使零件表面压溃。表面挤压强度的计算准则:表面最大挤压应力 σ_p 不超过材料的许用挤压应力 $[\sigma_p]$,即

$$\sigma_p \leqslant [\sigma_p] \tag{0-4}$$

(2) 刚度准则

刚度是指零件在载荷作用下抵抗弹性变形的能力,其设计准则为零件在工作时产生的弹性变形量不超过允许变形量。表达式是

$$y \leqslant [y]、\theta \leqslant [\theta]、\varphi \leqslant [\varphi] \tag{0-5}$$

式中,y、$[y]$ 分别为零件的工作挠度和许用挠度;θ、$[\theta]$ 分别为零件的工作偏转角和许用偏转角;φ、$[\varphi]$ 分别为零件的工作扭转角和许用扭转角。

零件的刚度分为整体变形刚度和表面接触刚度两种。

① 整体变形刚度 其是指零件整体在载荷作用下发生的伸长、缩短、挠曲、扭转等弹性变形的程度;

② 表面接触刚度 其是指因两零件接触表面上的微观凸峰,在外载荷作用下发生变形所导致的两零件相对位置变化的程度。

(3) 耐磨性准则

耐磨性是指在载荷作用下相对运动的两零件表面抵抗磨损的能力。

过度磨损会使零件的形状和尺寸改变,配合间隙增大,精度降低,产生冲击振动。

在滑动摩擦下工作的零件,常因载荷大,转速高过度磨损而失效。影响磨损的因素很多,通过限制零件工作面的单位压力和相对滑动速度,进行良好的润滑以及提高零件表面硬度和表面质量来提高耐磨性。用公式表示为

$$p \leqslant [p] \text{ 和 } pv \leqslant [pv] \tag{0-6}$$

式中,p、$[p]$ 分别为零件工作面上的压强及其许用值;pv、$[pv]$ 分别为零件工作面上的压强与滑动速度乘积及其许用值。

(4) 热平衡准则

零件工作时因摩擦产生过多的热量导致润滑剂失去作用,从而使零件不能正常工作。热平衡准则是,根据热平衡条件,工作温度 t 不应超过许用工作温度 $[t]$,即

$$t \leqslant [t] \tag{0-7}$$

(5) 振动稳定性

所谓振动稳定性,就是说在设计时要使机器中受激振作用的各零件的固有频率 f 与激振源的频率 f_p 应当错开,即

$$0.85f > f_p \text{ 或 } 1.15f < f_p \tag{0-8}$$

为了提高机械零件的强度,设计时可采用下列措施:

① 用强度高的材料;
② 使零件具有足够的截面尺寸;
③ 合理设计机械零件的截面形状,以增大截面的惯性矩;
④ 采用各种热处理和化学处理方法来提高材料的机械强度特性;
⑤ 合理进行结构设计,以降低作用于零件上的载荷等。

2. 机械设计的基本要求

虽然不同的机械其功能和外形都不相同,但它们设计的基本要求大体是相同的,机械应满足的基本要求可以归纳为如下几方面。

(1) 功能要求

满足机器预定的工作要求,如机器工作部分的运动形式、速度、运动精度和平稳性、需要传递的功率,以及某些使用上的特殊要求(如高温、防潮等)。

(2) 安全可靠性要求

① 使整个技术系统和零件在规定的外载荷和规定的工作时间内,能正常工作而不发生断裂、过度变形、过度磨损、不丧失稳定性。

② 能实现对操作人员的防护,保证人身安全和身体健康。

③ 对于技术系统的周围环境和人不致造成危害和污染,同时要保证机器对环境的适应性。

(3) 经济性要求

在产品整个设计周期中,必须把产品设计、销售及制造三方面作为一个系统工程来考虑,用价值工程理论指导产品设计,正确使用材料,采用合理的结构尺寸和工艺,以降低产品的成本。设计机械系统和零部件时,应尽可能标准化、通用化、系列化,以提高设计质量、降低制造成本。

(4) 其他要求

机械系统外形美观,便于操作和维修。此外还必须考虑有些机械由于工作环境和要求不同,而对设计提出某些特殊要求,如食品卫生条件、耐腐蚀、高精度要求等。

3. 机械设计的一般程序

机械设计就是建立满足功能要求的技术系统的创造过程。机械设计一般过程如图 0-7 所示。

(1) 明确设计任务

产品设计是一项为实现预定目标的有目的的活动,因此正确地决定设计目标(任务)是设计成功的基础。明确设计任务包括定出技术系统的总体目标和各项具体的技术要求,这是设计、优化、评价、决策的依据。

明确设计任务包括分析所设计机械系统的用途、功能、各种技术经济性能指标和参数范围,预期的成本范围等,并对同类或相近产品的技术经济指标,同类产品的不完善性,用户的意见和要求,目前的技术水平以及发展趋势,认真进行调查研究、收集材料,以进一步明确设计任务。

(2) 总体设计

机械系统总体设计根据机器要求进行功能设计研究。总体设计包括确定工作部分的运动和阻力,选择原动机的种类和功率,选择传动系统,机械系统的运动和动力计算,确定各级传动比和各轴的转速、转矩和功率。总体设计时要考虑到机械的操作、维修、安装、外廓尺寸等要求,确定机械系统各主要部件之间的相对位置关系及相对运动关系,人→机→环境之间的合理关系。总体设计对机械系统的制造和使用都有很大的影响,为此,常需作出几个方案加以分析、比较,通过优化求解得出最佳方案。

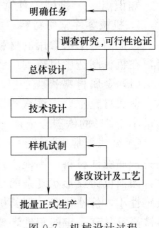

图 0-7 机械设计过程

(3) 技术设计

技术设计又称结构设计。其任务是根据总体设计的要求,确定机械系统各零部件的材料、形状、数量、空间相互位置、尺寸、加工和装配,并进行必要的强度、刚度、可靠性设计,若有几种方案时,需进行评价决策最后选择最优方案。技术设计时还要考虑加工条件、现有材料、各种标准零部件、相近机器的通用件。技术设计是保证质量、提高可靠性、降低成本的重要工作。技术设计还需绘制总装配图、部件装配图、编制设计说明书等。技术设计是从定性到定量、从抽象到具体、从粗略到详细的设计过程。

（4）样机试制

样机试制阶段是通过样机制造、样机试验、检查机械系统的功能及整机、零部件的强度、刚度、运转精度、振动稳定性、噪声等方面的性能，随时检查及修正设计图纸，以更好地满足设计要求。

（5）批量正式生产

批量正式生产阶段是根据样机试验、使用、测试、鉴定所暴露的问题，进一步修正设计，以保证完成系统功能，同时验证各工艺的正确性，以提高生产率、降低成本，提高经济效益。

产品设计过程是智力活动过程，它体现了设计人员的创新思维活动，设计过程是逐步逼近解答方案并逐步完善的过程。设计过程中还应注意几点。

① 设计过程要有全局观点，不能只考虑设计对象本身的问题，而要把设计对象看作一个系统，处理人→机→环境之间的关系。

② 善于运用创造性思维和方法，注意考虑多方案解答，避免解答的局限性。

③ 设计的各阶段应有明确的目标，注意各阶段的评价和优选，以求出既满足功能要求又有最大实现可能的方案。

④ 要注意反馈及必要的工作循环。解决问题要由抽象到具体，由局部到全面，由不确定到确定。

知识点三　机械零件常用材料与选择

1. 机械零件常用材料

机械制造中最常用的材料是钢和铸铁，其次是有色金属合金，非金属材料如塑料、橡胶等，在机械制造中也得到广泛的应用。

（1）金属材料

金属材料主要指铸铁和钢，它们都是铁碳合金，它们的区别主要在于含碳量的不同。含碳量小于2%的铁碳合金称为钢，含碳量大于2%的称为铁。

① 铸铁　常用的铸铁有灰铸铁、球墨铸铁、可锻铸铁、合金铸铁等。其中灰铸铁和球墨铸铁属脆性材料，不能辗压和锻造，不易焊接，但具有适当的易熔性和良好的液态流动性，因而可铸成形状复杂的零件。灰铸铁的抗压强度高，耐磨性、减振性好，对应力集中的敏感性小，价格便宜，但其抗拉强度较钢差。灰铸铁常用作机架或壳座。球墨铸铁强度较灰铸铁高且具有一定的塑性。球墨铸铁可代替铸钢和锻钢用来制造曲轴、凸轮轴、油泵齿轮、阀体等。

② 钢　钢的强度较高，塑性较好，可通过轧制、锻造、冲压、焊接和铸造方法加工各种机械零件，并且可以用热处理和表面处理方法提高力学性能，因此其应用极为广泛。

钢的类型很多，按用途分，钢可分为结构钢、工具钢和特殊用途钢。结构钢可用于加工机械零件和各种工程结构；工具钢可用于制造各种刀具、模具等；特殊用途钢（不锈钢、耐热钢、耐腐蚀钢）主要用于特殊的工况条件下。按化学成分，钢可分为碳素钢和合金钢。碳素钢的性能主要取决于含碳量，含碳量越多，其强度越高，但塑性越低。碳素钢包括普通碳素结构钢和优质碳素结构钢。普通碳素结构钢（如Q215，Q235）一般只保证机械强度而不保证化学成分，不宜进行热处理，通常用于不太重要的零件和机械结构中。碳素钢的性能主要取决于其含碳量。低碳钢的含碳量低于0.25%，其强度极限和屈服极限较低，塑性很高，可焊性好，通常用于制作螺钉、螺母、垫圈和焊接件等。含碳量在 0.1%～0.2% 的低碳钢零件可通过渗碳淬火使其表面硬而心部韧，一般用于制造齿轮、链轮等要求表面耐磨而且耐冲击的零件。中碳钢的含碳量在 0.3%～0.5% 之间，它的综合力学性能较好，因此可用于制造受力较大的螺栓、螺母、键、齿轮和轴等零件。含碳量在 0.55%～0.7% 的高碳钢具有高的强度和刚性，通常用于制作普通的板弹簧、螺旋弹簧和钢丝绳。合金结构钢是在碳钢中加入某些合金元素冶炼而成。每一种合金元素低于 2% 或合金元素总量低于 5% 的称为低合金钢。每一种合金元素含量为 2%～5% 或合金元素总含量为 5%～10% 的称为中合金钢。每一种合金元素含量高于 5% 或合金元素总含量高于 10% 的称为高合金钢。加入不同的合金元素可改变钢的力学性能并具有各种特殊性质。例如铬能提高钢的硬度，并在高温时防锈耐酸；镍使钢具有良好的淬透性和耐磨性。但合金钢零件一般都需经过热处理才能提高其力学性能；此外，合金钢较碳素钢价格高，对应力集中亦较敏感，因此只在碳素钢难以胜任工作时才考虑采用。

用碳素钢和合金钢浇铸而成的铸件称为铸钢，通常用于制造结构复杂、体积较大的零件，但铸钢的液态流动性比铸铁差，且其收缩率比铸铁件大，故铸钢的壁厚常大于 10mm，其圆角和不同壁厚的过渡部分应比铸铁件大。表 0-1 是常用的金属材料的力学性能。

表 0-1 常用钢铁材料的力学性能

材料		力学性能		
名称	牌号	抗拉强度 $\sigma_b/(N/mm^2)$	屈服强度 $\sigma_s/(N/mm^2)$	硬度 /HBS
普通碳素结构钢	Q215	335～410	215	
	Q235	375～460	235	
	Q255	410～510	255	
	Q275	490～610	275	
优质碳素结构钢	20	410	245	156
	35	530	315	197
	45	600	355	220
合金结构钢	18Cr2Ni4W	118	835	260
	35SiMn	785	510	229
	40Cr	981	785	247
	40CrNiMo	980	835	269
	20CrMnTi	1079	834	≤217
	65Mn	735	430	285
铸钢	ZG230-450	450	230	≥130
	ZG270-500	550	270	≥143
	ZG310-570	570	310	≥153
灰铸铁	HT150	145	—	150～200
	HT200	195	—	170～220
	HT250	240	—	190～240
球墨铸铁	QT450-10	450	310	160～210
	QT500-7	500	320	170～230
	QT600-3	600	370	190～270
	QT700-2	700	420	225～305

③ 有色金属合金　有色金属合金具有良好的减摩性、跑合性、抗腐蚀性、抗磁性、导电性等特殊的性能，在工业中应用最广的是铜合金、轴承合金和轻合金，但有色金属合金比黑色金属价格贵。铜合金有青铜与黄铜之分，黄铜是铜与锡的合金，它具有很好的塑性和流动性，能辗压和铸造各种机械零件。青铜有锡青铜和无锡青铜两类，它们的减摩性和抗腐蚀性均较好。轴承合金（即简称巴氏合金）为铜、锡、铅、锑的合金，其减摩性、导热性、抗胶合性较好，但强度低且较贵，主要用于制作滑动轴承的轴承衬。

（2）非金属材料

非金属材料是现代工业和高技术领域中不可缺少和占有重要地位的材料，非金属材料包括除金属材料以外几乎所有的材料。机械制造中应用的非金属材料种类很多，有塑料、橡胶、陶瓷、木料、毛毡、皮革、棉丝等。

① 橡胶　橡胶富有弹性，有较好的缓冲、减振、耐热、绝缘等性能，常用做联轴器和减振器的弹性装置、橡胶带及绝缘材料等。

② 塑料　塑料是合成高分子材料工业中生产最早、发展最快、应用最广的材料。塑料相对密度小，易制成形状复杂的零件，而且各种不同塑料具有不同的特点，如耐蚀性、减摩耐磨性、绝热性、抗振性等。常用塑料包括聚氯乙烯、聚烯烃、聚苯乙烯、酚醛和氨基塑料。工程塑料包括聚甲醛、聚四氟乙烯、聚酰胺、聚碳酸酯、ABS、尼龙、MC尼龙、氯化聚醚等。目前某些齿轮、蜗轮、滚动轴承的保持架和滑动轴承的轴承衬均有使用塑料制造的。一般工程塑料耐热性能较差，而且易老化而使性能逐渐变差。

③ 复合材料　复合材料是将两种或两种以上不同性质的材料通过不同的工艺方法人工合成的材料，它既可以保持组成材料各自原有的一些最佳特性，又可具有组合后的新特性，这样就可根据零件对于材料性能的要求进行材料配方的优化组合。复合材料主要由增强材料和基体材料组成。还有一类是通过加入各种短纤维等的功能复合材料，如导电性塑料、光导纤维、绝缘材料等。近年来以材料的功能复合目的出发，应用于光、热、电、阻尼、润滑、生物等方面新的复合材料的不断问世，复合材料的应用范围正得到不断地扩大。

④ 陶瓷　陶瓷材料具有高的熔点，在高温下有较好的化学稳定性，适宜用作高温材料。一般超耐热合金使用的温度界限为950～1100℃，而陶瓷材料的使用温度界限为1200～1600℃，因此现代机械装置特别是高温机械部分，使用陶瓷材料将是一个重要的研究方向。此外，高硬度的陶瓷材料，具有摩擦系数小、耐磨、耐化学腐蚀、相对密度小、线膨胀系数小等特性，因此可应用于高温、中温、低温领域及精密加工的机械零件，也可以做电动机零件。以机械装置为代表使用的陶瓷材料叫工程陶瓷。

2. 机械材料选用的原则

从各种各样的材料中选择出合用的材料是一项受到多方面因素制约的工作，通常应考虑下面的原则。

① 载荷的大小和性质　对于承受拉伸载荷为主的零件宜选用钢材，承受压缩载荷的零件应选铸铁。脆性材料原则上只适用于制造承受静载荷的零件，承受冲击载荷时应选择塑性材料。

② 零件的工作条件　在腐蚀介质中工作的零件应选用耐腐蚀材料，在高温下工作的零件应选耐热材料，在湿热环境下工作的零件，应选防锈能力好的材料，如不锈钢、铜合金等。零件在工作中有可能发生磨损之处，要提高其表面硬度，以增强耐磨性，应选择适于进行表面处理的淬火钢、渗碳钢、氮化钢。金属材料的性能可通过热处理和表面强化（如喷丸、滚压等）来提高和改善，因此要充分利用热处理和表面处理的手段来发挥材料的潜力。

③ 零件的尺寸及质量　零件尺寸的大小及质量的好坏与材料的品种及毛坯制取方法有

关,对外形复杂、尺寸较大的零件,若考虑用铸造毛坯,则应选用适合铸造的材料;若考虑用焊接毛坯,则应选用焊接性能较好的材料;尺寸小、外形简单、批量大的零件,适于冲压和模锻,所选材料就应具有较好的塑性。

④ 经济性　选择零件材料时,当用价格低廉的材料能满足使用要求时,就不应选择价格高的材料,这对于大批量制造的零件尤为重要。此外还应考虑加工成本及维修费用。为了简化供应和储存的材料品种,对小批量制造的零件,应尽可能减少同一部设备上使用材料的品种和规格,使其综合经济效益最高。

知识点四　机械零件设计的标准化、系列化、通用化

1. 标准件

在机械设计中,按规定标准生产的零件称为标准件。

2. 标准化

机械设计中的标准化是指对零件的特征参数及其结构尺寸、检验方法和制图的规范化要求。国际标准化组织制定了国际标准(ISO)。我国国家标准化法规规定的标准分国家标准(GB)、部颁标准(如JB,YB等)和企业标准三个等级,我国也正在逐步向ISO标准靠近,这些标准(特别是国家和有关部颁标准)是在机械设计中必须严格遵守的。

3. 系列化

对于同一产品,为了符合不同的使用条件,在同一基本结构或基本尺寸条件下,规定出若干个辅助尺寸不同的产品,成为不同的系列,这就是系列化的含义。

4. 通用化

指在不同规格的同类产品或不同类产品中采用同一结构和尺寸的零部件,以减少零部件的种类,简化生产管理过程,降低成本和缩短生产周期。

零件的标准化、通用化和系列化称作"三化"。机械设计中遵循"三化"是缩短产品设计周期、提高产品质量和生产效率、降低生产成本的重要途径。

【知识拓展】　现代设计方法

机械设计的方法通常可分为两类:一类是过去长期采用的传统(或常规的)设计方法,另一类是近几十年发展起来的现代设计方法。

1. 传统的设计方法

传统设计方法是以经验总结为基础,运用力学和数学形成经验公式、图表、设计手册等作为设计的依据,通过经验公式、近似系数或类比等进行设计的方法。这是一种以静态分析、近似计算、经验设计、人工劳动为特征的设计方法。目前,在我国的许多场合下,传统设计方法仍被广泛使用。本书使用的是传统设计方法,传统设计方法可以划分为以下3种。

(1) 理论设计

根据长期设计实践总结出来的设计理论(公式)和实验数据所进行的设计,称为理论设计。这些设计公式有两种不同的使用方法。

① 设计计算。按设计公式直接求得零件的有关尺寸。

② 校核计算。已知零件的各部分尺寸,校核它能否满足有关的设计准则。

(2) 经验设计

根据对某零件已有的设计与使用实践而归纳出的经验关系,或根据设计者本人的工作经验用类比的办法所进行的设计叫做经验设计。这对某些结构形状已典型化的零件,例如箱体、机架等,是很有效的设计方法。

(3) 模型实验设计

对于一些尺寸很大、结构又很复杂的重要零件，可采用模型或样机，利用实验的手段对其各方面的特性进行检验，根据实验结果对设计进行逐步的修改、完善，这样的设计过程叫做模型实验设计。这种设计方法费时、费钱，只用于特别重要的设计。

2. 现代设计方法

现代设计方法是随着当代科学技术的飞速发展和计算机技术的广泛应用而在设计领域发展起来的一门新兴的多元交叉学科。它是以满足市场产品的质量、性能、时间、成本、价格等综合效益最优为目的，以计算机辅助设计技术为主体，以知识为依托，以多种科学方法及技术为手段，研究、改进、创造产品活动过程所用到的技术群体的总称。

现代设计方法发展很快，其种类繁多，内容广泛。目前，它的内容主要包括优化设计、可靠性设计、设计方法学、计算机辅助设计、动态设计、有限元法、工业艺术造型设计、人机工程、并行工程、价值工程、反求工程设计、模块化设计、相似性设计、虚拟设计、疲劳设计、三次设计等。在运用它们进行工程设计时，一般都以计算机作为分析、计算、综合、决策的工具。这些学科汇集成了一个设计学的新体系，即现代设计方法，它们包含了现代设计理论与方法的各个方面。本课题以计算机辅助设计、优化设计、可靠性设计、有限元法等为例，来说明现代设计方法的基本内容与特点。

(1) 计算机辅助设计

计算机辅助设计（Computer Aided Design），简称 CAD。它是把计算机技术引入设计过程并用来完成总体设计分析、计算、选型、绘图和编写技术文档及其他作业的一种现代设计方法。计算机、绘图及其他外围设备构成 CAD 硬件系统，而操作系统、语言处理系统、数据库管理系统和应用软件等构成 CAD 的软件系统。通常所说的 CAD 系统是只由系统硬件和系统软件组成，兼有计算、图形处理、数据库等功能，并能综合利用这些功能完成设计作业的系统。

(2) 优化设计

优化设计（Optimal Design）是把最优化数学原理应用于工程设计问题，在所有可行方案中寻求最佳设计方案的一种现代设计方法。

在进行工程优化设计时，首先把工程问题按优化设计所规定的格式建立数学模型，然后选用合适的优化计算方法在计算机上对数学模型进行寻优求解，得到工程设计问题的最优设计方案。

在建立优化设计数学模型的过程中，把影响设计方案选取的那些参数称为设计变量；设计变量应当满足的条件称为约束条件；而设计者选定来衡量设计方案优劣并期望得到改进的指标表示为设计变量的函数，称为目标函数。设计变量、约束函数、目标函数组成了优化设计问题的数学模型。优化设计需要把数学模型和优化计算发放到计算机程序中用计算机自动寻优求解。常用的优化算法有：0.618 法、鲍威尔（Power）法、变尺度法、复合型法、惩罚函数法。

(3) 可靠性设计

可靠性设计（Reliability Design）是以概率论和数理统计为理论基础，是以失效分析、失效预测及各种可靠性试验为依据,以保证产品的可靠性为目标的现代设计方法。

可靠性设计的基本内容是:选定产品的可靠性指标及量值,对可靠性指标进行合理的分配,再把规定的可靠性指标设计到产品中去。

(4) 有限元法

有限元法(Finite Method)是以电子计算机为工具的一种数值计算方法。目前,该方法不仅能用于工程中复杂的非线性问题、非稳态问题(如结构力学、流体力学、热传导、电磁场等方面的问题)的求解,而且还可以用于工程设计中进行复杂结构的静态和动力学分析,并能准确地计算复杂零件的应力分布和变形,成为复杂零件强度和刚度计算的有利分析工具。

(5) 工业艺术造型设计

工业艺术造型设计是工程技术与美学艺术相结合的一门新学科。它是旨在保证产品使用功能的前提下,用艺术手段按照美学法则对工业产品进行造型活动,包括结构尺寸、体面形态、色彩、材质、线条、装饰及人际关系等因素进行有机的综合处理,从而设计出优质美观的产品造型。实用和美观的最佳统一是工业艺术造型的基本原则。

这一学科的主要内容包括:造型设计的基本要素、造型设计的基本原则、美学法则、色彩设计、人机工程学等。

(6) 反求工程设计

反求工程设计(Reverse Engineering)是消化吸收并改进国内外先进技术的一系列工作方法和技术的总和。它是通过实物或技术资料对已有的先进产品进行分析、解剖、试验,了解其材料、组成、结构、性能、功能,掌握其工艺原理和工作机理,并进行消化仿制、改进或发展、创造新产品的一种方法和技术。它是针对消化吸收先进技术的系列分析方法和应用技术的组合。

3. 现代设计方法的特点

与传统设计方法相比,现代机械设计方法具有如下一些特点。

① 以科学设计取代经验设计。在设计中,分析设计过程及各设计阶段的任务,寻求符合科学规律的设计程序;设计者从产品规划、方案设计、技术设计、施工设计到试验、试制进行全面考虑,按步骤有计划地进行设计。突出人的创造性,发挥集体智慧,力求探寻更多突破性方案,开发创新产品。

② 以动态的设计和分析取代静态的设计和分析,以变量取代常量进行设计计算。将计算机全面地引入设计。计算机不仅用于设计计算和绘图,同时在信息贮存、评价决策、动态模拟、人工智能等方面将发挥更大作用。

③ 以定量的设计计算取代定性的设计分析。运用先进理论,建立知识库系统,利用智能化手段使设计自动化逐步实现。

④ 以注重"人→机→环境"大系统的设计准则,如人机工程设计准则、绿色设计准则,取代偏重于结构强度的设计准则。

⑤ 以优化设计取代可行性设计,以自动化设计取代人工设计。现代设计方法的应用将弥补传统设计方法的不足,从而有效地提高设计质量,但它并不能离开或完全取代传统设计方法。现代设计方法还将随着科学技术的飞速发展而不断地完善和发展。

练习与思考

一、思考题

1. 机器应具有什么特征？机器通常由哪三部分组成？各部分的功能是什么？
2. 机器与机构有什么异同点？
3. 什么是零件？什么是构件？什么是部件？试各举三个实例。
4. 机械中常用哪些材料？试简述钢和铸铁的主要性能及其应用。
5. 机械零件常见的失效形式有哪些？简单分析失效原因。
6. 什么叫工作能力？零件设计时的主要计算准则有哪些？
7. 指出下列的机器的原动部分、工作部分、传动部分、支承部分、控制部分：（1）汽车；（2）自行车；（3）电风扇；（4）缝纫机。
8. 指出汽车中三个通用零件和专用零件。
9. 试各举出具体有下述功能的机器的两个事例：（1）原动机；（2）将机械能变换为其他形式能的机器；（3）实现物料变换的机器；（4）变换或传递信息的机器；（5）传递物料的机器；（6）传递机械能的机器。

二、填空题

1. 零件是最小的_____单元、构件是最小的_____单元、部件是最小的_____单元。
2. 机器可以用来_____人的劳动，完成有用的_____。
3. 从运动的角度看，机构的主要功用在于_____运动或_____运动的形式。
4. 一台完整的机器就其功能而言由_____、_____、_____、_____和_____部分组成。
5. 设计机器应满足的要求是_____要求、_____要求、_____要求和_____要求。

三、选择题

1. _____是机器的制造单元。
   A. 机构　　　　　　　B. 构件　　　　　　　C. 零件
2. 机械是_____的统称。
   A. 机构和机器　　　　B. 机构和零件　　　　C. 构件和零件
3. 机器和机构的差别在于_____。
   A. 能否实现功能的转换　　　　　　　　B. 能否实现既定的相对运动
   C. 机器的结构较复杂　　　　　　　　　D. 机器能变换运动形式
4. 机器由_____机构组成。
   A. 一个　　　　　　　B. 多个　　　　　　　C. 一个或多个
5. 机械设计基础主要研究_____的工作原理、特点和设计方法。
   A. 各种机器和各种机构　　　　　　　　B. 常用机构和通用零件
   C. 专用机构和专用零件　　　　　　　　D. 标准零件和标准部件

项目一 平面连杆机构

【任务驱动】

案例分析：如图 1-1 所示的牛头刨床，其刨头的运动是由平面机构来驱动的，试分析它能否实现刨床工作中所需要的确定的运动。

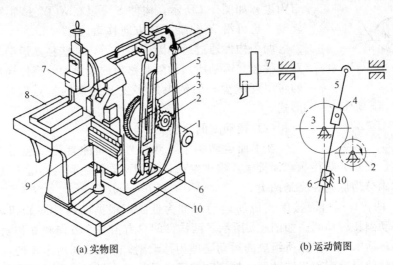

(a) 实物图　　　　　　　　　　(b) 运动简图

图 1-1　牛头刨床及刨头机构实物及运动简图

1—电动机；2—小齿轮；3—大齿轮；4—滑块；5—导杆；
6—滑块；7—刨头；8—工件；9—丝杆；10—床身（机架）

【学习目标】

由任务驱动的案例，要能够正确分析和设计工程上常用的平面机构，需要掌握以下内容：

① 平面机构的基本概念和基本知识。
② 常见平面连杆机构的运动和动力特性。
③ 平面连杆机构的设计方法。

【知识解读】

工程上各种机器是由机构组成的，机构的主要功用是传递运动和动力或改变运动的形式和运动轨迹。要能够正确地分析机器的运动和设计机器，就必须掌握各种机构的运动和动力规律。

知识点一　平面机构的结构和运动分析

机构依据其运动范围可分为空间机构和平面机构。如果组成机构的所有构件都在同一平面内或相互平行的平面内运动，这种机构称为平面机构；否则称为空间机构。由于在生产工程中，平面机构应有最多，故本项目主要研究平面机构。

1. 运动副及其分类

（1）运动副和运动副约束

机构是由许多构件组合而成的。机构的每个构件都以一定的方式与其他构件相互连接，并能产生一定的相对运动。这种使两构件直接接触并能产生一定相对运动的连接称为运动副。例如轴与轴承之间的连接，活塞与汽缸之间的连接，凸轮与推杆之间的连接，两齿轮的齿和齿之间的连接等。

自由度是构件可能出现的独立运动。任何一个构件在空间自由运动时皆有六个自由度。它可表达为在直角坐标系内沿着三个坐标轴的移动和绕三个坐标轴的转动。而对于一个作平面运动的自由构件，则只有三个自由度，如图1-2所示，构件S可以在XOY平面内绕任一点A转动，也可沿X轴或Y轴方向移动。

两个构件通过运动副连接以后，某些独立运动将受到限制。对构件独立运动所加的限制称为约束，即约束使构件（或机构）的自由度减少，而约束的多少及约束的特点取决于运动副的形式。

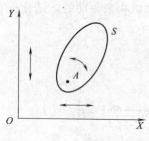

图1-2 平面运动自由构件的自由度

（2）运动副的分类

在平面运动副中，两构件之间的直接接触不外乎点、线、面三种情况：点接触、线接触和面接触。根据组成运动副两构件之间的接触方式的不同，通常把平面运动副分为低副和高副两类。

① 低副 两构件通过面接触构成的运动副称为低副。根据两构件间的相对运动形式，低副又分为移动副和转动副。如图1-3所示，两构件间具有沿一个方向独立相对移动的运动副称为移动副；活塞与汽缸体所组成的运动副即为移动副。如图1-4所示，两构件间具有一个独立相对转动的运动副称为转动副；轴颈和轴承间的连接、铰链的连接都构成转动副。

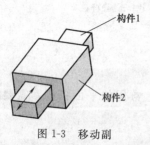

图1-3 移动副

图1-4 转动副

由上述可知，平面机构中的低副引入两个约束，仅保留一个自由度。

② 高副 两构件通过点或线接触构成的运动副称为高副。在图1-5中，凸轮1与尖顶推杆2构成高副。图1-6中，两齿轮的轮齿1与轮齿2皆在其接触处分别组成高副。

由此可知，在平面机构中两构件组成高副后，引入一个约束，而保留两个自由度。

低副因通过面接触而构成运动副，故其接触处的压强小，承载能力大，耐磨损，寿命长，且因其形状简单，所以容易制造。低副的两构件之间只能作相对滑动；而高副的两构件之间则可作相对滑动或滚动，或滑动和滚动并存。

除以上平面运动副外，机器中还常见图1-7所示的球面副和图1-8所示的螺旋副。这些运动副两构件之间的相对运动是空间运动，它们皆属于空间运动副。空间运动副已超出本项目讨论的范围。

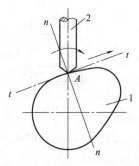

图 1-5 凸轮高副
1—凸轮；2—推杆

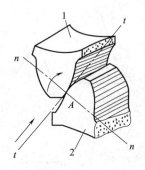

图 1-6 齿轮高副
1，2—齿轮

图 1-7 球面副
1—球；2—球套

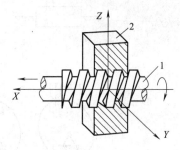

图 1-8 螺旋副
1—螺杆；2—螺母

2. 平面机构的运动简图

（1）机构运动简图及作用

在研究机构时，由于实际构件的结构和外形往往很复杂，为使问题简化，可以不考虑那些与运动特性无关的因素（如组成构件的零件数目、实际截面尺寸、运动副的具体构造等），只需用简单的线条和规定的符号来表示构件和运动副，并按一定比例表示各运动副的相对位置。这种表示机构的组成和各个构件间相对运动关系的简单图形，称为平面机构的运动简图。

平面机构运动简图不仅能够简单明确地反映出机构中各个构件之间的相对运动关系，表达机构的运动特性，而且可以对机构进行运动分析和受力分析。因此，平面机构运动简图作为一种工程语言，是进行机构分析和设计的基础。

（2）运动副的表示方法

由于两构件间的相对运动仅与其直接接触部分的几何形状有关，而与构件本身的实际结构无关，为突出运动关系，便于分析、研究，常将构件和运动副用简单的符号来表示。

① 转动副。转动副用一个小圆圈表示，其圆心代表相对转动的轴线。两构件组成转动副时，其表示方法如图 1-9 所示。图面垂直于回转轴线时用图 1-9（a）表示；图面不垂直于回转轴线时用图 1-9（b）表示。如果两构件之一为机架，则将表示机架的构件画上斜线。

② 移动副。两构件组成移动副的表示方法如图 1-10 所示，其导路必须与相对移动方向一致。

③ 平面高副。当两个构件构成高副时，其运动简图中，可在两构件的接触处示意性地画出曲线轮廓。对于凸轮、滚子，习惯画出其全部轮廓；对于齿轮，常用点划线画出其节圆，如图 1-11 所示。

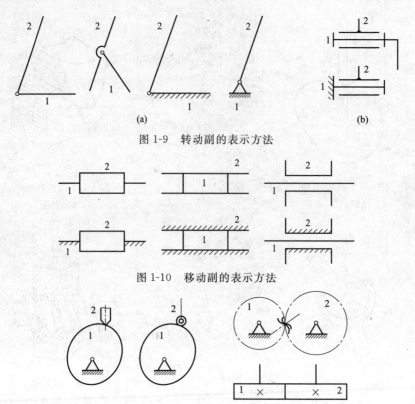

图 1-9 转动副的表示方法

图 1-10 移动副的表示方法

图 1-11 平面高副的表示方法

(3) 构件的表示方法

具有两个运动元素的构件，可用一条直线将两个运动元素连接起来，如图 1-12 (a)、(b)、(c) 所示；同理，具有三个运动副元素的构件可用三条直线连接三个运动副元素组成的三角形来表示。为了说明这三个转动副元素位于同一构件上，应将每两条直线相交的部位涂上焊缝的符号或在三角形中间画上斜线，如图 1-12 (d) 所示；若三个转动副中心位于同一直线上，可以用图 1-12 (e) 表示；依此类推，具有几个运动副元素的构件可用 N 边形表示，如图 1-12 (f) 所示。

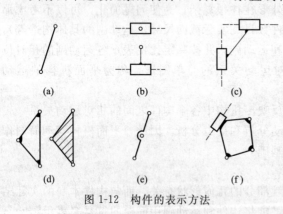

图 1-12 构件的表示方法

(4) 运动链和机构

两个以上的构件通过运动副连接而成的系统称为运动链。若运动链中各构件形成首末相连的封闭的运动链称为闭式运动链，如图 1-13 (a) 所示；否则称为开式运动链，如图 1-13 (b) 所示。若在运动链中选取某一个构件加以固定作为机架，而另一构件（或另几个少数构件）按给定的规律独立运动时，其余构件也均随之作确定的相对运动，这种运动链就称为机构。机构中输入运动的构件称为主动件；其余的可动的构件则称为从动件，其中由此可见直

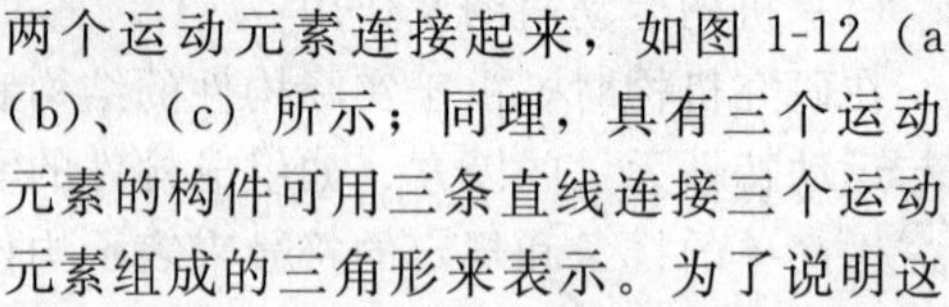

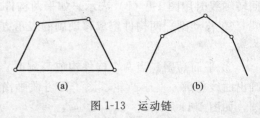

图 1-13 运动链

接做功的从动件又称为执行件。

可见，机构是由主动件、从动件和机架三部分组成的。

(5) 绘制机构运动简图的步骤

① 分析机构的运动，找出机架、原动件、从动件、执行件。

② 循着运动传递路线，确定运动副的类型、数量和位置。

③ 测量各运动副之间的相对位置。

④ 选择适当的投影平面和比例尺。

⑤ 用规定符号和简单线条画出机构运动简图。

项目训练 1-1 试绘制图 0-2 所示颚式破碎机主体机构的运动简图。

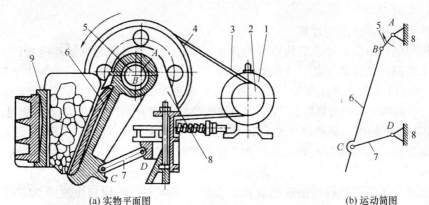

(a) 实物平面图　　　　　　　　　(b) 运动简图

图 1-14　颚式破碎机及其机构实物和运动简图

1—电动机；2—小带轮；3—V 形带；4—大带轮；5—偏心轮；
6—动颚板；7—肘板；8—机架；9—定颚板

解：（一）分析机构的运动，找出机架、原动件、从动件、执行件。颚式破碎机主体机构由机架 8、偏心轮 5、动颚板 6、肘板 7 共 4 个构件组成。偏心轮 5 为原动件，动颚板 6 和肘板 7 为从动件，当偏心轮绕轴 A 转动时，驱使动颚板 6 作平面运动，将矿石粉碎，因此动颚板 6 也叫执行件。

（二）分析各构件间运动副的类型、数量和位置。偏心轮 5 与机架 8、偏心轮 5 与动颚板 6、动颚板 6 与肘板 7、肘板 7 与机架 8 分别在 A、B、C、D 处组成转动副。

（三）选择各构件工作的平面作为视图平面，见图 1-14（a）。

（四）首先确定转动副 A 的位置，然后根据各转动副中心间的尺寸，按适当的比例尺确定转动副 D、B、C 的位置，用构件和运动副的规定符号，绘制出机构运动简图，如图 1-14（b）所示。

项目训练 1-2　绘制图 1-1 所示牛头刨床刨头机构的运动简图。

解：（一）由图 1-1（a）可知，该牛头刨床运动机构是由电动机、小齿轮、大齿轮（曲柄）、滑块、导杆、刨头、床身（机架）七个构件组成；其中小齿轮为主动构件，床身为固定构件（机架），其余为从动件。

（二）构件 4-5、5-6、7-10 组成移动副，构件 2-3 组成平面高副，其余相互接触的构件组成转动副。

（三）绘制出刨头机构的机构运动简图，如图 1-1（b）所示。

项目训练 1-3　绘制图 0-4 所示单缸内燃机的机构运动简图。

解：（一）内燃机由曲柄滑块机构、齿轮机构和凸轮机构组成。缸体 1 为机架，活塞 2

项目一　平面连杆机构

为原动件，其余构件为从动件。

（二）在曲柄滑块机构中，活塞 2 和缸体 1 组成移动副 H，活塞 2 与连杆 3、连杆 3 与曲轴 4、曲轴 4 与缸体 1 分别组成转动副 E、D、A；在齿轮机构中，齿轮 5 与缸体 1、齿轮 6 与缸体 1 分别组成转动副 A、B，齿轮 5 与齿轮 6 组成齿轮副（高副）C；在凸轮机构中，凸轮 7 与缸体 1 组成转动副 B，推杆 8 与缸体 1 组成移动副 G，凸轮 7 与推杆 8 组成凸轮副（高副）F。

（三）绘制出单缸内燃机的机构运动简图，如图 0-4（b）所示。

3. 平面机构的自由度

若要判定几个构件通过运动副相连起来的构件系统是否为机构，就必须计算平面机构的自由度。

（1）平面机构自由度的计算

平面机构的自由度就是该机构中各构件相对于机架所具有的独立运动的数目。

设一个平面运动链共包含 N 个构件，除去 1 个固定构件（机架），则机构中活动构件数为 $n=N-1$。由于 1 个活动构件有 3 个自由度，这 n 个活动构件在未用运动副连接之前共具有 $3n$ 个自由度。若机构中低副的数目为 P_L 个，高副的数目为 P_H 个，由于 1 个低副引进 2 个约束，1 个高副引进 1 个约束，则机构中全部运动副所引的约束总数为 $2P_L+P_H$。因此活动构件的自由度总数减去运动副引入的约束总数，就是该机构的自由度，以 F 表示，则有

$$F=3n-2P_L-P_H \tag{1-1}$$

上式就是计算平面机构自由度的公式。由此公式可知，机构自由度 F 取决于活动构件的数目以及运动副的性质和数目。机构的自由度也即是机构所具有的独立运动的个数。机构的自由度必须大于零，才能够运动。如果等于零，就不是机构。

项目训练 1-4　试计算图 1-1（b）所示牛头刨床刨头机构的自由度。

解：此机构活动构件数 $n=6$，低副 $P_L=8$（5 个转动副和 3 个移动副），高副数 $P_H=1$，由式（1-1）得 $F=3n-2P_L-P_H=3\times6-2\times8-1=1$。

（2）机构具有确定运动的条件

机构的自由度也即是机构所具有的独立运动的个数。由前所述可知，从动件是不能独立运动的，只有原动件才能独立运动。通常每个原动件只具有一个独立运动，因此，机构自由度必定与原动件的数目相等。

如图 1-15（a）所示的五杆机构中，原动件数等于 1，两构件自由度 $F=3\times4-2\times5=2$。由于原动件数小于 F，显然，当只给定原动件 1 的位置角 φ_1 时，从动件 2、3、4 的位置既可为实线位置，也可为双点线所处的位置，因此其运动是不确定的。只有给出两个原动件，使构件 1、4 都处于给定位置，才能使从动件获得确定运动。

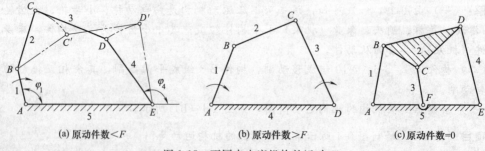

(a) 原动件数<F　　　(b) 原动件数>F　　　(c) 原动件数=0

图 1-15　不同自由度机构的运动

如图 1-15（b）所示四杆机构中，由于原动件数（=2）大于机构自由度数（$F=3\times 3-2\times 4=1$），因此原动件 1 和原动件 3 不可能同时按图中给定方式运动。

如图 1-15（c）所示的五杆机构中，机构自由度等于 0（$F=3\times 4-2\times 6=0$），它的各杆件之间不可能产生相对运动，不能再从外界给定独立运动的主动构件，从而形成各构件间不会有相对运动的刚性构架。

综上所述：机构具有确定运动的条件是：机构自由度必须大于零、且原动件数与其自由度必须相等。

（3）计算平面机构自由度时的注意事项

① 复合铰链　三个或三个以上构件在同一轴线上用转动副相连接，即为复合铰链，如图 1-16 所示为三个构件共轴线构成复合铰链。当由 K 个构件组成复合铰链时，则应当组成 $(K-1)$ 个共轴线转动副。

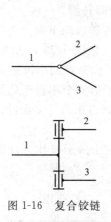

图 1-16　复合铰链

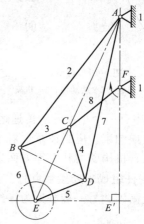

图 1-17　圆盘锯机构

项目训练 1-5　计算图 1-17 所示圆盘锯主体机构的自由度。

解：机构中有 7 个活动构件，$n=7$；A、B、C、D 四处都是三个构件汇交的复合铰链，各有两个转动副，E、F 处各有一个转动副，故 $P_L=10$。由式（1-1）可得

$$F=3n-2P_L-P_H=3\times 7-2\times 10=1$$

F 与机构原动件数相等。当原动件 8 转动时，圆盘中心 E 将确定地沿 EE' 移动。

② 局部自由度　机构中常出现一种与输出构件运动无关的自由度，称为局部自由度或多余自由度。在计算机构自由度时，可预先排除。

如图 1-18（a）所示的平面凸轮机构中，为了减少高副接触处的磨损，在从动件上安装一个滚子 3，使其与凸轮轮廓线滚动接触。显然，滚子绕其自身轴线转动与否并不影响凸轮与从动件间的相对运动，因此，滚子绕其自身轴线的转动为机构的局部自由度，在计算机构的自由度时，应预先将转动副 C 除去不计，或如图 1-18（b）所示，设想将滚子 3 与从动件 2 固连在一起作为一个构件来考虑。这样在机构中，$n=2$，$P_L=2$，$P_H=1$，其自由度为 $F=3n-2P_L-P_H=3\times 2-2\times 2-1=1$。即此凸轮机构中只有一个自由度。

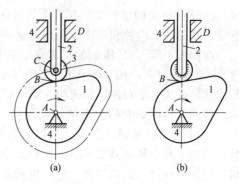

图 1-18　局部自由度
1—凸轮；2—从动件；3—滚子；4—机架

项目一　平面连杆机构

③ 虚约束 在运动副引入的约束中，有些约束对机构自由度的影响是重复的。这些对机构运动不起限制作用的重复约束，称为消极约束或虚约束，在计算机构自由度时，应当除去不计。

平面机构中的虚约束常出现在下列场合。

a. 两个构件之间组成多个导路平行的移动副时，只有一个移动副起作用，其余都是虚约束。如图 1-19（a）所示的凸轮机构中，从动件 2 在 A、B 处分别与机架 3 组成导路重合的移动副，计算机构自由度时只能算一个移动副，另一个为虚约束。

b. 两个构件之间组成多个轴线重合的回转副时，只有一个回转副起作用，其余都是虚约束。如图 1-19（b）所示，安装齿轮的轴与两个轴承之间组成两个相同且轴线重合的回转副 A 和 B，只能看作一个回转副。

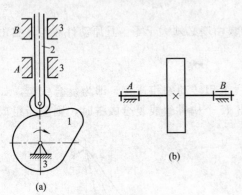

图 1-19 虚约束
1—凸轮；2—从动件；3—机架

c. 机构中对传递运动不起独立作用的对称部分，也为虚约束。如图 1-20 所示的轮系中，中心轮 1 经过两个对称布置的小齿轮 2 和 2′驱动内齿轮 3，其中有一个小齿轮对传递运动不起独立作用。但由于第二个小齿轮的加入，使机构增加了一个虚约束。应当注意，对于虚约束，从机构的运动观点来看是多余的，但从增强构件刚度，改善机构受力状况等方面来看，都是必须的。

d. 两构件组成多处接触点且公法线重合的高副。如图 1-21 所示机构，计算自由度时只应考虑一处高副，另一接触处为虚约束。

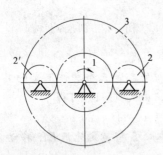

图 1-20 虚约束 3
1—中心轮；2′,2—小齿轮；3—内齿轮

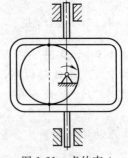

图 1-21 虚约束 4

e. 重复轨迹的虚约束。在机构的运动过程中，如果两个构件上的两点之间的距离始终不变，则用一个构件和两个转动副将这两点连接起来，就会引入虚约束。

在如图 1-22（a）所示的机车车轮联动机构中，各个构件之间存在着特殊的几何关系，即 $AB//CD//EF$，且 $AB=CD=EF$，$BC=AD$。由于 $ABCD$ 为一个平行四边形，因此，一般称这种机构为平行四边形机构。当主动件 1 运动时，构件 5 与机架 4 始终保持平行并作平动。因此，构件 5 上各个点的运动轨迹完全相同。构件 5 上任一点 E 的轨迹为半径等于 AB，圆心位于机架 AD 上 F 点的圆。用构件 2 分别与构件 5 和机架 4 在 E 点和 F 点进行连接，组成了两个转动副 E 和 F。构件 2 是一个具有两个运动副元素的构件，由前面的分析可知，将该构件加入到机构中之后，机构将增加一个约束，这个约束使得构件 2 上 E 点的轨迹是以 F 点为圆心、以 AB 长度为半径的圆。因此，构件 5 上 E 点的轨迹与构件 2 上 E 点的轨迹相重合。

从运动的角度来看，构件 2 对机构的约束是重复的，它并不影响机构的运动，故为虚约束。因此，计算机构的自由度时，应去掉这个虚约束，即将构件 2 及其带入的两个运动副 E 和 F 一起除去，如图 1-22（b）所示。

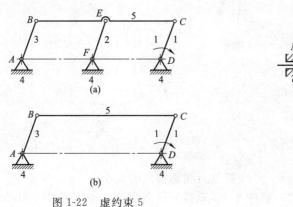

图 1-22 虚约束 5

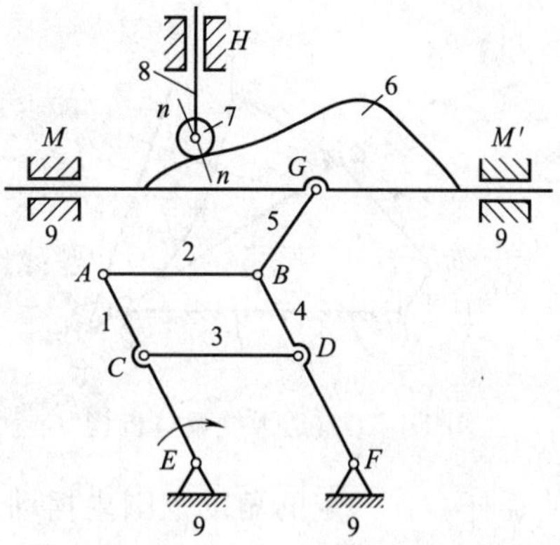

图 1-23 项目训练 1-6 图

项目训练 1-6 试计算如图 1-23 所示机构的自由度。图中 $AB \parallel CD \parallel EF$，$AB = CD = EF$。

解： 机构中滚子 7 绕自身轴线的转动为局部自由度。构件 6 与机架 9 组成两个导路平行的移动副 M 和 M'，其中之一为虚约束。又因为在机构中有 $AB \parallel CD \parallel EF$，$AB=CD=EF$，所以构件 3 及转动副 C、D 引入的约束也为虚约束。B 处是 3 个构件构成的复合铰链，应算 2 个转动副。经过以上分析可知，该机构的活动构件为 $n=6$（构件 1、2、4、5、6、8），$P_L=8$（6 个转动副 E、A、B、B'、G、F，2 个移动副 H、M 或 M'），$P_H=1$，由式（1-1）得

$$F = 3n - 2P_L - P_H = 3 \times 6 - 2 \times 8 - 1 = 1$$

该机构有一个原动件，运动是确定的。

知识点二 铰链四杆机构的形式及特性

平面连杆机构是将各构件用平面低副（转动副、移动副）连接而成的平面机构。最简单的平面连杆机构是由四个构件组成的，简称平面四杆机构。它在各种机械设备、仪器仪表中应用广泛，而且是组成多杆机构的基础。

1. 铰链四杆机构的基本形式

全部用回转副组成的平面四杆机构称为铰链四杆机构，如图 1-24 所示。在铰链四杆机构中，杆件 4 固定不动称为机架；与机架用回转副相连接的杆件 1 和杆件 3 称为连架杆；不直接与机架连接的杆件 2 称为连杆。能作整周（360°）转动的连架杆，称为曲柄，仅能在某一角度（<360°）摆动的连架杆，称为摇杆。对于铰链四杆机构来说，机架和连杆总是存在的，因此可按照连架杆是曲柄还是摇杆，将铰链四杆机构分为三种基本形式：曲柄摇杆机构、双曲柄机构和双摇杆机构。

（1）曲柄摇杆机构

在铰链四杆机构中，若两个连架杆中，一个为曲柄，另一个为摇杆，则此铰链四杆机构称为曲柄摇杆机构。通常，曲柄为主动构件且作等速转动，而摇杆为从动构件作变速往复摆动，连杆作平面复合运动；也可反过来，将摇杆的往复摆动转为曲柄的转动。

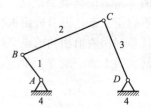

图 1-24 铰链四杆机构

图 1-25 所示为调整雷达天线俯仰角的曲柄摇杆机构。曲柄 1 缓慢地匀速转动，通过连

项目一 平面连杆机构

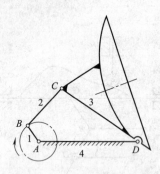

图 1-25 雷达天线调整机构

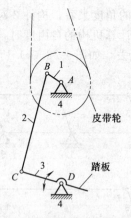

图 1-26 缝纫机的踏板机构

杆 2 使摇杆 3 在一定的角度范围内摇动，从而调整天线俯仰角的大小。

图 1-26 所示为缝纫机的踏板机构。摇杆 3（主动件）往复摆动，通过连杆 2 驱动曲柄 1（从动件）作整周转动，再经过皮带轮使机头主轴转动。

（2）双曲柄机构

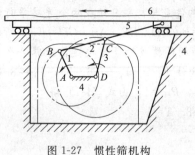

图 1-27 惯性筛机构

在铰链四杆机构中，若两连架杆均为曲柄，则称为双曲柄机构。在双曲柄机构中，通常主动曲柄作等速转动，从动曲柄作变速转动。

图 1-27 所示的惯性筛机构，就是以双曲柄机构为基础扩展而成的六杆机构。其中，原动曲柄 1、连杆 2、从动曲柄 3 和机架 4 组成双曲柄机构；曲柄 3、连杆 5、滑块 6（筛子）和机架 4 组成曲柄滑块机构。双曲柄机构的运动特点是：当主动曲柄 AB 作匀速转动时，从动曲柄 CD 作变速转动。曲柄滑块机构惯性筛机构中，从动曲柄 3（原动件）的变速转动使筛子 6 具有所需要的加速度，利用加速度所产生的惯性力使颗粒材料在筛箅上往复运动，从而达到筛分的目的。

在双曲柄机构中，应用较广的是平行双曲柄机构，或称为平行四边形机构，如图 1-28（a）中的 AB_1C_1D 所示。这种机构的对边长度相等，组成平行四边形。当曲柄 1 匀角速度转动时，曲柄 3 以相同的角速度同向转动，连杆 2 则作平移运动。必须指出，该机构当四个铰链中心处于同一直线 AB_2C_2D 上时，会出现运动不确定状态。由图 1-28（a）所示，当曲柄 1 由 AB_1 转到 AB_2 时，从动曲柄 3 可能转到 DC_3，也可能转到 DC_3'。为了消除这种运动不确定状态，可以采用机构错位排列的方法，使两组平行双曲柄机构如图 1-28（b）所示，就是利用两组相同的正平行四杆机构（$ABCD$ 和 AB_1C_1D），彼此错开九十度固联组合而成的。当上面一组平行四边形机构转到 $AB'C'D$ 共线位置时，下面一组平行四边形机构

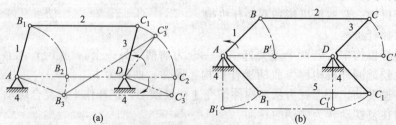

图 1-28 平行四边形机构

$AB_1'C_1'D$ 转于正常位置，故机构仍然保持确定运动。此外还可采用辅助曲柄的方法，如图 1-29 所示的机车驱动轮联动机构，则是利用第三个平行的曲柄来消除平行四边形机构的运动不确定状态。

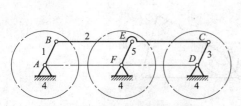

图 1-29　机车驱动轮联动机构

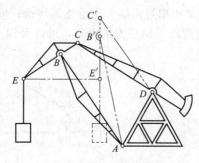

图 1-30　港口起重机机构

（3）双摇杆机构

两个连架杆均为摇杆的铰链四杆机构称为双摇杆机构。

图 1-30 所示为港口起重机机构，当摇杆 AB 摇动时，连杆 BC 上悬挂重物的 E 点作近似的水平直线移动，从而避免了重物平移时因不必要的升降而发生事故和损耗能量。

2. 铰链四杆机构的特性

（1）铰链四杆机构形式的判别

由上述分析可知，铰链四杆机构有三种基本形式，其区别在于连架杆是否为曲柄。而铰链四杆机构中是否存在曲柄，取决于机构各杆的相对长度和机架的选择。下面对存在一个曲柄的铰链四杆机构（曲柄摇杆机构）来分析曲柄存在的条件。

如图 1-31 所示的机构中，杆 1 为曲柄，杆 2 为连杆，杆 3 为摇杆，杆 4 为机架，各杆件长度分别以 l_1、l_2、l_3、l_4 表示。为了保证曲柄 1 整周回转，曲柄 1 必须能顺利通过与机架 4 共线的两个位置 AB'' 和 AB'。

当曲柄处于 AB' 的位置时，形成三角形 $B'C'D$。根据三角形两边之和必大于（极限情况下等于）第三边的定律，可得

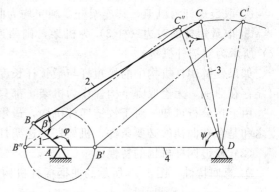

图 1-31　曲柄存在条件分析一

$$l_2 \leqslant (l_4 - l_1) + l_3$$
$$l_3 \leqslant (l_4 - l_1) + l_2$$

即
$$l_1 + l_2 \leqslant l_3 + l_4 \tag{1-2}$$
$$l_1 + l_3 \leqslant l_2 + l_4 \tag{1-3}$$

当曲柄处于 AB'' 位置时，形成三角形 $B''C''D$。可写出以下关系式：

$$l_1 + l_4 \leqslant l_2 + l_3 \tag{1-4}$$

将以上三式两两相加可得：

$$l_1 \leqslant l_2 \qquad l_1 \leqslant l_3 \qquad l_1 \leqslant l_4$$

上述关系说明：

① 在曲柄摇杆机构中，曲柄是最短杆；

② 最短杆与最长杆长度之和小于或等于其余两杆长度之和。

项目一　平面连杆机构

下面进一步分析各杆间的相对运动。图 1-31 中最短杆 1 为曲柄，φ、β、γ 和 Ψ 分别为相邻两杆间的夹角。当曲柄 1 整周转动时，曲柄与相邻两杆的夹角 φ、β 的变化范围为 0°～360°；而摇杆与相邻两杆的夹角 γ、Ψ 的变化范围小于 360°。根据相对运动原理可知，连杆 2 和机架 4 相对曲柄 1 也是整周转动；而相对于摇杆 3 作小于 360°的摆动。因此，当各杆长度不变而取不同杆为机架时，可以得到不同类型的铰链四杆机构。如下所示。

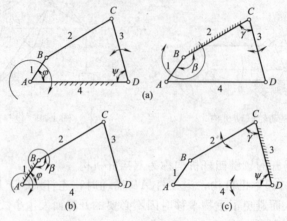

图 1-32 曲柄存在条件分析二

① 取最短杆相邻的构件（杆 2 或杆 4）为机架时，最短杆 1 为曲柄，而另一连架杆 3 为摇杆，故图 1-32（a）所示的两个机构均为曲柄摇杆机构。

② 取最短杆为机架，其连架杆 2 和 4 均为曲柄，故图 1-32（b）所示为双曲柄机构。

③ 取最短杆的对边（杆 3）为机架，则两连架杆 2 和 4 都不能作整周转动，故图 1-32（c）所示为双摇杆机构。

如果铰链四杆机构中的最短杆与最长杆长度之和大于其余两杆长度之和，则该机构中不可能存在曲柄，无论取哪个构件作为机架，都只能得到双摇杆机构。

由上述分析可知：对于铰链四杆机构，最短杆和最长杆长度之和小于或等于其余两杆长度之和是存在曲柄的必要条件；机架杆或连架杆必有一杆为最短杆是存在曲柄的充分条件。

（2）铰链四杆机构的特性

① 急回特性 图 1-33 所示的曲柄摇杆机构中，当主动件（输入件）曲柄 AB 作匀速回转时，从动件（输出件）摇杆 CD 作往复变速摆动，曲柄 AB 在回转一周的过程中有两次与连杆 BC 共线。把摇杆 CD 分别处在左右两个极限位置 C_1D 和 C_2D 时两曲柄所夹锐角 θ 称为极位夹角，它是标志机构有无急回特性的重要参数。机构中输出件摇杆在两极限位置时的夹角 Ψ 称为摇杆的摆角，也称为摇杆的行程。

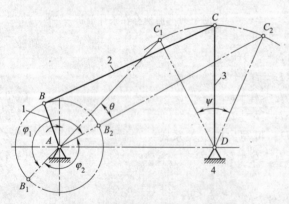

图 1-33 曲柄摇杆机构的急回特性

设曲柄以匀角速度 ω 顺时针从 AB_1 转到 AB_2 位置时，转过角度 $\varphi_1=180+\theta$，摇杆由 C_1D 摆至 C_2D，摆过工作角度为 Ψ，此过程为工作行程，所用时间为 t_1，摇杆上 C 点的平均速度为 v_1；当曲柄继续摇杆由 AB_2 摆回到 AB_1，转角 $\varphi_2=180-\theta$，摇杆

由 C_2D 摆回至 C_1D，其摆过角度也为 Ψ，所需时间为 t_2，C 点的平均速度为 v_2。

由于曲柄匀角速度转动，且 $\varphi_1 > \varphi_2$，对应的时间 $t_1 > t_2$，则有 $\varphi_1/\varphi_2 = t_1/t_2$；而摇杆上 C 点的平均速度为：$v_1 = C_1C_2/t_1$，$v_2 = C_2C_1/t_2$，显然，$v_2 > v_1$。把当主动件作匀速转动时，从动件回程速度大于工作行程速度的现象，称为急回特性。它能满足某些机械的工作要求，如插床、牛头刨床等，在工作行程时要求速度慢且均匀，以提高加工质量，回程时要求速度快，以缩短非工作时间，提高生产效率。

为了表达机构急回特性的相对快慢程度，常用从动件回程速度 v_2 与工作行程速度 v_1 之比来说明，即

$$K = \frac{v_2}{v_1} = \frac{C_2C_1/t_2}{C_1C_2/t_1} = \frac{t_1}{t_2} = \frac{\varphi_1}{\varphi_2} = \frac{180° + \theta}{180° - \theta} \tag{1-5}$$

式中，K 称为行程速比系数。

由式 (1-5) 可得极位夹角的计算式为

$$\theta = 180° \frac{K-1}{K+1} \tag{1-6}$$

由式 (1-5) 可知，机构的急回程度取决于极位夹角 θ 的大小。只要 $\theta \neq 0°$，则 $K > 1$，机构具有急回特性；θ 越大，则 K 越大，机构急回作用越显著，但机构运动平稳性就越差。

综上所述，连杆机构从动件具有急回特性的条件为：a. 主动件作整周转动；b. 从动件作往复运动；c. 极位夹角 $\theta > 0°$。

除曲柄摇杆机构外，偏置曲柄滑块机构和摆动导杆机构也具有急回特性。在设计具有急回特性的四杆机构时，一般是先根据工作要求选定 K 值，然后由式 (1-6) 求出极位夹角 θ，再设计各构件的尺寸。

② 压力角和传动角 在生产中，不仅要求铰链四杆机构能实现预定的运动规律，而且希望机构运转轻便，效率较高。在图 1-34 所示的曲柄摇杆机构中，若忽略各构件的重力和运动副中的摩擦，则连杆为二力杆。当原动件为曲柄时，通过连杆作用于从动件摇杆上的力 F 沿 BC 方向，其作用线必与连杆共线。力 F 作用点 C 的绝对速度 v_C 的方向与 CD 杆垂直，此力的作用线与力的作用点 C 点的绝对速度 v_C 之间所夹的锐角 α 称为压力角。由图可见，F 力在 v_C 方向上的分力 $F_t = F\cos\alpha$ 为有效分力，它可使从动件产生有效的回转力矩，显然 F_t 愈大愈好。而 F 在垂直于 v_C 方向的分力 $F_n = F\sin\alpha$ 则为有害分力，因为它不仅无助于从动件的转动，反而增加了从动件转动时的摩擦阻力矩，因此希望 F_n 愈小愈好。由此可知，压力角 α 越小对工作越有利，理想情况是 $\alpha = 0$，所以压力角是反映机构传力性能的重要参数。设计机构时都必须注意控制最大压力角不超过许用值。力 F 与 F_n 所夹的锐角 γ 称为传动角，由图示可见，当连杆与摇杆的夹角为锐角时，则 $\gamma = 90° - \alpha$，故 α 愈小则 γ 愈大，对机构工作也愈有利。由于传动角 γ 有时可以从平面连杆机构的运动简图上直接观察其大小，故在平面连杆机构设计中，习惯上采用 γ 来判断机构的传动质量。当机构运转时，其传动角的大小是变化的，为了保证机构传动良好，设计时通常应使 $\gamma_{min} > 40°$，对于高速和大功率的传动机械，应使 $\gamma_{min} \geq 50°$。

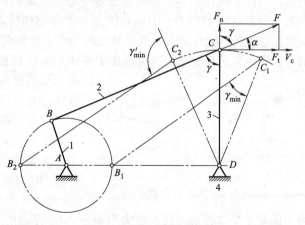

图 1-34 连杆机构的压力角和传动角

为此，设计中应确定 $\gamma=\gamma_{\min}$ 时机构各杆的位置，并检验 $\gamma_{\min}$ 的值是否不小于上述的许用值。

对于曲柄摇杆机构，当曲柄为主动件，摇杆为从动件时，机构的 $\gamma_{\min}$ 出现在曲柄 AB 与机架 AD 两次共线位置之一（图1-34）。对于曲柄滑块机构，当曲柄为主动件，滑块为从动件时，机构的 $\gamma_{\min}$ 出现在曲柄与滑块的导路垂直且与偏距方向相反一侧的位置（图1-35）。对于摆动导杆机构，当曲柄为原动件，导杆为从动件时，因滑块3对导杆4的作用力始终垂直于导杆，故其传动角 γ 恒等于 $90°$，说明该机构传力性能最好（图1-36）。

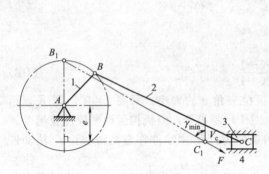
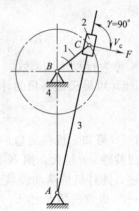

图1-35 曲柄滑块机构的最小传动角　　图1-36 摆动导杆机构最小传动角

③ 死点位置　如图1-37所示的曲柄摇杆机构，若以摇杆3为原动件，而曲柄1为从动件，则当摇杆处于两极限位置 C_1D 和 C_2D 时，连杆2与曲柄1共线，若不计各杆的质量，则这时连杆加给曲柄的力将通过铰链中心 A，即机构处于压力角 $\alpha=90°$（传力角 $\gamma=0$）的位置，此力对 A 点不产生力矩，因此不能使曲柄转动。机构的这种位置称为死点位置。死点位置会使机构的从动件出现卡死或转向不确定的现象。出现死点对传动机构来说是一种缺陷，这种缺陷可以利用回转机构的惯性或添加辅助机构来克服。如图1-26所示的家用缝纫机的脚踏机构，就是利用皮带轮的惯性作用使机构能通过死点位置。

但在工程实际中，有时也常常利用机构的死点位置来实现某些特定的工作要求，如图1-37所示的工件夹紧装置，当工件5需要被夹紧时，就是利用连杆 BC 与摇杆 CD 形成的死点位置，这时工件经杆1、杆2传给杆3的力，通过杆3的传动中心 D。此力不能驱使杆3转动。故当撤去主动外力 F 后，在工作反力 N 的作用下，机构不会反转，工件依然被可靠地夹紧。

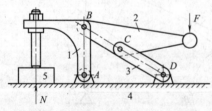

图1-37 工件夹紧装置

知识点三　铰链四杆机构的演化

铰链四杆机构通过改变构件、运动副的形状或尺寸以及取不同的构件为机架，可以演化出一些其他形式的平面四杆机构。

现以曲柄滑块机构为基本形式，介绍如下。

（1）曲柄滑块机构

在如图1-38（a）所示的曲柄摇杆机构中，若以滑块代替摇杆 CD，如图1-38（b）所示即演化为曲柄滑块机构，此时滑道是弧线。若将滑道拉直，则成为图1-38（c）所示的曲柄滑块机构。由于滑块的导路不通过曲柄回转中心 A，而是偏离一段距离 e，故称为偏心曲柄

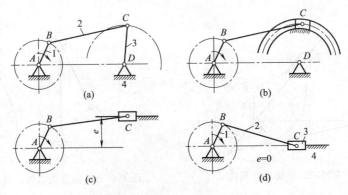

图 1-38 曲柄摇杆机构的演化

滑块机构。若将导路下移,使其通过曲柄回转中心 A(即 $e=0$),如图 1-38(d)所示,则称之为对心曲柄滑块机构。

曲柄滑块机构广泛应用于活塞内燃机、空气压缩机以及冲床等机械设备中。

如图 1-39 所示为自动送料机构。当曲柄 AB 转动时,通过连杆 BC 使滑块 C 作往复运动。曲柄每转动一周,滑块则往复运动一次,即推出一个工件,实现自动送料。

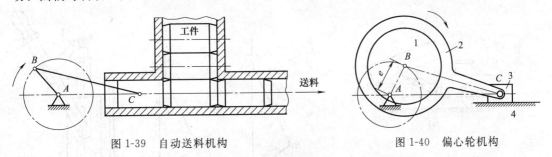

图 1-39 自动送料机构　　　　　　　图 1-40 偏心轮机构

当曲柄滑块机构中的曲柄较短时,往往由于结构、工艺和强度等方面的需要,须将回转副 B 的半径增大到超过曲柄的长度,使曲柄成为绕点 A 转动的偏心轮时,即称为偏心轮机构,如图 1-40 所示。由图可知,偏心轮是回转副 B 扩大到包括回转副 A 而形成的,偏心距 e 即是曲柄的长度。

(2)导杆机构

导杆机构可以看作是在曲柄滑块机构中选取不同构件为机架演化而成。

图 1-41(a)所示为曲柄滑块机构,如将其中的曲柄 1 作为机架,连杆 2 作为主动件,则连杆 2 和构件 4 将分别绕铰链 B 和 A 作转动。如图 1-41(b)所示,若 $AB<BC$,则杆 2 和杆 4 均可作整周回转,故称为转动导杆机构。如图 1-41(c)所示,若 $AB>BC$,则杆 4 只能作往复摆动,故称为摆动导杆机构。由图可见,导杆机构的传动角始终等于 90°,具有较好的传力性能,常用于牛头刨床、插床和回转式油泵中。如图 1-1 所示的牛头刨床刨头机构中就包含有摆动导杆机构。又如图 1-42 为牛头刨床的转动导杆机构,当 BC 杆绕 B 点作等速转动时,AD 杆绕 A 点作变速转动,DE 杆驱动刨刀作变速往返运动。

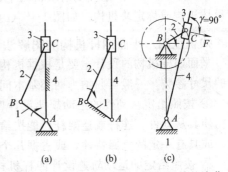

图 1-41 曲柄滑块机构向导杆机构的演化

项目一　平面连杆机构

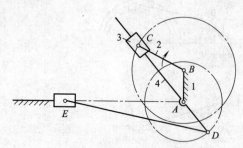
图1-42 牛头刨床的转动导杆机构

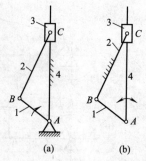
图1-43 曲柄滑块机构向摇块机构的演化

（3）摇块机构

在图1-43（a）所示的曲柄滑块机构中，若取杆2为固定件，即可得图1-43（b）所示的摆动滑块机构，或称摇块机构。这种机构广泛应用于摆动式内燃机和液压驱动装置中。

如图1-44所示，为自卸式卡车翻斗机构及其运动简图。在该机构中，因为液压油缸3中的液压油推动活塞杆4运动，翻斗1绕铰链B倾转，完成物料的自卸；因为液压油缸3绕铰链C摆动，故称为摇块。

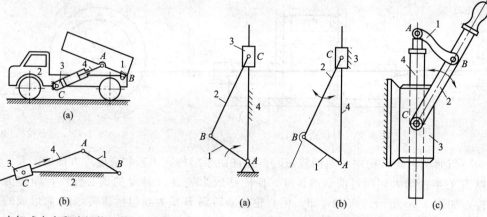
图1-44 自卸式卡车翻斗机构及其运动简图　　图1-45 抽水唧筒机构及其运动简图

（4）定块机构

在图1-45（a）所示曲柄滑块机构中，若取杆3为固定件，即可得图1-45（b）所示的固定滑块机构或称定块机构。如图1-45（c）所示的抽水唧筒即是这种机构的一种应用。

知识点四　平面四杆机构的图解法设计

平面四杆机构的设计主要是根据机构的工作要求和给定条件选定机构形式，并确定各构件的尺寸参数。一般可归纳为两类基本问题。

① 按照给定从动件的运动规律设计四杆机构。即当原动件运动规律已知时，设计一个机构使其从动件（连杆或连架杆）能按给定的运动规律运动。如要求从动件按照某种速度运动，或具有一定的急回特性，或占据几个预定位置等。

② 按照给定的运动轨迹设计四杆机构。即要求机构在运动过程中连杆上某一点能实现给定的运动轨迹。如要求起重机中吊钩的轨迹为一条直线，搅拌机中搅拌杆端能按预定轨迹运动等。

平面四杆机构的设计方法有图解法、解析法和实验法。图解法直观，解析法精确，实验法简便。本项目只介绍根据运动条件用图解法设计平面四杆机构的方法。

1. 按给定连杆位置设计四杆机构

（1）已知连杆长度和两个给定位置，并给定另一条件，设计此四杆机构

如图 1-46 所示，设计小型电炉的炉门机构。要求炉门关闭位置如实线所示，开启位置如双点划线所示。

分析：在炉门上选 B、C 两点作连杆上的铰链中心，则已知连杆长度和连杆占据的两个位 B_1C_1、B_2C_2。所以，转动副 A 应该在 B_1B_2 的垂直平分线 n 上，而转动副 D 应在 C_1C_2 的垂直平分线 m 上。

设计步骤如下。

① 连接 B_1B_2 和 C_1C_2。

② 分别作 B_1B_2 和 C_1C_2 的垂直平分线 n 和 m，则转动副 A 和 D 应在该垂直平分线上，但这样有多个解，若设固定铰链需安装在 y-y 轴线上，则可以得到如图 1-46 所示的唯一解。

（2）已知连杆长度及三个给定位置，设计此四杆机构

若给定连杆三个位置，要求设计四杆机构，其设计过程与上述基本相同，如图 1-47 所示。

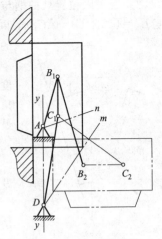

图 1-46 炉门机构设计

由于在铰链四杆机构中，连架杆 1 和 3 分别绕两个固定铰链 A 和 D 转动，所以连杆上点 B 的三个位置 B_1、B_2、B_3 应位于同一圆周上，其圆心即位于连架杆 1 的固定铰链 A 的位置。因此，分别连接 B_1、B_2 及 B_2、B_3，并作两连线各自的垂直平分线 n_1、n_2，其交点即为固定铰链 A。同理，可求得连架杆 3 的固定铰链 D。连线 AD 即为机架的长度。这样，构件 1、2、3、4 即组成所要求的铰链四杆机构。

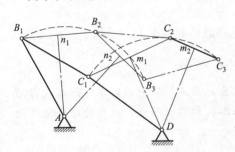

图 1-47 给定连杆三个位置的设计

2. 按照给定的行程速比系数 K 设计四杆机构

在设计具有急回特性的平面四杆机构时，通常按照实际工作需要，先确定行程速比系数 K 的数值，并进而计算出极位夹角 θ，然后根据机构在极限位置的几何关系，再结合其他辅助条件求出机构中各构件的尺寸参数。

（1）给定行程速比系数 K、摇杆的长度 L_3 及其摆角 Ψ，设计曲柄摇杆机构

设计的目的是确定曲柄与机架组成的固定铰链中心 A 的位置，并定出构件 AB、BC、AD 的长度 L_1、L_2 和 L_4。其设计步骤如下。

① 由给定的行程速比系数 K，按照式（1-6）算出极位角 θ。

② 任选一点为固定铰链中心 D，由摇杆长度 L_3 及摆角 Ψ 作摇杆 3 的两个极限位置 C_1D 和 C_2D（图 1-48）。

③ 连接直线 C_1C_2，过 C_1 点作直线 C_1M 垂直于 C_1C_2。

④ 作 $\angle C_1C_2N = \angle 90°-\theta$，$C_2N$ 与 C_1M 相交于

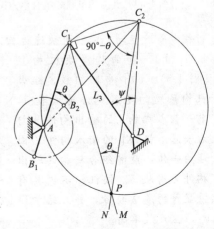

图 1-48 给定 K 值设计曲柄连杆机构

点 P。由图可知 $\angle C_1PC_2=\theta$。

⑤ 作 $\triangle PC_1C_2$ 的外接圆,在此圆周上任选一点 A 作为曲柄与机架组成的固定铰链中心,并分别与 C_1、C_2 相连,得 $\angle C_1AC_2$。因同一圆弧的圆周角相等,故 $\angle C_1AC_2 = \angle C_1PC_2 = \theta$。

⑥ 因极限位置处曲柄与连杆共线,故 $AC_2 = L_2 + L_1$,$AC_1 = L_2 - L_1$,从而可得曲柄长度 $L_1 = 1/2(AC_2 - AC_1)$,再以 A 为圆心和 L_1 为半径作圆,交 C_1A 的延长线于 B_1,交 C_2A 的延长线于 B_2,即得到 $B_1C_1 = B_2C_2 = L_2$ 和 $AD = L_4$。

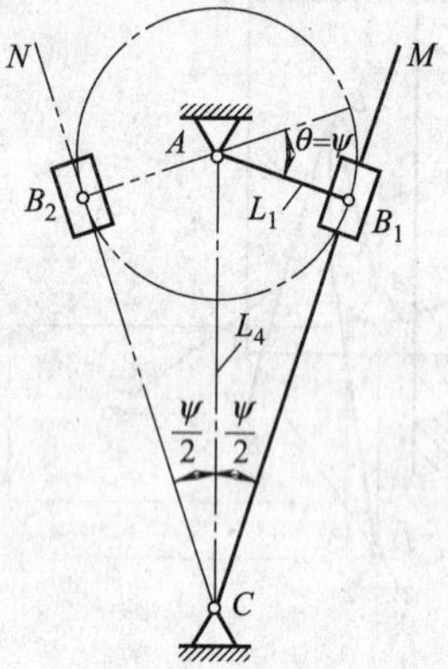

由于 A 点是 $\triangle C_1PC_2$ 外接圆上任选的点,所以若仅按行程速度变化系数 K 设计,可得无穷多的解。A 点位置不同,机构传动角的大小也不同。如欲获得良好的传动质量,可按照最小传动角最优或其他辅助条件来确定 A 点的位置。

(2) 给定行程速比系数 K、机架的长度 L_4,设计导杆机构

由图 1-49 可知,导杆的摆角 Ψ 等于导杆机构的极位夹角 θ,设计的目的就是确定曲柄的长度 L_1。其设计步骤如下。

① 根据给定的行程速度变化系数 K 计算出极位夹角 θ,也就是摆角 Ψ。

② 任选固定铰链中心 C 的位置,以摆角 Ψ 作出导杆的两个极限位置 CM 和 CN。

图 1-49 给定 K 值设计导杆机构

③ 作摆角 Ψ 的角平分线 AC,并在角平分线上取 $AC = L_4$,则得到固定铰链中心 A 的位置。

④ 过 A 点作导杆极限位置的垂线 AB_1 或 AB_2,则曲柄的长度 $L_1 = AB_1$。

【知识拓展】 机构的组合及其应用

人们在生活与生产过程中使用着各种各样的机器,以满足不同的需求。但从机器的结构组成来看,任何一部复杂的机器都是由若干基本机构组合而成。机构的组合常有两种形式:串联式组合与并联式组合。

1. 串联式组合机构

这种方式的组合机构是由若干个单自由度基本机构串接而成,即前一基本机构的输出构件作为后一基本机构的输入构件。如图 1-50 所示为机构的串联式组合示意图。

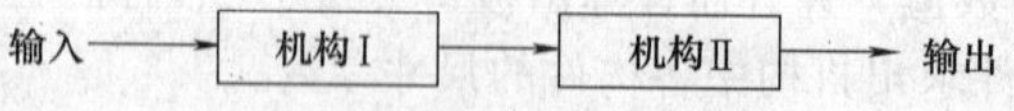

图 1-50 机构的串联式组合示意图

图 1-51(a)所示为一钢锭热锯机构的运动简图;要求滑块 5(齿条)在工作行程做等速运动,回程时快速返回。此机构是由两个基本机构,即双曲柄机构Ⅰ[图 1-51(b)]和曲柄滑块机构Ⅱ[图 1-51(c)]串联组成。组合机构系统的输入构件为曲柄 1,前一基本机构Ⅰ的输出构件 3 与后一基本机构Ⅱ的输入构件 3′ 固连为一体,最终组合机构的输出构件为滑块 5。该机构不仅具有较显著的急回特性,并且结构简单,生产效率高。

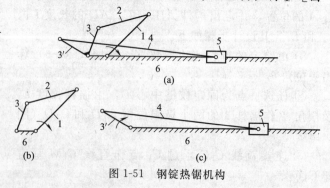

图 1-51 钢锭热锯机构

2. 并联式组合机构

这种方式的组合机构是以一个多自由度机构作为基础机构，其运动输入构件连接若干个单自由度的附加机构复合而成。图 1-52 为机构的并联式组合示意图。

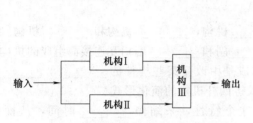

图 1-52 机构的并联式组合示意图

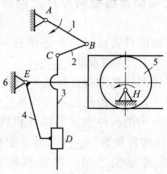

图 1-53 缝纫机针杆的传动机构

图 1-53 所示为缝纫机针杆的传动机构。此机构的基础机构是平面五杆机构 $ABCDE$，具有两个自由度。该机构以凸轮机构和曲柄 AB 为输入运动，它们的输出合成运动为针杆 3 的上下往复移动和摆动。针杆 3 上下往复移动的距离，可以通过调整曲柄 1 的长度来实现；针杆 3 的摆动的角度，可以通过调整偏心凸轮 5 的偏心距来实现。

练习与思考

一、思考题

1. 何为运动副？运动副有哪些类型？各有何特点？
2. 何谓自由度和约束？平面高副和低副各引入多少约束？
3. 计算平面机构自由度时，应注意什么问题？
4. 机构运动简图有何用处，它能表示机构的哪些方面的特征？
5. 机构具有确定运动的条件是什么？当机构的原动件数目少于或多于机构的自由度时，机构的运动将发生什么情况？
6. 什么是复合铰链？若有 k 个构件组成复合铰链，则其转动副的数目是多少？
7. 什么是局部自由度？机械中为什么要引入局部自由度？在计算机构自由度时怎样处理局部自由度？
8. 什么是虚约束？常见的虚约束有哪几种？在计算机构自由度时怎样处理虚约束？机构中为什么要引入虚约束？
9. 平面四杆机构的基本形式是什么？它有哪些演化形式？演化的方式有哪些？
10. 如何依照各杆长度判别铰链四杆机构的形式？
11. 什么是行程速比系数、极位夹角和急回特性？三者之间关系如何？
12. 什么是平面连杆机构的死点？举出避免死点和利用死点进行工作的例子。

二、填空题

1. 根据运动副中两构件的接触形式不同，运动副分为_____和_____。
2. 两构件通过_____或_____接触组成的运动副称为高副；通过_____接触组成的运动副称为低副。
3. 机构要能够动，自由度必须_____，机构具有确定运动的条件是_____。

4. 平面机构中若引入一个高副将带入_____个约束,而引入一个低副将带入_____个约束。约束数与自由度数的关系是_____。

5. 运动副指能使两构件之间既保持_____接触,而又能产生一定形式相对运动的_____。

6. 平面四杆机构的两个连架杆,可以有一个是_____,另一个是_____,也可以两个都是_____或都是_____。

7. 平面四杆机构有三种基本形式,即_____机构,_____机构和_____机构。

8. 平面连杆机构是由一些刚性构件用_____副和_____副相互连接而组成的机构。

9. 实际中的各种形式的四杆机构,都可看成是由改变某些构件的_____,_____或选择不同构件作为_____等方法所得到的铰链四杆机构的演化形式。

10. 在实际生产中,常常利用急回运动这个特性,来缩短_____时间,从而提高_____。

11. 机构从动件所受力方向与该力作用点速度方向所夹的锐角,称为_____角,用它来衡量机构的_____性能。

12. 四杆机构中是否存在死点位置取决于从动件是否与连杆_____。

三、选择题

1. 当一个平面运动链的原动件数目小于此运动链的自由度数时,则此运动链_____。
   A. 具有确定的相对运动　　　　　B. 只能作有限的相对运动
   C. 运动不能确定　　　　　　　　D. 不能运动

2. 机构具有确定运动的条件是自由度数_____原动件数。
   A. 大于　　　B. 等于　　　C. 小于　　　D. 无法确定

3. 作平面运动的构件最多具有_____。
   A. 1个自由度　B. 2个自由度　C. 3个自由度　D. 4个自由度

4. 平面运动副的最大约束数为_____。
   A. 1　　　　B. 2　　　　C. 3　　　　D. 5

5. 平面机构中若引入一个高副,将带入_____约束。
   A. 一个　　　B. 二个　　　C. 三个　　　D. 零个

6. 在曲柄摇杆机构中,为提高机构的传力性能,应该_____。
   A. 增大传动角 γ　　　　　　B. 减小传动角 γ
   C. 增大压力角 α　　　　　　D. 减小极位夹角 θ

7. 对于铰链四杆机构,当从动件的行程速比系数_____时,机构必有急回特性。
   A. $K>0$　　B. $K>1$　　C. $K<1$　　D. $K=1$

8. 平面连杆机构中,当传动角较大时,则_____。
   A. 机构的传动性能较好　　　　　B. 机构的传动性能较差
   C. 可以满足机构的自锁要求　　　D. 机构的效率较低

9. 曲柄摇杆机构中,当曲柄与_____处于两次共线位置之一时出现最小传动角。
   A. 连杆　　　B. 摇杆　　　C. 机架

10. 若要使机构受力良好,运转灵活,希望其传动角 γ _____。
    A. 小一些好　B. 大一些好　C. 和压力角相等好

11. 曲柄滑块机构是由_____演化而来的。
    A. 曲柄摇杆机构　B. 双曲柄机构　C. 双摇杆机构

12. 在曲柄摇杆机构中，只有当_____为主动件时，_____在运动中才会出现"死点"位置。

   A. 连杆　　　　　B. 曲柄　　　　　C. 连架杆　　　　　D. 摇杆

四、计算题

1. 如图 1-54 所示，三种机构运动简图中，哪个机构的运动是确定的？

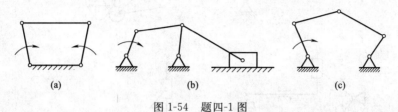

图 1-54　题四-1 图

2. 试绘制如图 1-55 所示各机构的机构运动简图，并计算机构的自由度。

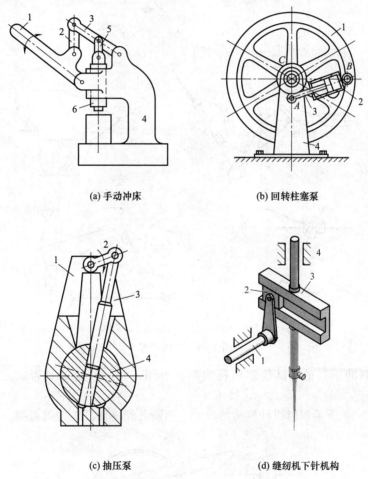

(a) 手动冲床　　　　　(b) 回转柱塞泵

(c) 抽压泵　　　　　(d) 缝纫机下针机构

图 1-55　题四-2 图

3. 指出图 1-56 中机构运动简图中的复合铰链、局部自由度和虚约束，计算这些机构的自由度，并判断它们是否具有确定的运动（其中箭头所示的为原动件）。

4. 如图 1-57 所示为一简易冲床的初拟设计方案。设计者的思路是：动力由齿轮 1 输入，带动轴 A 连续转动，固定在轴 A 上的凸轮 2 与摆杆 3 组成的凸轮机构，进一步使冲头 4 上

项目一　平面连杆机构

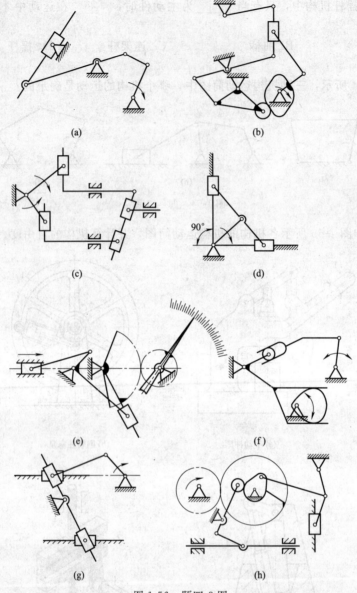

图 1-56 题四-3 图

下往复运动达到冲压目的。试绘制该机构的示意图,分析其运动是否确定,并提出修改意见。

5. 根据图 1-58 所示铰链四杆机构的尺寸,判断各铰链四杆机构的类型。

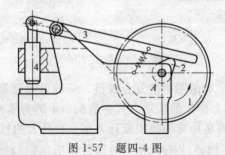

图 1-57 题四-4 图

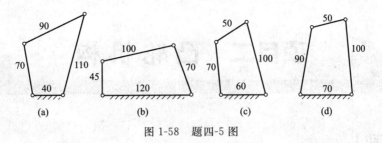

图 1-58 题四-5 图

6. 画出图 1-59 所示各机构的压力角和传动角，图中标有旋转箭头的构件为主动件。

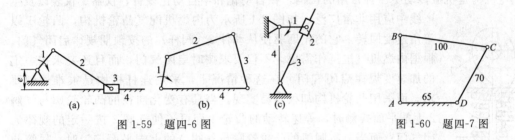

图 1-59 题四-6 图   图 1-60 题四-7 图

7. 图 1-60 所示铰链四杆机构，已知 $L_{BC}=100$mm，$L_{CD}=70$mm，$L_{AD}=65$mm，AD 为机架，若此机构为双曲柄机构，求 L_{AB} 的范围。

8. 设计一曲柄摇杆机构，已知摇杆 CD 的长度 $L_{CD}=75$mm，行程速比系数 $K=1.5$，机架 AD 的长度 $L_{AD}=100$mm，摇杆的一个极限位置与机架的夹角 $\Psi=45°$，求曲柄、连杆的长度 L_{AB} 和 L_{BC}。

9. 设计一偏置曲柄滑块机构，已知滑块的行程速度变化系数 $K=1.5$，滑块的冲程 $L_{C_1C_2}=50$mm，导路的偏距 $e=20$mm，求曲柄长度 L_{AB} 和连杆长度 L_{BC}。

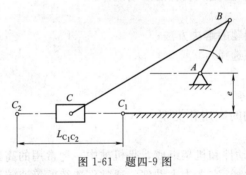

图 1-61 题四-9 图

项目一 平面连杆机构

项目二 凸轮机构

【任务驱动】

凸轮机构是机械传动中一种常用的机构,在自动化和半自动化设备、仪器、仪表以及生产线中应用非常广泛。如图2-1所示为内燃机配气凸轮机构,凸轮1以等角速度回转,它的轮廓驱使从动件2(阀杆)的按预期规律启闭气门。根据内燃机气缸工作需要,不仅要求按时启闭气门,而且还要求按一定的加速度规律启闭气门。在这种情况下,采用连杆机构是很难达到要求,而采用凸轮机构却很容易实现。当具有变化向径的凸轮轮廓与气阀2上端平面接触时,等速转动的凸轮1即可迫使气阀2按一定的规律启闭气门;而当具有圆弧的凸轮轮廓与气阀2的上端平面接触时,尽管凸轮继续等速转动,但气阀2却静止不动,此时气门是关闭的。

试根据所要求的预期规律设计该凸轮机构。

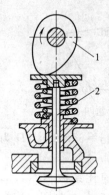

图2-1 内燃机配气凸轮机构

1—凸轮;2—阀杆

【学习目标】

要完成凸轮机构的设计,需要掌握以下内容:

① 凸轮机构的特点和类型;

② 凸轮从动件的运动规律;

③ 凸轮轮廓的设计;

④ 凸轮设计中一些问题的解决方法;

⑤ 凸轮的结构和材料选择。

【知识解读】

知识点一 凸轮机构的应用和类型

1. 凸轮机构的应用

凸轮机构由凸轮、从动件和机架组成,是机械中一种常用的高副机构,其中凸轮是一个具有曲线轮廓或凹槽的构件,它多为主动件,通常作连续的等速转动,也有作摆动或往复直线运动的。从动件则在凸轮轮廓的控制下,按预定的运动规律作连续或间歇的往复移动或摆动。凸轮机构能实现复杂的运动要求,广泛应用于各种自动化和半自动化设备中。

图2-2所示为绕线机中用于排线的凸轮机构,当绕线轴3快速转动时,经齿轮带动凸轮1缓慢的转动,通过凸轮轮廓与尖顶A之间的作用,驱使从动件2往复摆动,从而使线均匀地缠绕在绕线轴上。

图示2-3为开关凸轮控制器,用于起重设备中小型交流异步电动机的控制。当凸轮绕轴心旋转时,凸轮6的凸出部分触动滚子,通过杠杆2带动触头1,使触头打开;当滚子4落入凸轮的凹面里时,触头变为闭合。凸轮的形状不同,触头的分合规律也不同。

图2-4为自动送料机构。当带有凹槽的凸轮1转动时,通过槽中的滚子,驱使从动件2作往复移动。凸轮每回转一周,从动件即从储料器中推出一个毛坯,送到加工位置。

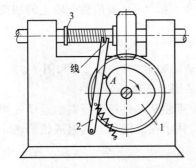

图 2-2 绕线机构
1—凸轮；2—从动件；3—绕线轴

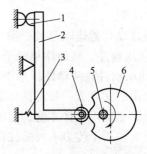

图 2-3 开关凸轮控制器
1—触头；2—杠杆；3—弹簧；
4—滚子；5—凸轮轴；6—凸轮

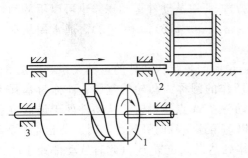

图 2-4 自动送料机构
1—凸轮；2—从动件；3—机架

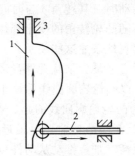

图 2-5 自动送料机构
1—凸轮；2—冲头；3—机架

图 2-5 所示为应用于冲床上的凸轮机构示意图。凸轮 1 固定在冲头上，当冲头上下往复运动时，凸轮驱使从动件 2 以一定的规律作水平往复运动，从而带动机械手装卸工件。

2. 凸轮机构的类型

（1）按凸轮的形状分类

① 盘形凸轮。它是凸轮的最基本形式。这种凸轮是一个绕固定轴线转动并且具有变化半径的盘形零件，如图 2-2 和图 2-3 所示。

② 移动凸轮。当盘形凸轮的回转中心趋于无穷远时，凸轮相对机架作直线运动，这种凸轮称为移动凸轮，如图 2-5 所示。

③ 圆柱凸轮。将移动凸轮卷成圆柱体即成为圆柱凸轮，如图 2-4 所示。

（2）按从动件的形式分类

① 尖顶从动件。如图 2-2 所示，尖顶能与复杂的凸轮轮廓保持接触，因而能实现任意预期的运动规律。但尖顶与凸轮是点接触，磨损快，只宜用于受力不大的低速凸轮机构。

② 滚子从动件。如图 2-3、图 2-4 和图 2-5 所示。滚子和凸轮轮廓之间为滚动摩擦，耐磨损，可承受较大载荷，所以是从动件中最常用的一种形式。

③ 平底从动件。如图 2-1 所示，这种从动件与凸轮轮廓表面接触的端面为一平面。显然，它不能与凹陷的凸轮轮廓相接触。这种从动件的优点是：当不考虑摩擦时，凸轮与从动件之间的作用力始终与从动件的平底相垂直，传动效率较高，且接触面间易形成油膜，利于润滑，故常用于高速凸轮机构。

以上三种从动件都可以相对机架作往复直线运动或作往复摆动。为了使凸轮与从动件始终保持接触,可以利用重力、弹簧力(如图 2-1、图 2-2 及图 2-3)或依靠凸轮上的凹槽(如图 2-4)来实现。

(3) 按从动件的运动形式分类

① 直动从动件。从动件相对于机架作往复直线移动,如图 2-1、图 2-4 和图 2-5。

② 摆动从动件。从动件相对于机架作往复摆动,如图 2-2 和图 2-3。

凸轮机构的优点为:只需设计适当的凸轮轮廓,便可使从动件得到所需的运动规律,并且结构简单、紧凑,设计方便。它的缺点是凸轮轮廓与从动件之间为点接触或线接触,易磨损,所以通常多用于传力不大的控制机构。

知识点二 凸轮从动件常用运动规律分析

1. 凸轮机构基本概念

从动件的运动规律即是从动件的位移 s、速度 v 和加速度 a 随时间 t 变化的规律。当凸轮作匀速转动时,其转角 δ 与时间 t 成正比($\delta = \omega t$),所以从动件运动规律也可以用从动件的运动参数随凸轮转角的变化规律来表示,即 $s = s(\delta)$,$v = v(\delta)$,$a = a(\delta)$。通常用从动件运动线图直观地表述这些关系。

现以对心移动尖顶从动件盘形凸轮机构为例,说明凸轮与从动件的运动关系,如图 2-6 (a) 所示。以凸轮轮廓曲线的最小向径 r_b 为半径所作的圆称为凸轮的基圆,r_b 称为基圆半径。点 A 为凸轮轮廓曲线的起始点。当凸轮与从动件在 A 点接触时,从动件处于最低位置(即从动件处于距凸轮轴心 O 最近位置)。当凸轮以匀角速 ω 顺时针转动 δ_t 时,凸轮轮廓 AB 段的向径逐渐增加,推动从动件以一定的运动规律到达最高位置 B'(此时从动件处于距凸轮轴心 O 远位置),这个过程称为推程。这时从动件移动的距离 h 称为升程,对应的凸轮转角 δ_t 称为推程运动角。当凸轮继续转动 δ_s 时,凸轮轮廓 BC 段向径不变,此时从动件处于最远位置停留不动,相应的凸轮转角 δ_s 称为远休止角。当凸轮继续转动 δ_h 时,凸轮轮廓 CD 段的向径逐渐减小,从动件在重力或弹簧力的作用下,以一定的运动规律回到起始位置,这个过程称为回程。对应的凸轮转角 δ_h 称为回程运动角。当凸轮继续转动 δ_s' 时,凸轮轮廓 DA 段的向径不变,此时从动件在最近位置停留不动,相应的凸轮转角 δ_s' 称为近休止角。当凸轮再继续转动时,从动件重复上述运动循环。如果以直角坐标系的纵坐标代表从动件的位移 s,横坐标代表凸轮的转角 δ,则可以画出从动件位移 s 与凸轮转角 δ 之间的关系线图,如图 2-6 (b) 所示,它称为从动件位移曲线。

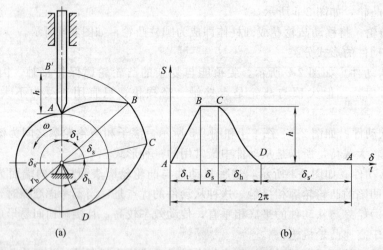

图 2-6 凸轮轮廓与从动件位移线图

2. 从动件运动规律

（1）等速运动规律

从动件速度为定值的运动规律称为等速运动规律。当凸轮以等角速度 ω 转动时，从动件在推程或回程中的速度均为常数，如图 2-7（b）所示。

推程运动时，凸轮以等角速度 ω 转动，当转过推程运动角 δ_t 时所用时间 $t_0 = \delta_t/\omega$，同时从动件等速完成了行程 h，则从动件的速度为 $v = h/t_0 = h\omega/\delta_t =$ 常数；在某一时间 t，凸轮转过角度 δ，则从动件的位移 $s = vt = (h\omega/\delta_t) \times (\delta/\omega) = h\delta/\delta_t$，从动件的加速度 $a = dv/dt = 0$。所以从动件在推程和回程时的位移、速度和加速度方程分别为

$$\left. \begin{array}{l} s = \dfrac{h}{\delta_t}\delta \\ v = \dfrac{h}{\delta_t}\omega \\ a = 0 \end{array} \right\} \quad (2\text{-}1)$$

$$\left. \begin{array}{l} s = h\left(1 - \dfrac{\delta}{\delta_h}\right) \\ v = -\dfrac{h}{\delta_h}\omega \\ a = 0 \end{array} \right\} \quad (2\text{-}2)$$

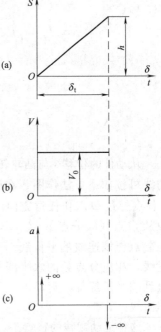

图 2-7 等速运动线图

回程时，从动件的运动方程与推程的区别，只是位移 s 由最大值 h 等速降低到为零，且速度为负值。以上三个运动方程的运动线图如图 2-7 所示。由图可知，位移曲线为斜直线，如图 2-6（a）所示，速度曲线为水平直线，如图 2-6（b）所示，加速度为零。但在运动开始位置，速度由零突变到 v_0，其加速度在理论上为无穷大即 $a = +\infty$。同理，在行程终止位置，速度又由 v_0 突变为零，即加速度为 $-\infty$。因此在推程起始位置和回程终止位置都将产生理论上为无穷大的惯性力，对机构将产生强烈的冲击，称为"刚性冲击"。实际上由于构件有弹性变形，所以不会产生无穷大的惯性力，但会引起很大的附加载荷。因此，单独采用这种运动规律时，只能用于凸轮转速很低以及轻载的场合。

（2）等加速等减速运动规律

等加速等减速运动规律是指从动件在一个行程（推程或回程）中，前半行程作等加速运动，后半行程作等减速运动，通常加速度和减速度的绝对值相等。对应的运动线图如图 2-8 所示。将加速度对时间进行两次积分并以凸轮转角 δ 表示的从动件运动方程为

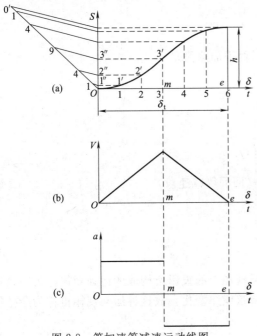

图 2-8 等加速等减速运动线图

$$\left.\begin{aligned} s &= \frac{2h}{\delta_t^2}\delta^2 \\ v &= \frac{4h\omega}{\delta_t^2}\delta \\ a &= \frac{4h\omega^2}{\delta_t^2} \end{aligned}\right\}\text{(推程等加速段)} \qquad (2\text{-}3)$$

$$\left.\begin{aligned} s &= h - \frac{2h}{\delta_t^2}(\delta_t - \delta)^2 \\ v &= \frac{4h\omega}{\delta_t^2}(\delta_t - \delta) \\ a &= -\frac{4h\omega^2}{\delta_t^2} \end{aligned}\right\}\text{(推程等减速段)} \qquad (2\text{-}4)$$

从动件的位移 s 与凸轮转角 δ 的平方成正比，其位移曲线为两段抛物线。等加速段抛物线可按如下方法作图：在横坐标轴上将 $\delta_t/2$ 分成若干等分（图中为 3 等分），得 1、2、3 各点；过 O 点作任意方向的射线 OO'，并以任意长度在射线上按该长度的 1^2、2^2、3^2 倍距从 O 点截取分点 1、4、9，连接射线上分点 9 与纵轴上 $h/2$ 位置的点 $3''$，再过射线上其他分点作该连线的平行线 $1\text{-}1''$ 和 $4\text{-}2''$，过分点 $1''$、$2''$、$3''$ 作水平线，过横轴上各分点于竖直线，相应分点处的水平线与竖直线分别相交于 $1'$、$2'$、$3'$ 点，将这些点连成光滑曲线便得到前半段等加速运动的位移曲线，如图 4-7（a）所示；用同样方法可求得等减速段的位移曲线。

这种运动规律的特点是：当加速度 a 为常数时，从动件的加速度曲线为平行于 δ 轴的直线，在曲线的端点 O、e 和中点 m 处，加速度发生有限突变，此时惯性力产生有限值的突变，使凸轮机构产生所谓"柔性冲击"。所以这种运动规律适用于中速、轻载的场合。

参照推程运动的分析方法，可以导出回程等加速段、等减速段的运动方程：

$$\left.\begin{aligned} s &= h - \frac{2h}{\delta_h^2}\delta^2 \\ v &= -\frac{4h\omega}{\delta_h^2}\delta \\ a &= -\frac{4h\omega^2}{\delta_h^2} \end{aligned}\right\}\text{(回程等加速段)} \qquad (2\text{-}5)$$

$$\left.\begin{aligned} s &= \frac{2h}{\delta_h^2}(\delta_h - \delta)^2 \\ v &= -\frac{4h\omega}{\delta_h^2}(\delta_h - \delta) \\ a &= \frac{4h\omega^2}{\delta_h^2} \end{aligned}\right\}\text{(回程等减速段)} \qquad (2\text{-}6)$$

(3) 简谐运动规律（余弦加速度运动规律）

当质点在圆周上作匀速运动时，质点在该圆直径上的投影所构成的运动规律称为简谐运动规律。从动件作简谐运动时，其加速度是按余弦规律变化，故这种运动规律也称为余弦加速度运动规律。

在推程阶段，从动件的运动方程式为

$$\left.\begin{aligned}s&=\frac{h}{2}\left[1-\cos\left(\frac{\pi}{\delta_t}\delta\right)\right]\\v&=\frac{\pi h\omega}{2\delta_t}\sin\left(\frac{\pi}{\delta_t}\delta\right)\\a&=\frac{\pi^2 h\omega^2}{2\delta_t^2}\cos\left(\frac{\pi}{\delta_t}\delta\right)\end{aligned}\right\} \quad (2\text{-}7)$$

同理可求得从动件回程作简谐运动的运动方程为

$$\left.\begin{aligned}s&=\frac{h}{2}\left[1+\cos\left(\frac{\pi}{\delta_h}\delta\right)\right]\\v&=-\frac{\pi h\omega}{2\delta_h}\sin\left(\frac{\pi}{\delta_h}\delta\right)\\a&=-\frac{\pi^2 h\omega^2}{2\delta_h^2}\cos\left(\frac{\pi}{\delta_h}\delta\right)\end{aligned}\right\} \quad (2\text{-}8)$$

图 2-9 所示为推程余弦加速度运动规律的运动线图，这种运动规律位移线图的作法如下。

① 把从动件的行程 h 作为直径画半圆，将此半圆分成若干等分，如图 2-9（a）所示，分成 6 等分，得 $1''$，$2''$，$3''$，…，$6''$点。

② 再把凸轮运动角 δ_t 也分成相应等分，并作垂线 $1'$，$2'$，$3'$，…。

③ 然后将圆周上的等分点投影到相应的垂直线上得 $1'$，$2'$，$3'$，…点。

④ 用光滑曲线连接这些点，即得到从动件的位移线图。

简谐运动规律的特点是：在整个运动过程中，速度和加速度曲线是连续的。但在曲线的起点和终点处加速度产生有限突变，会产生柔性冲击，适用于中速场合。只有当加速度曲线保持连续时［图 2-9（c）中虚线所示］，才能避免冲击，这时可用于高速传动。

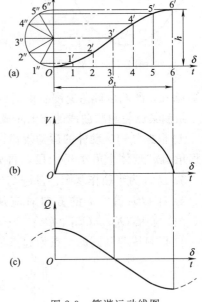

图 2-9 简谐运动线图

3. 从动件运动规律的选择

凸轮轮廓曲线完全取决于从动件的运动规律，因此正确选择从动件的运动规律是凸轮设计的重要环节。选择从动件的运动规律时，要综合考虑机械的工作要求、动力特性和便于凸轮加工等。例如：对于内燃机中控制阀门启闭的凸轮机构，要求气门的启闭越快越好，全开的时间越长越好，并希望降低气阀机构的冲击和噪声，故要求从动件作等加速等减速运动。当机器的工作过程对从动件的运动规律没有特殊要求时，对于低速凸轮机构主要考虑便于凸轮的加工，如夹紧送料等凸轮机构，可只考虑方便加工，采用圆弧、直线等组成的凸轮轮廓。而对于高速凸轮机构，应考虑减小冲击，改善动力性能，可选用冲击较小的运动规律。

知识点三　图解法设计凸轮轮廓

根据工作要求选定凸轮机构的形式，并且确定凸轮的基圆半径及选定从动件的运动规律后，在凸轮转向已定的情况下，就可以进行凸轮轮廓曲线的设计。

凸轮轮廓曲线的设计方法有图解法和解析法。解析法精确度较高，工作量大，可利用计算机计算；图解法简便易行，但受到作图精度的限制，现在可用计算机辅助绘图，其准确度能满足一般工作要求。

1. 反转法原理

凸轮机构工作时凸轮与从动件都在运动，为了绘制凸轮轮廓，假定凸轮相对静止。根据相对运动原理，假想给整个凸轮机构附加上一个与凸轮转动方向相反（$-\omega$）的转动，此时

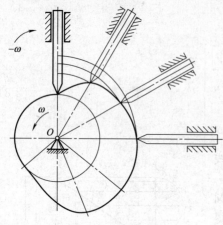

图2-10 反转法原理

各构件的相对运动关系保持不变，而凸轮相对静止，从动件则一方面和机架一起以（$-\omega$）转动，同时还以原有运动规律相对于机架导路作往复移动，即从动件作转动与移动的复合运动，如图2-10所示。可以看出，从动件在复合运动时其尖点的轨迹就是凸轮的轮廓曲线。

因此，在设计时，根据从动件的位移线图和设定的基圆半径及凸轮转向，沿反方向（$-\omega$）做出从动件的各个位置，则从动件尖点的运动轨迹，即为要设计的凸轮的轮廓曲线，利用这种原理绘制凸轮轮廓曲线的方法称为反转法。

2. 对心直动尖顶从动件盘形凸轮轮廓设计

已知条件：从动件位移运动规律，凸轮的基圆半径 r_b，凸轮以等角速度 ω 顺时针转动。

绘制其凸轮轮廓曲线的作图步骤如下。

① 根据已知从动件的运动规律，做出从动件的位移线图；并将推程角 δ_t、远休止角 δ_s、回程角 δ_h、近休止角 $\delta_{s'}$ 分大段，再分别将推程角 δ_t 和回程角 δ_h 等分。见图2-11（b）。

② 以 r_b 为半径作基圆。基圆与导路的交点 B_0 便是从动件尖点的起始位置。

③ 自 OB_0 沿 $-\omega$ 的方向对应从动件的位移线图等分基圆圆周，得等分点 C_1、C_2、C_3、…。连接 OC_1、OC_1、OC_1、…，它们便是反转后从动件导路的各个位置线。

④ 以射线与基圆的交点为起点依次在各位置线上截取对应点的位移，得到反转后尖顶

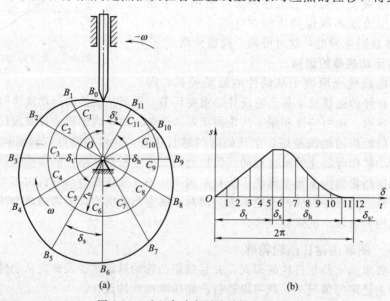

图2-11 对心直动尖顶从动件盘形凸轮

的一系列位置点 B_1、B_2、B_3、…。

⑤ 将 B_0、B_1、B_2、B_3、…连成光滑曲线，得凸轮轮廓曲线。

画图时，推程运动角和回程运动角的等分数要根据运动规律的复杂程度和精度要求来决定。

3. 对心直动滚子从动件盘形凸轮轮廓设计

滚子式与尖顶式的区别在于尖端变为滚子，如图 2-12 所示。设计时，把滚子中心视为从动件的尖顶，以尖顶为圆心，以给定的滚子半径作一系列滚子圆，然后再作这些滚子圆的内（或外）包络线，则该包络线即为要制造的凸轮的工作轮廓。这样，滚子从动件盘形凸轮轮廓曲线的设计方法归纳为先按上述方法求得尖顶从动件盘形凸轮轮廓线 β_0，称为滚子从动件盘形凸轮的理论轮廓曲线。再以理论轮廓曲线上各点为圆心绘制一系列滚子圆，这些圆的内包络线 β 便是要设计凸轮的实际轮廓线。

需要指出的是：对于滚子式从动件盘形凸轮，其基圆半径仍然是指凸轮理论轮廓的最小向径，在设计时必须注意这一点。

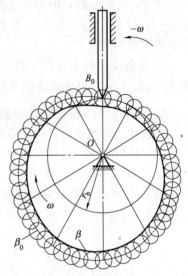

图 2-12 对心直动滚子从动件盘形凸轮

4. 对心平底直动从动件盘形凸轮轮廓设计

对心平底直动从动件盘形凸轮轮廓线的绘制与滚子从动件盘形凸轮轮廓设计件凸轮轮廓线相似，如图 2-13 所示，首先将从动件的轴线与平底的交点 A_0 视为尖顶从动件的尖顶，按照尖顶从动件凸轮轮廓的绘制方法，求出理论轮廓上一系列点 A_1、A_2、A_3、…。其次，过这些点画出一系列平底 A_1B_1、A_2B_2、A_3B_3、…。然后作这些平底的包络线，便得到凸轮的实际轮廓曲线，图中位置 1，8 是平底分别与凸轮轮廓相切于平底的最左位置和最右位置。为了保证平底始终与轮廓接触，平底左侧长度应大于 M，右侧长度应大于 L。

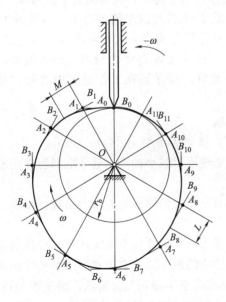

图 2-13 对心平底直动从动件盘形凸轮

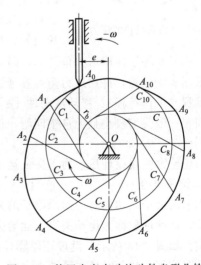

图 2-14 偏置尖底直动从动件盘形凸轮

项目二 凸轮机构

5. 偏置尖底直动从动件盘形凸轮轮廓设计

如图 2-14 所示，偏置直动从动件的导路始终与凸轮轴心 O 之间存在偏距 e，所以从动件在反转过程中，其导路线始终与以偏距 e 为半径所做的偏距圆相切，因此从动件的位移应沿这些切线量取。作图方法如下。

① 首先以 O 为圆心，画出偏距圆和基圆；在基圆上，任取一点 A_0 作为从动件推程的起始点，并过 A_0 做偏距圆的切线，该切线即是从动件导路线的起始位置。

② 由 A_0 点开始，沿相反方向将基圆分成与位移线图相同的等分，得各等分点 C_1、C_2、C_3、…。过 C_1、C_2、C_3、…各点作偏距圆的切线并延长，则这些切线即为从动件在反转过程中依次占据的位置。

③ 在各条切线上自 C_1、C_2、C_3、…截取从动件的相应位移，得 A_1、A_2、A_3、…各点。将 A_1、A_2、A_3、…各点连成光滑曲线，即为凸轮轮廓曲线。

知识点四　凸轮机构基本参数的确定

在设计凸轮机构时，除了要求从动件能实现预定的运动规律外，还希望机构有良好的受力状况和结构紧凑，这些与凸轮机构的压力角、基圆半径、滚子半径等基本参数有关。

1. 凸轮机构的压力角

图 2-15 所示为对心尖顶直动从动件盘形凸轮机构在推程任一位置的受力情况。凸轮在

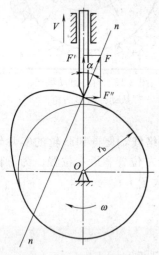

图 2-15　凸轮机构的压力角

某一位置时对从动件的法向力 F 与从动件上该力作用点速度方向之间所夹的锐角称为凸轮机构在该位置的压力角，用 α 表示。设凸轮沿接触点公法线 n-n 方向作用于从动件的驱动力为 F，将 F 力分解为沿从动件运动方向的有效分力 F' 和垂直于从动件运动方向紧压导路并产生摩擦力的有害分力 F''，其关系式为

$$F' = F\cos\alpha \tag{2-9}$$

$$F'' = F\sin\alpha \tag{2-10}$$

上式表明，压力角 α 越大，有效分力 F' 越小，有害分力 F'' 越大，由 F'' 引起的摩擦力也越大，机构的效率就越低。当 α 增大到一定数值，以致 F'' 所引起的摩擦阻力大于有效分力 F' 时，无论凸轮加给从动件的作用力多大，从动件都不能运动，这种现象称为自锁。因此为了改善受力情况，提高效率，避免自锁，压力角愈小愈好，应保证在工作过程中的最大压力角 α_{max} 小于或等于许用压力角 $[\alpha]$，即 $\alpha_{max} \leqslant [\alpha]$。

根据实践经验，许用压力角可参考以下数值选取：

推程（工作行程）：移动从动件 $[\alpha] \leqslant 30°\sim 40°$，摆动从动件 $[\alpha] \leqslant 40°\sim 50°$；

回程：因受力较小且无自锁问题，但为了控制加速度以减小冲击，通常取回程许用压力角 $[\alpha] = 70°\sim 80°$。

凸轮轮廓曲线设计后，为了保证运动性能，需对推程的轮廓各处的压力角进行校核。

2. 滚子半径

当采用滚子从动件时，如果滚子的大小选择不适当，从动件将不能实现设计所预期的运动规律，这种现象称为运动失真。运动失真与理论轮廓的最小曲率半径和滚子半径的相对大小有关。如图 2-16 所示，设理论轮廓外凸部分的最小曲率半径用 ρ_{min} 表示，滚子半径用 r_T 表示，则相应位置实际轮廓的曲率半径 $\rho_a = \rho_{min} - r_T$。

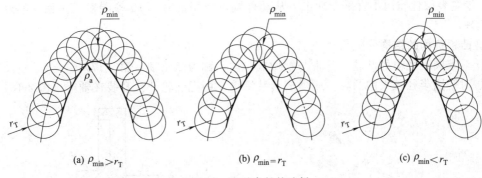

图 2-16 滚子半径的选择

当 $\rho_{min} > r_T$ 时，如图 2-16（a）所示，这时，$\rho_a > 0$，实际轮廓为一平滑曲线，从动件的运动不会出现失真。

当 $\rho_{min} = r_T$ 时，如图 2-16（b）所示，这时，$\rho_a = 0$，在凸轮实际轮廓上产生了尖点，这种尖点极易磨损，磨损后，会使从动件的运动出现失真。

当 $\rho_{min} < r_T$ 时，如图 2-16（c）所示，这时，$\rho_a < 0$，实际轮廓曲线发生自交，图中交点以上的轮廓曲线在实际加工时将被切去，使从动件的运动出现严重的失真。

为了使凸轮轮廓在任何位置既不变尖，更不自交，滚子半径必须小于理论轮廓外凸部分的最小曲率半径 ρ_{min}（理论轮廓的内凹部分对滚子半径的选择没有影响）。通常取 $r_T \leqslant 0.8\rho_{min}$。如果 ρ_{min} 过小，则允许选择的滚子半径太小而不能满足安装和强度要求，此时应把凸轮基圆尺寸加大，重新设计凸轮轮廓曲线。

3. 基圆半径

凸轮基圆半径选取较小，则凸轮机构的尺寸就较小，但凸轮机构的压力角就较大。从凸轮机构受力来看，压力角 α 愈大则愈不利。设计时应根据具体条件综合考虑这些因素。如果对机构尺寸没有严格要求时，可将基圆选大些，以便减小压力角，以使凸轮机构具有良好的受力条件，反之则应取较小的基圆半径，但一定要保证最大压力角不超过许用值。

根据 $\alpha_{max} \leqslant [\alpha]$ 条件所确定的基圆半径一般都比较小，可根据实际情况适当放大一些，所以在实际设计中，凸轮的基圆半径常是根据具体的结构条件选择。当凸轮与轴制成一体为凸轮轴时，基圆半径可略大于轴的半径；当单独制造凸轮，然后装配到轴上时，通常可取凸轮的基圆直径等于或大于轴径 d 的 1.6～2 倍。

知识点五 凸轮常用材料和结构选择

1. 凸轮机构常用材料及热处理

凸轮机构属于典型的高副机构，凸轮与从动件接触应力大，易在相对滑动时产生严重磨损。另外，多数凸轮机构在工作时还要承受冲击载荷。因此，要求凸轮机构所使用材料的表面具有较高的减摩性能和接触强度，而材料的心部具有较好的韧性。

对低速、轻载的盘形凸轮机构，可以选用 HT250、HT300、QT900-2 等作为凸轮材料。当使用球墨铸铁材料时，凸轮轮廓表面可以进行淬火处理，以提高凸轮表面耐磨性。为了减小冲击，也可以选用质量较轻的尼龙作为从动件材料。

对中速、中载的凸轮机构，凸轮常使用 45、40Cr、20Cr、20CrMn 等材料，从动件可以用 20Cr 等低碳合金钢，并经过表面淬火处理。

对高速、重载凸轮机构，通常选用无冲击的从动件运动规律。凸轮可以选用 40Cr 等中碳合金钢。表面高频淬火至 56～60HRC，或用 38CrMoAl，经过渗氮处理至 60～67HRC，但是，渗氮表层性脆而不宜承受冲击。从动件则可以用 T8、T10 等碳素工具钢，经过表面淬火处理。

2. 凸轮机构的结构

① 对基圆半径小的凸轮，常常与轴做成一体，称为凸轮轴（图 2-17）。

② 对基圆半径较大的凸轮，则做成套装结构，即把凸轮开孔套装在轴上（图 2-18）。

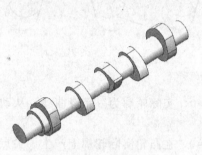

图 2-17　凸轮轴

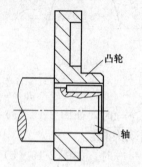

图 2-18　凸轮的套装结构

【知识拓展】 改进型运动规律简介

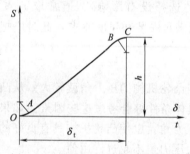

图 2-19　改进的等速运动位移线图

在基本的运动规律的基础上有所改进的运动规律称为改进型运动规律。例如，在推杆为等速运动的凸轮机构中，为了消除位移曲线上的折点，可将位移图做一些修改。如图 2-19 所示，将行程始、末两处各取一小段圆弧或曲线 OA 及 BC，并将位于曲线上的斜直线与这两段曲线相切，以使曲线圆滑。当推杆按修改后的位移规律运动时，将不产生刚性冲击；但这时在 OA 及 BC 这两段曲线处的运动不再是等速运动。

在实际设计时，应根据推杆的工作需要，或者采用单一的运动规律，或者采用几种运动规律的结合，并对位移线图有冲击处进行改进。

练习与思考

一、思考题

1. 按凸轮的形状、从动件的形式、从动件的运动形式，凸轮机构各分为哪几类？有什么特点？
2. 凸轮机构从动件的常用运动规律有哪些？各有什么特点？
3. 何谓凸轮轮廓设计的反转法原理？
4. 何谓凸轮的理论轮廓与实际轮廓？
5. 为什么不能为了机构紧凑而任意减小盘形凸轮的基圆半径？
6. 试述偏置尖底直动从动件盘形凸轮轮廓设计的方法和步骤。

二、填空题

1. 凸轮机构由_____、_____和_____三个基本构件组成。
2. 凸轮设计时，为了提高效率，应尽量取_____的基圆半径和_____的压力角。

3. 从动杆与凸轮轮廓的接触形式有_____、_____和平底三种。
4. 凸轮机构主要是由_____、_____和固定机架三个基本构件所组成。
5. 凸轮机构从动杆等速运动的位移曲线为一条_____线，从动杆等加速等减速运动的位移曲线为一条_____线。
6. 凸轮机构中的压力角是_____和_____所夹的锐角。
7. 等速运动规律在推程运动的起点和终点存在_____冲击，等加速、等减速运动规律在推程的起点和终点存在_____冲击。
8. 设计滚子从动件盘形凸轮机构时，滚子中心的轨迹称为凸轮的_____轮廓线；与滚子相包络的凸轮轮廓线称为_____轮廓线。

三、选择题

1. 凸轮机构的从动件运动规律与凸轮的_____有关。
   A. 实际廓线   B. 理论廓线   C. 表面硬度   D. 基圆
2. 凸轮机构按等速运动规律运动会产生_____。
   A. 柔性冲击   B. 刚性冲击   C. 没冲击   D. 有限冲击
3. 设计凸轮机构，当凸轮角速度和从动件运动规律已知时，则_____。
   A. 基圆半径越大，压力角越大   B. 基圆半径越小，压力角越大
   C. 滚子半径越小，压力角越小   D. 滚子半径越大，压力角越小
4. 当凸轮的转速较高、受载较大时，为减小冲击，从动件宜采用_____规律。
   A. 等速运动   B. 等加速等减速运动
   C. 简谐运动   D. 等加速等减速运动或简谐运动
5. 凸轮机构中，摩擦、磨损小，承载较大，应用最广泛的从动件是_____。
   A. 尖顶从动件   B. 滚子从动件   C. 平底从动件   D. 尖底和平底从动件
6. 通常情况下，避免滚子从动件凸轮机构运动失真的合理措施是_____。
   A. 增大滚子半径   B. 增大基圆半径   C. 减小滚子半径   D. 减小基圆半径
7. 设计某用于控制刀具进给运动的凸轮机构，从动件处于切削阶段时，宜采用_____。
   A. 等速运动规律   B. 等加速、等减速运动规律
   C. 简谐运动规律   D. 正弦加速度运动规律
8. 在设计滚子从动件盘形凸轮机构时，轮廓曲线出现尖顶或交叉是因为_____。
   A. $r_T > \rho_{min}$ B. $r_T < \rho_{min}$ C. $r_T \leqslant \rho_{min}$ D. $r_T \neq \rho_{min}$

四、计算题

1. 图2-20所示为尖顶对心移动从动杆盘状凸轮机构：①绘出凸轮基圆半径，②绘出从动杆升程h。
2. 图2-21所示为一偏置直动动件盘形凸轮机构。已知凸轮是一个以C为中心的圆盘，试用图解法确定轮廓上D点与尖顶接触时的压力角及从动件的位移值。
3. 图2-22所示为一偏置直动动件盘形凸轮机构。已知AB段为凸轮的推程廓线，试在图上标出推程运动角。
4. 用图解法设计一对心尖顶直动从动件盘形凸轮。已知凸轮基圆半径$r_b=40mm$，凸轮顺时针回转，从动件升程$h=30mm$，$\delta_t=150°$，$\delta_s=30°$，$\delta_h=120°$，$\delta_{s'}=60°$，从动件在推程作等加速等减速运动，在回程作余弦加速度运动规律，试绘制凸轮的轮廓。
5. 设计一偏置直动滚子从动件盘形凸轮机构，凸轮回转方向及从动件初始位置如图2-23所示．已知偏距$e=10mm$，基圆半径$r_b=45mm$，滚子半径$r_T=10mm$，从动件运动规

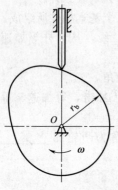

图 2-20　题四-1 图

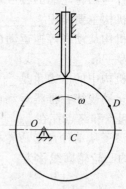

图 2-21　题四-2 图

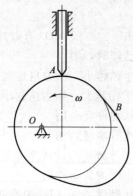

图 2-22　题四-3 图

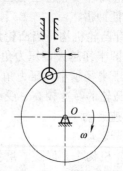

图 2-23　题四-5 图

律如下：$\delta_t=150°$，$\delta_s=30°$，$\delta_h=120°$，$\delta_{s'}=60°$，从动件在推程以等速运动规律上升，行程 $h=20\text{mm}$；回程作等加速等减速运动规律，试绘出从动件位移线图及凸轮轮廓曲线。

6. 设计一平底直动从动件盘形凸轮机构。凸轮以等角速度逆时针回转，凸轮基圆半径 $r_b=40\text{mm}$，从动件升程 $h=10\text{mm}$，$\delta_t=120°$，$\delta_s=30°$，$\delta_h=120°$，$\delta_{s'}=90°$，从动件在推程和回程均作简谐运动，试绘出凸轮轮廓曲线。

项目三　间歇运动机构

【任务驱动】

在不少机械设备中，有时需要将主动件连续运动（连续转动或连续往复移动）变为从动件周期性时动时停的运动，实现这种运动的机构称为间歇运动机构。

图 3-1 所示为自动车床中的刀架转位机构。刀架 3 上可装有六种刀具，与刀架固连的槽轮 2 上开有六个径向槽，拨盘 1 上装有一圆销 A，每当拨盘转动一周，圆柱销 A 就进入槽轮一次，驱使槽轮转过 60°，刀架也随之转动 60°，从而将下一道工序的刀具转换到工作位置上。

工程上常用的间歇运动机构有棘轮机构、槽轮机构、不完全齿轮机构和凸轮间歇运动机构等，掌握各种间歇运动机构的工作原理、特点和应用，对从事机械设计工作是必要的。

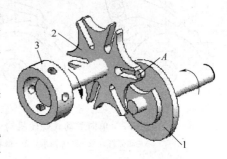

图 3-1　自动车床中刀架转位机构
1—拨盘；2—槽轮；3—刀架

【学习目标】

要在工程中应用间歇运动机构，需要学习以下内容：
① 各种间歇运动机构的工作原理、特点和应用；
② 各种间歇运动机构的设计和选择方法。

【知识解读】

知识点一　棘轮机构

1. 棘轮机构的工作原理

图 3-2（a）所示的外啮合齿式棘轮机构是由摇杆 1、驱动棘爪 2、棘轮 3、止回棘爪 4、弹簧 5 和机架所组成。棘轮 3 固装在传动轴上，其轮齿分布在轮的外缘（也可分布于内缘或端面），原动件摇杆 1 空套在轴上。当原动件逆时针方向摆动时，与它相连的驱动棘爪 2 便借助弹簧或自重的作用插入棘轮的齿槽内，使棘轮 3 随着转过一定的角度，这时止回棘爪 4 在棘轮的齿背上滑过。当原动件摇杆 1 顺时针方向摆动时，驱动棘爪 2 便在棘轮齿背上滑过，而止回棘爪 4 则在簧片 5 的作用下插入棘轮的齿槽，阻止棘轮顺时针方向转动，故棘轮静止不动。当原动件 1 连续往复摆动时，棘轮作单向的间歇转动。

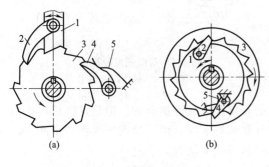

图 3-2　外内啮合齿式棘轮机构
1—摇杆［图（a）］；主动轮［图（b）］；2—驱动棘爪；3—棘轮；4—止回棘爪；5—簧片

内啮合齿式棘轮机构的工作原理与外啮

合的相似。

2. 棘轮机构的类型

棘轮机构按机构形式可分为齿式棘轮机构和摩擦式棘轮机构两大类。

（1）齿式棘轮机构

齿式棘轮机构按啮合方式可分为外啮合［图3-2（a）］和内啮合［图3-2（b）］两种类型。

齿式棘轮机构按从动件运动形式分类，可分为单向式和双向式两种类型，单向式棘轮机构又分为单动式和双动式棘轮机构。

① 单向式棘轮机构：棘轮只能作单向转动。

a. 单动式棘轮机构如图3-2（a）、(b) 所示，只有当主动摇杆1逆（顺）时针摆动时，才能驱动棘轮3沿同一方向转动。当摇杆顺（逆）时针摆动时，棘轮静止不动。

b. 双动式棘轮机构如图3-3所示，棘爪2可做成平头撑杆［图3-3（a）］或钩头拉杆［图3-3（b）］，当主动摇杆1往复摆动一次时，通过两个棘爪驱使棘轮3间歇转动两次。

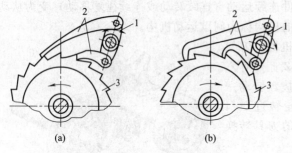

图3-3 单向双动式棘轮机构
1—主动摇杆；2—驱动棘爪；3—棘轮

② 双向式（可变向式）棘轮机构：单向式棘轮机构中，棘轮的齿形为锯齿形，只能单向转动。当需要棘轮改变转向时，可采用图3-4所示双向式棘轮机构。如图3-4（a）所示为控制牛头刨床工作台进给的棘轮机构，棘轮3为矩形齿，可双向间歇转动，从而实现工作台的往复移动。当棘爪2在图示位置时，棘轮将逆时针间歇转动，带动工作台前进；需要换向时，将棘爪2提起，并绕自身轴线转动180°后放下，则可实现棘轮顺时针间歇转动，即实现工作台的后退。若将棘爪2提起，并绕自身轴线转动90°后，棘爪就会架在壳体的顶部平台上，与棘轮脱开，则当摇杆1往复运动时，棘轮静止不动。图3-4（b）所示的可变向式棘轮机构，棘爪2为对称爪端，转动棘爪到双点划线位置，棘轮3可实现反向的间歇运动。可见双向式棘轮机构的棘轮齿形必须为对称形。

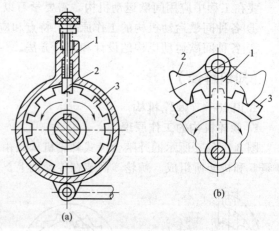

图3-4 双向式棘轮机构
1—摇杆；2—棘爪；3—棘轮

齿式棘轮机构结构简单、运动可靠，棘轮的转角是有级性调节的。但是这种机构在回程时，棘爪在棘轮齿背上滑过产生噪声；在运动开始和终了时，由于速度突变而产生冲击，运动平稳性差，且棘轮轮齿容易磨损，故常用于低速轻载等场合。

（2）摩擦式棘轮机构

图3-5（a）为外摩擦式棘轮机构，图中件1为主动摇杆，件4为止退棘爪，通过主动棘爪2与无齿棘轮3之间的摩擦力来传递运动，所以摩擦力要足够大。图3-5（b）所示为滚子

式内摩擦棘轮机构,当外套 1 逆时针转动时,因摩擦力的作用使滚子 3 楔紧在外套 1 与星轮 2 之间,从而带动星轮 2 转动;当外套 1 顺时针转动时,滚子 3 松开,星轮 2 不转动。

与齿式棘轮机构相比,摩擦式棘轮机构棘轮转角可作无级性调节,且传动平稳、无噪声。因靠摩擦力传动,会出现打滑现象,虽然可起到安全保护作用,但传动准确性差,不易用于运动精度要求高的场合。

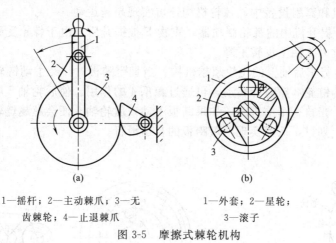

1—摇杆;2—主动棘爪;3—无
齿棘轮;4—止退棘爪

1—外套;2—星轮;
3—滚子

图 3-5 摩擦式棘轮机构

3. 棘轮机构工作条件及几何尺寸

(1) 棘轮机构工作条件

如图 3-6 所示,为了使棘爪受力最小,应使棘轮齿顶 A 和棘爪的转动中心 O_2 的连线垂直于棘轮半径 O_1A。轮齿对棘爪作用的力有:正压力 F_n 和摩擦力 F_f;当棘齿偏斜角为 φ 时,力 F_n 有使棘爪逆时针转动落向齿根的倾向,而摩擦力 F_f 阻止棘爪落向齿根。为了保证棘轮正常工作,使棘爪啮紧齿根,必须使力 F_n 对 O_2 的力矩大于 F_f 对 O_2 的力矩,即 $F_n L\sin\varphi > F_f L\cos\varphi$,将 $F_f = fF_n$ 和 $f = \tan\rho$,代入上式得 $\tan\varphi > \tan\rho$,即:

$$\varphi > \rho \tag{3-1}$$

式中,ρ 为轮齿与棘爪之间的摩擦角,$\rho = \arctan f$,当摩擦系数 $f = 0.2$ 时,$\rho \approx 11°30'$,为可靠起见,通常取 $\rho = 20°$。

(2) 棘轮、棘爪几何尺寸

棘轮机构的主要尺寸为棘轮齿数 z 和模数 m,模数等于棘轮齿距 p 与 π 之比。当选定齿数 z 和按照强度要求确定模数 m 之后,棘轮和棘爪的主要几何尺寸可按以下经验公式计算:顶圆直径 $d_a = mz$;齿高 $h = 0.75m$;齿顶厚 $a = m$;齿槽夹角 $\theta = 60°$ 或 $55°$;棘爪长度 $L = 2\pi m$;其他结构尺寸可参看有关机械设计手册。

由以上公式算出棘轮的主要尺寸后,可按下述方法画出齿形:如图 3-6 所示,根据 d_a 和 h 先画出齿顶圆和齿根圆;按照齿数等分齿顶圆,得 B、D 等点,并由任一等分点 B 作弦 $BC = a = m$;再由 C 到第二等分点 D 作弦 CD;然后自 C、D 点作角度 $\angle O_3 CD = \angle O_3 DC = 90° - \theta$ 得 O_3 点;以 O_3 为圆心,$O_3 C$ 为半径画圆交齿根圆于 E 点,连 DE 得轮齿工作面,连 CE 得全部齿形。

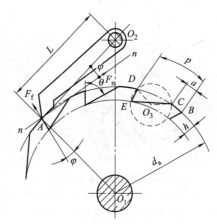

图 3-6 棘轮机构工作条件

4. 棘轮机构的特点和应用

棘轮机构具有结构简单、制造方便和运动可靠，棘轮的转角可以根据需要进行调节等优点，故常用在各种机床、自动机、自行车、螺旋千斤顶等各种机械中。其缺点是棘轮机构传力小，工作时有冲击和噪声，所以不宜用于高速机械和具有很大质量的轴上。棘轮机构除用于实现间歇运动外，还被广泛地用作防止机械逆转的制动器中，这类棘轮制动器常用在卷扬机、提升机、运输机和牵引设备中。棘轮机构还可实现超越运动。

图 3-7 所示为一提升机中的棘轮制动器，重物 F 被提升后，由于棘轮受到止动爪的制动作用，卷筒不会在重力作用下反转下降。

图 3-8 所示为自行车后轴上的飞轮超越机构。当脚蹬踏板时，经主动链轮 1 和链条 2 带动内圈上具有棘齿的链轮 3 顺时针转动，再通过棘爪 4 的作用，使后轮轴 5 顺时针转动，从而驱使自行车前进。当自行车前进时，如果踏板不动，后轮轴 5 便会超越链轮 3 而转动，让棘爪 4 在棘轮齿背上划过，从而实现不蹬踏板的自由滑行。

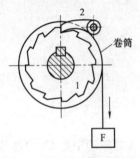

图 3-7 提升机棘轮制动器
1—棘轮；2—止动棘爪

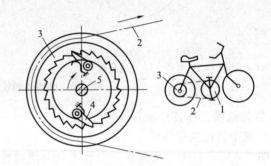

图 3-8 超越式棘轮机构
1—主动链轮；2—链条；3—从动链轮；4—棘爪；5—后轮轴

项目训练 3-1 如图 3-9 所示为牛头刨床横向进给驱动机构。当摇杆 3 摆动时，棘爪 4 推动棘轮 5 作间歇转动，与棘轮固连的丝杠 7 便带动工作台作进给运动。已知工作台的横向进给丝杠导程 $S=5$ mm，与丝杠连动的棘轮齿数 $z=40$。试求棘轮的最小转角 φ 和工作台的最小进给量 L。

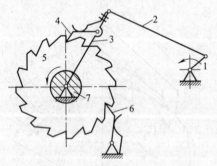

图 3-9 项目训练 3-1 图示
1—曲柄；2—连杆；3—摇杆；4—棘爪；
5—棘轮；6—止回棘爪；7—丝杆

解：棘爪每次拨过一个齿，相应于棘轮的最小转角为：$\varphi=2\pi/z=360°/40=9°$

工作台的最小进给量：$L=S/z=5/40=0.125$ mm

知识点二　槽轮机构

1. 槽轮机构的工作原理与类型

图 3-10（a）所示为一外啮合槽轮机构。它由带有圆销的主动拨盘 1、具有径向槽的从动槽轮 2 和机架所组成。拨盘 1 以等角速度 ω_1 连续转动，驱动槽轮 2 作时转时停的间歇运动。当拨盘 1 上的圆销 A 未进入槽轮 2 的径向槽时，槽轮 2 上的内凹锁止弧 β 被拨盘 1 上的外凸圆弧 α 卡住，故使槽轮静止不动。图中所示位置是当拨盘上的圆销刚开始进入槽轮径向槽时的情况，这时锁止弧刚好被松开，槽轮在圆销 A 的推动下沿顺时针开始转动。当圆销在另一边离开槽轮的径向槽时，槽轮的另一内凹锁止弧又被拨盘的外凸圆弧卡住，致使槽轮

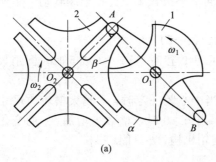
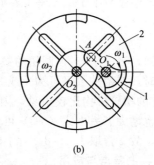

(a)   (b)

1—主动拨盘；2—从动槽轮   1—主动拨杆；2—从动槽轮

图 3-10 槽轮机构

2 又静止不动，直至圆销 B 再次进入槽轮的另一径向槽时，槽轮重复上面的过程。

槽轮机构可分为外啮合槽轮机构 [图 3-10（a）] 和内啮合槽轮机构 [图 3-10（b）] 两种类型。依据机构中圆销的数目，外槽轮机构又有单圆销（图 3-1）、双圆销 [图 3-10（a）] 和多圆销槽轮机构之分。槽轮每一次转动中转过的角度为 $2\pi/z$（z 为槽数）；主动拨盘转动一周，槽轮转动的次数取决于主动拨盘圆销数 k。当 $k=1$，即单圆销外啮合槽轮机构工作时，拨盘转一周，槽轮反向转动一次；双圆销外啮合槽轮机构（$k=2$），拨盘转动一周，槽轮将反向转动两次。内啮合槽轮机构的槽轮转动方向与拨盘转向相同。

2. 槽轮机构的主要参数及运动特性

槽轮机构的主要参数是槽数 z 和主动拨盘圆销数 k。

如图 3-11 所示，为了使槽轮 2 在开始和终止转动时的瞬时角速度为零，以避免圆销与槽发生撞击，圆销进入或脱出径向槽的瞬时，槽的中心线 O_2A 应与 O_1A 垂直。设 z 为均匀分布的径向槽数目，当槽轮 2 转过 $2\varphi_2=2\pi/z$ 弧度时，拨盘 1 的转角 $2\varphi_1$ 应为：

$$2\varphi_1=\pi-2\varphi_2=\pi-2\pi/z \tag{3-2}$$

在一个运动循环内，槽轮 2 的运动时间 t_m 对拨盘 1 的运动时间 t 之比值 τ 称为运动特性系数。当拨盘 1 等速转动时，这个时间之比可用转角之比来表示。对于只有一个圆销的槽轮机构，t_m 和 t 分别对应于拨盘 1 转过的角度 $2\varphi_1$ 和 2π，因此其运动特性系数 τ 为：

$$\tau=\frac{t_m}{t}=\frac{2\varphi_1}{2\pi}=\frac{\pi-2\pi/z}{2\pi}=\frac{1}{2}-\frac{1}{z}=\frac{z-2}{2z} \tag{3-3}$$

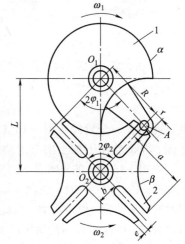

图 3-11 槽轮机构的主要参数
1—拨盘；2—槽轮

为保证槽轮运动，其运动特性系数 τ 应大于零。由式（3-3）可知，运动特性系数大于零时，径向槽的数目 z 应等于或大于 3。但槽数 $z=3$ 的槽轮机构，由于槽轮的角速度变化很大，圆销进入或脱出径向槽的瞬间，槽轮的角加速度也很大，会引起较大的振动和冲击，所以很少应用。又由式（3-3）可知，这种槽轮机构的运动特性系数 τ 总是小于 0.5，即槽轮的运动时间总小于静止时间 t_s。

如果拨盘 1 上装有数个圆销，则可以得到 $\tau>0.5$ 的槽轮机构。设均匀分布的圆销数目为 k，则一个循环中，槽轮 2 的运动时间为只有一个圆销时的 k 倍，即：

$$\tau=k(z-2)/2z \tag{3-4}$$

运动特性系数 τ 还应当小于 1（$\tau=1$ 表示槽轮 2 与拨盘 1 一样作连续转动，不能实现间歇运动），故由式（3-4）得

$$k < 2z/(z-2) \tag{3-5}$$

由上式可知，当 $z=3$ 时，圆销的数目可为 1 至 5；当 $z=4$ 或 5 时，圆销数目可为 1 至 3；而当 $z \geqslant 6$ 时，圆销的数目可为 1 或 2。

槽数 $z \geqslant 9$ 的槽轮机构比较少见，因为当中心距一定时，z 越大槽轮的尺寸也越大，转动时惯性力矩也增大。另由式（3-3）可知，当 $z \geqslant 9$ 时，槽数虽增加，τ 的变化却不大，起不到明显作用，故 z 常取为 4~8。对于内槽轮机构，k 只能取 1。

3. 槽轮机构的特点与应用

槽轮机构具有结构紧凑、制造简单、传动效率高、能较平稳地进行间歇转位等优点，故在工程上得到了广泛应用。内啮合槽轮机构的工作原理与外啮合槽轮机构一样。相比之下，内啮合槽轮机构比外槽轮机构运动更平稳、结构更紧凑。但是槽轮机构的转角大小不能调节，且运动过程中加速度变化比较大，所以不适用于高速，一般只用于转速不是很高的自动机械、轻工机械或仪器仪表中。

图 3-1 所示的自动车床中刀架转位机构是槽轮机构应用的一个实例。

图 3-12 所示的电影放映机的卷片机构，拨盘 1 连续转动，槽轮 2 间歇转动。槽轮 2 上有 4 个径向槽，拨盘 1 每转一周，圆销 A 将拨动槽轮转过 90°，使胶片移过一幅画面，并停留一定的时间，以适应人眼的视觉暂留现象。

图 3-12　电影放映机卷片机构
1—拨盘；2—槽轮

项目训练 3-2　在六角车床的外槽轮机构中，已知槽轮的槽数 $z=6$，槽轮静止时间 t_s 为其运动时间 t_m 的两倍。试求该槽轮机构的运动系数 τ 和圆销数 k。

解：槽轮机构的运动系数为：$\tau = t_m/(t_s+t_m) = t_m/(2t_m+t_m) = 1/3$

由式（3-4）$\tau = k(z-2)/2z$，将 $\tau=1/3$、$z=6$ 代入可得：

$k = 2z\tau/(z-2) = (2 \times 6 \times 1/3)/(6-2) = 1$

知识点三　不完全齿轮机构

1. 不完全齿轮机构的工作原理及类型

不完全齿轮机构是由渐开线齿轮机构演变而成的间歇运动机构。它与普通渐开线齿轮机构的区别主要是其主动轮 1 上的轮齿不是布满在整个圆周上，而是有一个轮齿 [图 3-13（a）]，或者有几个轮齿 [图 3-13（b）]，其余部分为外凸锁止弧；从动轮 2 上加工出与主动轮轮齿相啮合的齿和内凹锁止弧，彼此相间地布置。

在图 3-13 所示的外啮合不完全齿轮机构中，两个齿轮均作回转运动。当主动轮 1 上的轮齿与从动轮 2 的轮齿啮合时，驱动从动轮 2 转动；当主动轮 1 的外凸锁止弧与从动轮 2 的内凹锁止弧接触时，从动轮 2 停止不动。因此，当主动轮连续转动时，实现了从动轮时转时停的间歇运动。可以看出，图 3-13 所示的机构，每当主动轮 1 连续转过一圈时，从动轮分别间歇地转过 1/8 圈和 1/4 圈；从动轮在间歇期间，主动轮上的外凸锁止弧与从动轮上的内凹锁止弧互相配合锁住，以保证从动轮停歇在预定的位置上而不发生游动，起到定位的作用。

根据传动时的啮合情况，不完全齿轮机构通常分为外啮合与内啮合两种。外啮合不完全

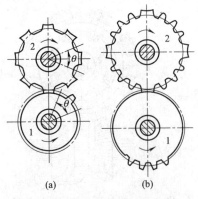

图 3-13　外啮合不完全齿轮机构
1—主动轮；2—从动轮

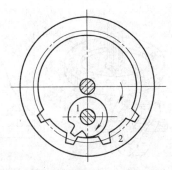

图 3-14　内啮合不完全齿轮机构
1—主动轮；2—从动轮

齿轮机构如图 3-13 所示，内啮合不完全齿轮机构如图 3-14 所示。

2. 不完全齿轮机构的特点与应用

与其他间歇运动机构相比，不完全齿轮机构的优点是设计灵活，结构简单，工作可靠，传递的力较大。当主动轮匀速转动时，从动轮在运动期间也能保持匀速转动。从动轮的运动角范围大，很容易实现在一个周期内的多次动停时间不等的间歇运动。

不完全齿轮机构的缺点是加工复杂，主动轮与从动轮不能互换等。在进入和脱离啮合时速度有突变，会引起刚性冲击。因此，不完全齿轮机构一般用于低速、轻载的场合。

不完全齿轮机构的应用范围较广，经常用于各种计算器，多工位、多工序的自动机械或生产线上以及某些具有特殊运动要求的机构中。

【知识拓展】 凸轮间歇运动机构

1. 凸轮间歇运动机构的两种类型

（1）圆柱形凸轮间歇运动机构

如图 3-15 所示，主动凸轮 1 呈圆柱形，从动转盘 2 的端面均布着若干滚子 3，其轴线平行于转盘的轴线，滚子中心与转盘中心的距离等于 R_2。当凸轮转过角度 δ_t 时，转盘以某种运动规律转过的角度 $\delta_{2max}=2\pi/z$（式中 z 为滚子数目）；当凸轮继续转过其余角度（$2\pi-\delta_t$）时，转盘静止不动。当凸轮继续转动时，第二个圆销与凸轮槽相作用，进入第二个运动循环。这样，当凸轮连续转动时，转盘实现单向间歇转动。这种机构实质上是一个摆杆长度等于 R_2，只有推程和远休止角的摆动从动件圆柱凸轮机构。

（2）蜗杆形凸轮间歇运动机构

如图 3-16 所示，主动凸轮 1 形状如同圆弧面蜗杆一样，从动转盘 2 的圆柱表面均布着若干滚子 3（犹如蜗轮的齿），其轴线垂直于转盘的轴线，这种凸轮间歇运动机构可以通过调整凸轮与转盘的中心距来消除滚子与凸轮接触面间的间隙以补偿磨损，保证机构的运动精度。

2. 凸轮间歇运动机构特点与应用

凸轮式间歇运动机构传动平稳，工作可靠，定位精度高，不需要专门的定位装置；转盘可以实现任何运动规律，还可以通过改变凸轮推程运动角来得到所需要的转盘转动与停歇时间的比值。缺点是加工复杂，精度要求高，装配调整较困难。

凸轮式间歇运动机构常用于传递交错轴间的分度运动和高速分度转位（间歇转位）的机械中，例如卷烟机、包装机、多色印刷机、高速冲床等。

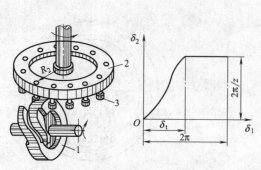
图 3-15　圆柱形凸轮间歇运动机构
1—主动凸轮；2—从动转盘；3—滚子

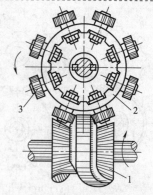
图 3-16　蜗杆形凸轮间歇运动机构
1—主动凸轮；2—从动转盘；3—滚子

练习与思考

一、思考题

1. 什么是间歇运动？有哪些机构能实现间歇运动？
2. 常见的棘轮机构有哪几种形式？各具有什么特点？
3. 止回棘爪的作用是什么？
4. 棘爪顺利进入棘轮齿根的条件是什么？
5. 槽轮机构中的槽轮上槽数与拨盘上圆柱销数应满足什么关系？为什么要在拨盘上加上锁止弧？
6. 槽轮的静止可靠性和防止反转是怎样保证的？
7. 棘轮机构、槽轮机构、不完全齿轮机构是常用的间歇运动机构，通过对比，说出在运动平稳性、加工工艺性和经济性等方面各具有哪些优缺点？各适用于什么场合？
8. 举出一不完全齿轮机构实例，说明其工作原理及作用。

二、填空题

1. 所谓间歇运动机构，就是在主动件作_____运动时，从动件能够产生周期性的_____和_____运动的机构。
2. 欲将一匀速回转运动转变成单向间歇回转运动，采用的机构有_____、_____和_____等，其中间歇时间可调的机构是_____机构。
3. 棘轮机构的主动件是_____，从动件是_____，机架起固定和支撑作用。
4. 槽轮机构是由_____、_____和_____组成的。对于原动件转一周槽轮只运动一次的单销外槽轮机构来说，槽轮的槽数应不小于_____；机构的运动特性系数总小于_____。
5. 槽轮机构主要由_____、_____、_____和机架等构件组成。
6. 棘爪和棘轮开始接触的一瞬间，会发生_____，所以棘轮机构传动的_____性较差。
7. 双动式棘轮机构，它的主动件是_____棘爪，它们以先后次序推动棘轮转动，这种机构的间歇停留时间_____。
8. 摩擦式棘轮机构，是一种无_____的棘轮，棘轮是通过与所谓棘爪的摩擦块之间的_____而工作的。
9. 双向作用的棘轮，它的齿槽是_____的，一般单向运动的棘轮齿槽是_____的。

10. 为保证棘轮在工作中的_____可靠和防止棘轮的_____，棘轮机构应当装有止回棘爪。

11. 双圆销外啮合槽轮机构，槽轮有六条槽，要使槽轮转两圈，主动拨盘应转_____圈。

三、选择题

1. 当要求从动件的转角须经常改变时，下面的间歇运动机构中_____比较合适。
   A. 间歇齿轮机构   B. 槽轮机构   C. 棘轮机构   D. 不确定

2. 棘轮机构的主动件是_____。
   A. 棘轮   B. 棘爪   C. 止回棘爪   D. 不确定

3. 槽轮机构的主动件是_____。
   A. 槽轮   B. 曲柄盘   C. 圆销   D. 不确定

4. 槽轮的槽形是_____。
   A. 轴向槽   B. 径向槽   C. 弧形槽   D. 不确定

5. 为了使槽轮机构的槽轮运动系数 τ 大于零，槽轮的槽数 z 应大于_____。
   A. 2   B. 3   C. 4   D. 5

6. 在单向间歇运动机构中，棘轮机构常用于_____的场合。
   A. 低速轻载   B. 高速轻载   C. 低速重载   D. 高速重载

四、计算题

1. 牛头刨床工作台横向进给丝杠的导程 $S=6$mm，若要求刨床的最小进给量 $L=0.2$mm，求与丝杠连动并作间歇运动的棘轮最小转角 φ 和齿数 z。

2. 一进给机构，已知棘轮的最小转角为 $\varphi=50°$，棘轮的模数 $m=5$mm。试求棘轮的齿数和顶圆直径。

3. 已知一棘轮机构，棘轮模数 $m=5$mm，齿数 $z=12$，试确定机构的几何尺寸并画出棘轮的齿形。

4. 一多轴自动车床利用单圆销6槽外槽轮机构转位，若已知每个工位完成加工所需要的时间为45秒，求拨盘的转速 n_1、槽轮转位的时间 t_m 和机构的运动系数 τ。

5. 已知一槽轮机构的槽数 $z=6$，圆销数 $k=1$，若主动转臂的转速为 $n_1=60$r/min，求槽轮的运动时间、静止时间及运动系数 τ 的大小？

6. 已知中心距 $a=300$mm，轮槽数 $z=6$，圆销数 $k=1$，圆销半径 $r=10$mm。试计算此槽轮机构的主要几何尺寸。

项目四　螺旋机构

【任务驱动】

案例分析：

如图4-1所示的卧式车床，为满足各种零件的加工需要，必须具备多种成形运动，其中，刀具（刀架）在平行于工件旋转轴线方向的纵向移动和在垂直于工件旋转轴线方向的横向移动，就是由螺旋机构来实现的。

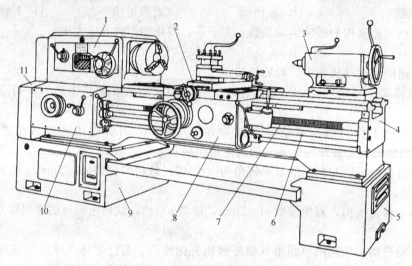

图4-1　卧式车床中的螺旋机构
1—主轴箱；2—刀架；3—尾座；4—床身；5,9—床腿；
6—光杆；7—丝杆；8—溜板箱；10—进给箱；11—挂轮变速机构

【学习目标】

由任务驱动的案例，要能够正确分析和选用螺旋机构，需要掌握以下内容。
① 螺旋机构的类型、特点和应用。
② 螺旋机构的受力分析。
③ 螺旋机构的机械效率。

【知识解读】

知识点一　螺旋机构的应用分析

1. 螺旋机构的作用

螺旋机构是利用螺杆和螺母组成的螺旋副来实现传动的，其主要作用是：把回转运动转变为直线运动，同时传递相应的动力。

2. 螺旋机构的类型

（1）按使用要求分类

① 传力螺旋　以传递动力为主，一般要求用较小的力矩转动螺杆（或螺母）而使螺母（或螺杆）产生轴向运动和较大的轴向推力，这个轴向力可用来起重或加压。例如图 4-2（a）所示的螺旋千斤顶和图 4-2（b）所示的压力机。

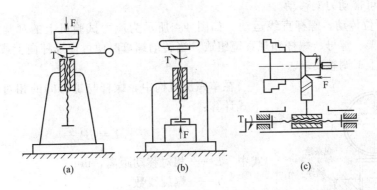

图 4-2　传力和传动螺旋

传力螺旋的特点是工作中承受很大的轴向力，通常为间歇性工作，每次工作时间较短，工作速度不高，并且需要自锁。

② 传动（传导）螺旋　以传递运动为主，要求较高的传动精度，有时承受较大的轴向力，并能在较长的时间内连续工作，工作速度较高。如精密车床中的丝杠螺母副，图 4-2（c）。

③ 调整螺旋　用于调整并固定零部件之间的相对位置，它不经常转动，一般在空载下工作，要求有可靠的自锁性能和精度，用于测量仪器及各种机械的调整装置。如机床、测量仪器中的微调机构的螺旋。

（2）按螺旋副摩擦性质分类

① 滑动螺旋。螺旋副作相对运动时产生滑动摩擦的螺旋。滑动螺旋结构比较简单，螺母和螺杆的啮合是连续的，工作平稳，易于自锁，这对起重设备，调节装置等很有意义。但螺旋副摩擦大、磨损大、效率低（一般在 0.25～0.70 之间，自锁时效率小于 50%）；滑动螺旋不适宜用于高速和大功率传动。滑动螺旋一般采用梯形、矩形和锯齿形螺纹。

② 滚动螺旋。螺旋副作相对运动时产生滚动摩擦的螺旋。滚动螺旋的摩擦阻力小，传动效率高（90%以上），运动平稳，动作灵敏，精度易保持，但结构复杂，成本高，不能自锁。滚动螺旋主要用于对传动精度要求较高的场合。

③ 静压螺旋。将静压原理应用于螺旋传动中。静压螺旋摩擦阻力小，传动效率高（可达 90%以上），但结构复杂，需要专门的供油系统。适用于要求高精度、高效率的重要传动中，如数控机床、精密机床、测试装置或自动控制系统的螺旋传动中。

（3）按螺杆上的螺旋副数目分类

① 单螺旋传动　由一个螺母和一个螺杆组成单一螺旋副。根据运动方式，单螺旋机构又分为以下四种形式。

a. 螺母不动，螺杆传动并作直线运动。如图 4-3 所示的台虎钳，螺杆上装有活动钳口，螺母与固定钳口连接，并固定在工作台上。当转动螺杆时，可带动活动钳口左右移动，使之与固定钳口分离或合拢。

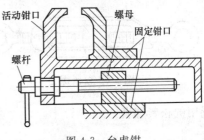

图 4-3　台虎钳

项目四　螺旋机构

b. 螺杆不动，螺母转动并作直线运动。这种螺旋传动在生活中和工程中应用较多。

c. 螺杆原位转动，螺母作直线运动。如图 4-2（c）所示的刀架手摇进给机构，螺杆在机架中可以转动而不能移动，螺母与刀架相固联只能移动而不能转动，当转动手轮使螺杆转动时，螺母即可带动刀架移动。

d. 螺母原位传动，螺杆直线运动。如图 4-4 所示为应力试验机上的观察镜螺旋调整装置，主要由机架、螺母、螺杆和观察镜组成。当转动螺母时便可使螺杆向上或向下移动，以满足观察镜的上下调整要求。

在单螺旋机构中，螺杆与螺母间的相对移动距离可按下式计算：

$$L = nP\frac{\varphi}{2\pi} \qquad (4-1)$$

式中　L——相对移动距离，mm；
　　　n——螺旋线数；
　　　φ——相对转角，rad；
　　　P——导程，mm。

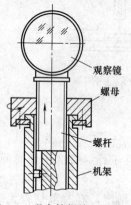

图 4-4　观察镜螺旋调整装置

② 双螺旋机构　如图 4-5 所示为双螺旋机构。螺杆上有两段导程分别为 P_1 和 P_2 的螺纹，分别与螺母 1、2 组成两个螺旋副。其中螺母 1 兼作机架，当螺杆转动时，一方面相对螺母 1 移动，同时又使不能转动的螺母 2 相对螺杆移动。

按两螺旋副的旋向不同，双螺旋机构又可分为差动螺旋机构和复式螺旋机构。

a. 差动螺旋机构。两螺旋副中螺纹旋向相同的双螺旋机构，称为差动螺旋机构。差动螺旋机构中的可动螺母相对机架移动的距离 L 可按下式计算。

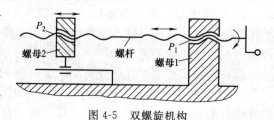

图 4-5　双螺旋机构

$$L = (P_1 - P_2)\frac{\varphi}{2\pi} \qquad (4-2)$$

式中　L——可动螺母相对机架移动的距离，mm；
　　　φ——螺杆相对机架的转角，rad；
　　　P_1，P_2——分别为螺母 1 和螺母 2 的导程，mm。

当 P_1 与 P_2 相差很小时，则移动量可以很小。利用这一特性，差动螺旋机构常应用于测微器、计算机、分度机以及很多精密切削机床、仪器和工具中。

b. 复式螺旋机构。当两螺旋副中螺纹旋向相反时，则该双螺旋机构被称为复式螺旋机构。复式螺旋机构中的可动螺母相对机架移动的距离 L 可按下式计算。

$$L = (P_1 + P_2)\frac{\varphi}{2\pi} \qquad (4-3)$$

由于复式螺旋机构的移动距离 L 与两螺母导程的和成正比，所以常用于要求快速夹紧的夹具或锁紧装置中。如图 4-6 所示的电线杆钢索拉紧装置用的松紧螺套。

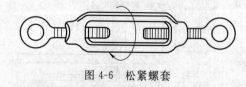

图 4-6　松紧螺套

知识点二 螺旋副的受力分析、效率和自锁

按螺纹牙型，把螺旋副分为矩形螺纹的和非矩形螺纹的螺旋副，对它们分别进行受力分析。

1. 矩形螺纹的螺旋副

矩形螺纹的牙型斜角 $\beta=0$。

如图 4-7（a）所示，在外力（或外力矩）作用下，螺旋副的相对运动，可看作推动滑块沿螺纹表面运动。如图 4-7（b）所示，将矩形螺纹沿中径 d_2 处展开，得一倾斜角为 λ 的斜面，斜面上的滑块代表螺母，螺母与螺杆的相对运动可看成滑块在斜面上的运动。

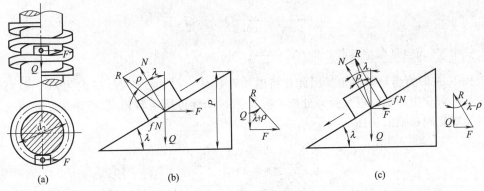

图 4-7 螺纹受力分析

如图 4-7（b）所示，当滑块沿斜面向上等速运动时，所受作用力包括轴向载荷 Q、水平推力 F、斜面对滑块的法向反力 N 以及摩擦力 fN。N 与 fN 的合力为 R，f 为摩擦系数，R 与 N 的夹角为摩擦角 ρ。由力 R、F 和 Q 组成的力多边形封闭图［图 4-7（b）］得

$$F=Q\tan(\lambda+\rho) \tag{4-4}$$

转动螺纹所需的转矩为

$$T_1=F\frac{d_2}{2}=Q\tan(\lambda+\rho)\frac{d_2}{2} \tag{4-5}$$

螺旋副的效率 η 是指有用功与输入功之比。螺母旋转一周所需的输入功为 $W_1=2\pi T_1$，有用功为 $W_2=QP$，其中，$P=\pi d_2\tan\lambda$［图 4-7（b）］。因此，螺旋副的效率为

$$\eta=\frac{W_2}{W_1}=\frac{Q\pi d_2\tan\lambda}{Q\pi d_2\tan(\lambda+\rho)}=\frac{\tan\lambda}{\tan(\lambda+\rho)} \tag{4-6}$$

由式（4-6）可知，效率 η 与螺纹升角 λ 和摩擦角 ρ 有关。螺旋线的线数多、升角大，则效率高，反之亦然。当 ρ 一定时，对式（4-6）求极值，可得当升角 $\lambda\approx 40°$ 时效率最高。但是，螺纹升角过大，螺纹制造很困难，而且当 $\lambda>25°$ 后，效率增长不明显，因此，通常升角不超 25°。

如图 4-7（c）所示，当滑块沿斜面等速下滑时，轴向载荷 Q 变为驱动滑块等速下滑的驱动力，F 为阻碍滑块下滑的阻力，摩擦力 fN 的方向与滑块运动方向相反，由此得

$$F=Q\tan(\lambda-\rho) \tag{4-7}$$

此时，螺母反转一周时的输入功 $W_1=QP$，输出功为 $W_2=F\pi d_2$，则螺旋副的效率为

$$\eta'=\frac{W_2}{W_1}=\frac{Q\pi d_2\tan(\lambda-\rho)}{Q\pi d_2\tan\lambda}=\frac{\tan(\lambda-\rho)}{\tan\lambda} \tag{4-8}$$

由式（4-8）可知，当 $\lambda\leqslant\rho$ 时，$\eta'\leqslant 0$，说明无论 Q 力多大，滑块（即螺母）都不能运动，这种现象称为螺旋副的自锁。$\eta'=0$ 为螺旋副处于临界自锁状态。因此螺旋副的自锁条件是

$$\lambda \leqslant \rho \tag{4-9}$$

设计螺旋副时,对要求正反转自由运动的螺旋副,应避免自锁现象;而对起重螺旋则应做成自锁螺旋,这样可以省去制动装置。

2. 非矩形螺纹的螺旋副

非矩形螺纹是指牙型斜角 $\beta \neq 0$ 的三角形螺纹、梯形螺纹和锯齿形螺纹。

非矩形螺纹的螺母与螺杆相对运动时,相当于楔形滑块沿楔形槽的斜面移动。若略去升角的影响,在相同轴向载荷 Q 作用下,非矩形螺纹的法向力比矩形螺纹大(如图4-8所示)。引入当量摩擦系数 f_V 和当量摩擦角 ρ_V 来考虑非矩形螺纹法向力的增加量。非矩形螺纹的摩擦力可写为

$$\frac{Q}{\cos\beta}f = \frac{f}{\cos\beta}Q = f_V Q$$

上式中 f_V 为当量摩擦系数,即 $f_V = \frac{f}{\cos\beta} = \tan\rho_V$。

上式中 ρ_V 即为当量摩擦角。因此,将图4-7中的 fN 改为 $f_V N$、ρ 改为 ρ_V,就可像矩形螺纹那样对非矩形螺纹进行受力分析,并得到转动螺母所需转矩 T_1 和螺旋副效率 η 计算公式以及螺旋副自锁的条件。

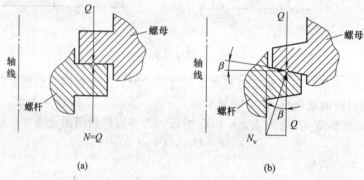

图4-8 矩形螺纹与非矩形螺纹的法向力

很显然,非矩形螺纹的牙型角 α($\alpha = 2\beta$)越大,螺纹的效率越低。由于三角螺纹的自锁性能比矩形螺纹好,静联接螺纹要求自锁,故多采用牙型角大的三角螺纹。传动螺纹要求螺旋副的效率 η 要高,因此,一般采用牙形角较小的梯形螺纹。

项目训练 4-1 如图4-5所示的螺旋机构,螺杆有两段螺旋,导程分别为 $P_1 = 6$mm,$P_2 = 5$mm,当螺杆转角为 π 时,求:(1)若为差动螺旋传动,螺母移动的距离 L;(2)若为复式螺旋传动,螺母移动的距离 L。

解:(一)若为差动螺旋传动,则 P_1、P_2 旋向相同,由式(4-2)可得:

$$L = (P_1 - P_2)\varphi/2\pi = (6-5) \times \pi/2\pi = 0.5 \text{mm}$$

(二)若为复式螺旋传动,则 P_1、P_2 旋向相反,由式(4-3)可得:

$$L = (P_1 + P_2)\varphi/2\pi = (6+5) \times \pi/2\pi = 5.5 \text{mm}$$

【知识拓展】 静压螺旋传动简介

静压螺旋传动是在螺纹工作面间形成液体静压油膜润滑(参见液体静压轴承)的螺旋传动。

静压螺旋传动的工作原理如图4-9所示,压力油通过节流阀由内螺纹牙侧面的油腔

进入螺纹副的间隙,然后经回油孔(虚线所示)返回油箱。当螺杆不受力时,螺杆的螺纹牙位于螺母螺纹牙的中间位置,处于平衡状态。此时,螺杆螺纹牙的两侧间隙相等,经螺纹牙两侧流出的油的流量相等。因此油腔压力也相等。

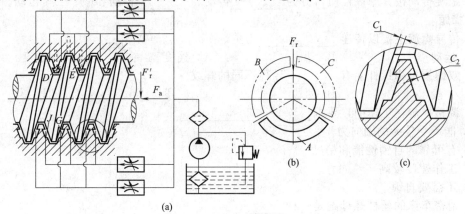

图 4-9　静压螺旋传动的工作原理

当螺杆受轴向力 F_a [图 4-9 (a)] 作用而向左移动时,间隙 C_1 减小、C_2 增大 [图 4-9 (c)],由于节流阀的作用使牙左侧的压力大于右侧,从而产生一个与 F_a 大小相等方向相反的平衡反力,从而使螺杆重新处于平衡状态。

当螺杆受径向力 F_r 作用而下移时,油腔 A 侧隙减小,B、C 侧隙增大 [图 4-9 (b)],由于节流阀作用使 A 侧油压增高,B、C 侧油压降低,从而产生一个与 F_r 大小相等方向相反的平衡反力,从而使螺杆重新处于平衡状态。

当螺杆一端受一径向力 F'_r [图 4-9 (a)] 的作用形成一倾覆力矩时,螺纹副的 E 和 J 侧隙减小,D 和 G 侧隙增大,同理由于两处油压的变化产生一个平衡力矩,使螺杆处于平衡状态。因此螺旋副能承受轴向力、径向力和径向力产生的力矩。

静压螺旋传动的特点是摩擦系数小,传动效率可达 99%,传动平稳,无磨损和爬行现象,传动精度高,无反向空程,轴向刚度很高,不自锁,具有传动的可逆性;但螺母结构复杂,而且需要有一套压力稳定、温度恒定和过滤要求高的液压供油系统。

静压螺旋常被用作精密机床进给和分度机构的传导螺旋。

练习与思考

一、思考题

1. 螺旋传动按使用要求不同,可分为哪几种类型?
2. 螺旋传动按螺杆上的螺旋副数目分类,有哪几种类型?
3. 单螺旋机构有哪四种形式?试举例说明它们的应用情况。
4. 试比较滑动螺旋与滚动螺旋的特点与应用。
5. 试证明具有自锁性的螺旋传动,其效率恒小于 50%。
6. 静压螺旋传动为何传动效率非常高?

二、填空题

1. 螺旋机构可以用来把回转运动变为_____运动。
2. 传动螺纹要求螺旋副的效率 η 要_____,因此,一般采用牙形角较小的_____形螺纹。

3. 按两螺旋副的旋向不同，双螺旋机构可分为_____螺旋机构和_____螺旋机构。
4. 在非矩形螺纹的受力计算中，引入_____和_____来考虑法向力的增加量。
5. 滚动螺旋副同滑动螺旋副相比，摩擦阻力小，传动效率_____，_____自锁。
6. 螺旋传动按其摩擦性质可分为_____传动、_____传动和_____传动。

三、选择题

1. 传导螺旋主要以传递_____为主。
   A. 运动　　　　　B. 动力　　　　　C. 速度　　　　　D. 加速度
2. 双螺旋机构螺杆上有_____导程不同的螺纹。
   A. 一段　　　　　B. 两段　　　　　C. 三段　　　　　D. 四段
3. 调整螺旋在工作中，要求_____。
   A. 能承受较大的轴向力
   B. 有可靠的自锁性能和精度
   C. 工作速度较高
   D. 不需要自锁
4. 精密车床的丝杠螺母副是一种_____。
   A. 传力螺旋　　　　B. 传导螺旋　　　　C. 调整螺旋
5. 螺旋千斤顶中的螺旋属于_____。
   A. 传力螺旋　　　　B. 传导螺旋　　　　C. 调整螺旋
6. 非矩形螺纹是指牙型斜角_____。
   A. 等于 0　　　　B. 等于 30°　　　　C. 等于 60°　　　　D. 不等于 0
7. 螺旋副的自锁条件是：_____。
   A. $\lambda = \rho$　　　B. $\lambda < \rho$　　　C. $\lambda \leqslant \rho$　　　D. $\lambda > \rho$
8. 双螺纹滑动螺旋机构，若左右两端螺纹的螺旋方向相反，则位移 L、导程 P_A、导程 P_B、转角 φ 之间的关系式是_____。
   A. $L = (P_A + P_B)\dfrac{\varphi}{2\pi}$　　　　　　B. $L = (P_A - P_B)\dfrac{\varphi}{2\pi}$
   C. $L = (P_A \times P_B)\dfrac{\varphi}{2\pi}$

四、计算题

1. 见教材图 4-5 所示的双螺纹滑动螺旋机构，螺杆有两段螺纹，其旋向均为右旋，导程 $P_1 = 5\text{mm}$，$P_2 = 4\text{mm}$，当拧动螺杆使其转过 $3\pi/4\text{rad}$ 后，求滑块（螺母）2 移动的距离？

2. 如图 4-10 双螺纹滑动螺旋机构，设螺杆左端 3 为单线右旋螺纹，螺距 $S_B = 1.75\text{mm}$，而右端为双线右旋螺纹，导程 $S_A = 4\text{mm}$。当顺时针拧动螺杆 3 使其转过 20rad 后，滑块（螺母）1 移动多少距离？

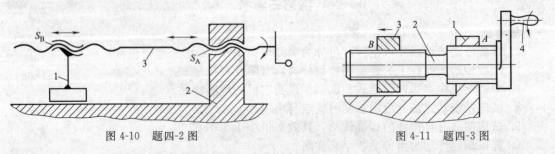

图 4-10　题四-2 图　　　　　　图 4-11　题四-3 图

3. 如图 4-11 所示为一差动螺旋机构，机架 1 与螺杆 2 在 A 处用右旋螺纹连接，导程 $S_A = 4\text{mm}$，螺母 3 相对机架 1 只能移动，不能转动；摇柄 4 沿箭头方向转动 5 圈时，螺母 3 向左移动 5mm，试计算螺旋副 B 的导程 S_B 并判断螺纹的旋向。

项目五　齿轮传动

【任务驱动】

齿轮传动是利用两齿轮的轮齿相互啮合来传递动力和运动的，它是机械传动中最重要的、应用最广泛的一种传动形式。如图5-1所示的机床主轴变速机构（局部图示），就是通过滑移齿轮3的移动，与固定齿轮1、2的啮合而实现变速的。又如图5-2所示的百分表，通过齿轮齿条传动和齿轮传动，把测量轴的直线移动，转变为指针的转动，达到测量的目的。

试根据工作需要，设计相应的齿轮传动机构。

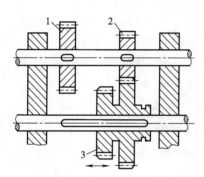

图5-1　齿轮变速机构
1,2—固定齿轮；3—滑移齿轮

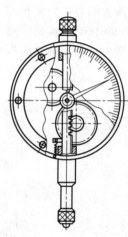

图5-2　百分表

【学习目标】

要完成齿轮机构的设计，需要掌握以下内容：
① 齿轮传动的特点和类型；
② 齿轮的参数选择及几何计算；
③ 齿轮材料和齿轮传动精度的确定；
④ 齿轮传动的设计计算；
⑤ 齿轮零件图的绘制。

【知识解读】

知识点一　齿轮传动的特点及类型

1. 齿轮传动的特点

齿轮传动之所以得到广泛的应用，主要是因为它有以下优点。
① 能保证两轮间瞬时传动比恒定。传动比恒定是对传动性能的基本要求。

② 传动效率高。在常用的机械传动中，齿轮传动的效率为最高。
③ 传递的圆周速度和功率范围广。传递的功率可达数十万千瓦，圆周速度可达300m/s。
④ 可实现平行轴、任意角相交轴和任意角交错轴的传动。
⑤ 结构紧凑。在同样的使用条件下，齿轮传动所需要的空间尺寸较小。
⑥ 工作可靠，寿命长。正确设计和正常使用的齿轮传动，寿命长达一、二十年。

齿轮传动的缺点如下。
① 制造、安装精度要求较高，维护费用高，成本较高。
② 不宜用于远距离传动。

2. 齿轮传动的类型

齿轮传动的类型很多，通常按以下几种方式对齿轮机构进行分类。

按齿轮齿廓曲面的不同，齿轮可分为渐开线齿轮、圆弧齿轮、摆线齿轮等。渐开线齿轮传动应用最为广泛。高速重载的机器宜采用圆弧齿轮。摆线齿轮多用于各种仪表。

按照工作条件的不同，齿轮传动可分为开式齿轮传动和闭式齿轮传动。

按照齿廓表面的硬度可将齿轮传动分为软齿面（硬度≤350HBS）齿轮传动和硬齿面（硬度＞350HBS）齿轮传动。

按照一对齿轮轴线的相对位置和轮齿方向，齿轮传动的分类见图5-3和图5-4。

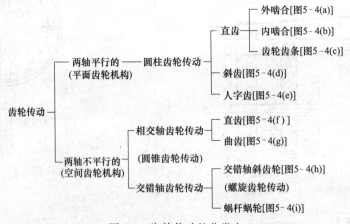

图 5-3　齿轮传动的分类表

知识点二　渐开线齿廓及其啮合特性

1. 齿廓实现定角速比的条件（齿廓啮合基本定律）

齿轮传动是依靠一对齿轮齿廓的依次相互啮合来实现的，为保证传动平稳、准确，齿轮传动的基本要求之一就是其瞬时传动比必须保持不变。

齿廓的瞬时传动比 i 用主动齿轮与从动齿轮的瞬时角速度之比表示，即 $i_{12}=\dfrac{\omega_1}{\omega_2}$。齿轮机构的瞬时传动比与两齿轮的齿廓曲线有关。

图5-5所示为一对相互啮合的齿轮齿廓 E_1、E_2 在 K 相接触，设主动齿轮以角速度 ω_1 绕轴线 O_1 顺时针方向转动，则从动齿轮以角速度 ω_2 绕轴线 O_2 逆时针方向转动。齿廓 E_1 和 E_2 在 K 点的线速度分别为：

$$v_{K1}=\omega_1\overline{O_1K} \tag{5-1}$$

$$v_{K2}=\omega_2\overline{O_2K} \tag{5-2}$$

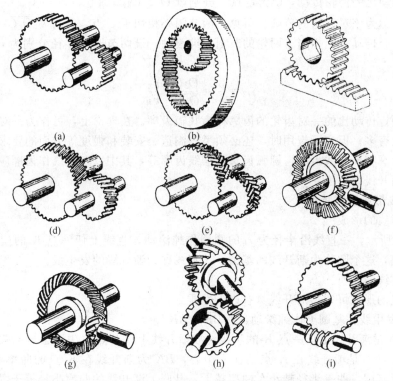

图 5-4 齿轮传动的类型

过 K 点作两齿廓的公法线 $n-n$ 与两轮的连心线 O_1O_2 相交于 C 点，则 v_{K1}、v_{K2} 在 $n-n$ 方向上的速度分量应相等，否则这对齿轮不是彼此分离就是相互嵌入，显然这是不可能的，因此有 $\dfrac{v_{K1}}{v_{K2}} = \dfrac{Kb}{Ka}$。

过 O_2 作 $O_2M \parallel n-n$，与 O_1K 的延长线交于 M 点，因速度三角形 $\triangle Kab$ 与 $\triangle KO_2M$ 的对应边相垂直，故 $\triangle Kab \backsim \triangle KO_2M$，于是 $\dfrac{v_{K1}}{v_{K2}} = \dfrac{Kb}{Ka} = \dfrac{\overline{KM}}{\overline{O_2K}} = \dfrac{\omega_1 \overline{O_1K}}{\omega_2 \overline{O_2K}}$，即 $\dfrac{\omega_1}{\omega_2} = \dfrac{\overline{KM}}{\overline{O_1K}}$。

又因为 $\triangle O_1O_2M \backsim \triangle O_1CK$，故 $KM/O_1K = O_2C/O_1C$，由此可得：

$$i_{12} = \frac{\omega_1}{\omega_2} = \frac{\overline{O_2C}}{\overline{O_1C}} \qquad (5-3)$$

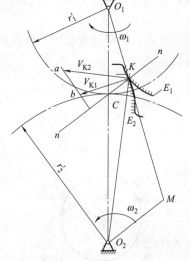

图 5-5 齿廓实现定角速比的条件

上式表明，一对相互啮合齿轮的瞬时传动比，与连心线 O_1O_2 被两齿轮在任一啮合位置时的公法线所分割成的两线段（O_1C、O_2C）的长度成反比。这一规律称为齿廓啮合基本定律。C 点称为啮合节点（简称节点）。

可见节点 C 在连心线上的位置变化规律，直接反映了该对齿廓啮合时传动比的变化规律。显然，瞬时传动比恒定的条件是：无论两齿廓在何位置相接触，过接触点所作的两齿廓的公法线 $n-n$，必须与两轮连心线 O_1O_2 交于一固定点（即 C 点必须为一定点）。

项目五 齿轮传动

对于定传动比的齿轮传动，C为定点，分别以O_1、O_2为圆心，以O_1C、O_2C为半径所作的两个圆，称为该对齿轮的节圆。可见，两节圆必相切于C点，且有$\omega_1\overline{O_1C}=\omega_2\overline{O_2C}$，故一对齿轮的啮合传动过程相当于两轮的节圆作纯滚动。设两节圆的半径分别为r'_1和r'_2，则其传动比为：

$$i_{12}=\frac{\omega_1}{\omega_2}=\frac{\overline{O_2C}}{\overline{O_1C}}=\frac{r'_2}{r'_1} \tag{5-4}$$

能实现预定传动比的一对齿轮的齿廓称为共轭齿廓。在理论上，可作为一对齿轮共轭齿廓的曲线有无穷多；但实际应用时，还必须考虑制造、安装和强度等方面的要求。机械传动中，常用的齿廓有渐开线齿廓、圆弧齿廓、摆线齿廓等，其中以渐开线作齿廓应用最广。本章主要研究渐开线齿廓齿轮。

2. 渐开线形成及其特性

（1）渐开线的形成

如图5-6所示，一直线沿半径为r_b的圆周作纯滚动，直线上任一点K的运动轨迹称为该圆的渐开线，这个圆称为渐开线的基圆，该直线称为渐开线的发生线。

（2）渐开线的性质

由渐开线的形成可知，渐开线具有以下性质。

① 由于发生线在基圆上作纯滚动，则$\overline{BK}=\widehat{AK}$。

② 发生线是渐开线上任一点K的法线，故渐开线上任一点的法线必与基圆相切；发生线与基圆的切点B是渐开线在K点的曲率中心，BK为渐开线在K点的曲率半径。可见，渐开线越靠近基圆，曲率半径越小，曲率越大，基圆上渐开线的曲率半径等于零。

③ 渐开线齿廓上某点的法线（压力角方向线）与齿廓上该点速度方向线所夹的锐角α_K，称为该点的压力角。由图可知：

$$\cos\alpha_K=OB/OK=r_b/r_K \tag{5-5}$$

此式表明渐开线齿廓上各点的压力角不等，向径r_K越大（即K点离轮心越远），其压力角越大。

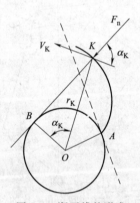

图5-6 渐开线的形成

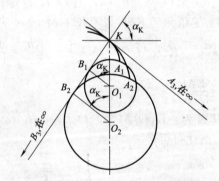

图5-7 基圆大小对渐开线的影响

④ 渐开线的形状取决于基圆的大小。基圆半径越小，渐开线越弯曲；基圆半径越大，渐开线越平直。当基圆半径趋于无穷大时，渐开线变为垂直于B_3K的直线，如图5-7所示。

⑤ 渐开线是从基圆开始向外逐渐展开的，所以基圆以内无渐开线。

3. 渐开线齿廓的啮合特性

一对渐开线齿廓齿轮啮合传动时，主要具有以下特点。

① 能保证恒定的传动比传动。图 5-8 所示为渐开线齿轮齿廓在 K 点啮合。根据渐开线性质，过 K 点的公法线必与两轮的基圆相切，即为两基圆的内公切线 N_1N_2。当两齿轮安装好后，其基圆大小及位置均确定不变，它们在同一方向上的内公切线便只有一条。所以，无论齿廓在何处啮合，过啮合点所作的齿廓公法线都与两基圆内公切线重合，为一固定直线（该公法线也可称为啮合线），它与连心线 O_1O_2 的交点 C 必为一固定点，因此渐开线齿廓能保证恒定的传动比。根据啮合基本定律，其传动比为 $i_{12}=\dfrac{\omega_1}{\omega_2}=\dfrac{\overline{O_2C}}{\overline{O_1C}}=\dfrac{r'_2}{r'_1}=$ 常数。又由图 5-8 可知，$\triangle O_1N_1C\backsim\triangle O_2N_2C$，故有 $O_2C/O_1C=O_2N_2/O_1N_1=r_{b2}/r_{b1}$，即有：

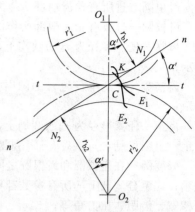

图 5-8 渐开线齿廓的啮合特性

$$i_{12}=\frac{\omega_1}{\omega_2}=\frac{\overline{O_2C}}{\overline{O_1C}}=\frac{r'_2}{r'_1}=\frac{r_{b2}}{r_{b1}} \tag{5-6}$$

② 中心距可分性。式（5-6）说明，当两齿轮加工好后，两轮基圆大小为确定值，即使由于制造、安装及轴承磨损等原因造成中心距有微小变化，传动比仍保持不变。渐开线齿轮的这一特性称为中心距可分性。这是渐开线齿轮特有的优点。

③ 齿廓间的正压力方向不变。齿廓间的正压力是通过接触点沿两齿廓公法线方向传递的，所以正压力作用线必与齿廓啮合点的公法线重合。根据前面所述，对渐开线齿廓齿轮传动来说，啮合线、过接触点的公法线、两基圆的内公切线和正压力作用线四线合一。故渐开线齿轮在啮合过程中齿廓间的正压力方向线保持不变，传动比较平稳。

④ 啮合角不变。啮合线与两节圆公切线间所夹的锐角称为啮合角，用 α' 表示，它是渐开线齿轮在节圆上的压力角。显然齿轮传动时，啮合角不变。

⑤ 齿面的相对滑动。如图 5-8 所示，在任意点 K 啮合时，由于两轮在 K 点的线速度不重合，必会产生沿齿面方向的相对滑动，造成齿面间的磨损等。

知识点三　渐开线标准直齿圆柱齿轮的基本参数及几何尺寸

1. 齿轮各部分名称及符号

图 5-9（a）所示为直齿圆柱外啮合齿轮的一部分，由图可知，每个轮齿两侧齿廓是由形状相同、方向相反的渐开线曲面组成，相邻两轮齿间的空间称为齿槽。渐开线齿轮各部分的名称及符号如下：

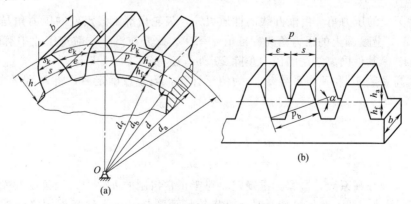

图 5-9　齿轮各部分名称及符号

项目五　齿轮传动

齿顶圆—过所有轮齿顶部所作的圆,其直径和半径分别用 d_a、r_a 表示;

齿根圆—过所有轮齿根部所作的圆,其直径和半径分别用 d_f、r_f 表示;

齿厚—任意半径为 r_k 的圆周上,同一轮齿两侧齿廓间的弧长称为该圆上的齿厚,用 s_k 表示;

齿槽宽—任意半径为 r_k 的圆周上,相邻两齿齿槽间的弧长称为该圆上的齿槽宽,用 e_k 表示;

齿距—任意半径为 r_k 的圆周上,相邻两齿同向齿廓间的弧长称为该圆上的齿距,用 p_k 表示;由图可见,$p_k = s_k + e_k$;基圆齿距用 p_b 表示;

分度圆—在齿顶圆和齿根圆之间取一个作为计算齿轮各部分尺寸的基准圆,其直径用 d 表示;规定分度圆上的所有参数都不带下标,如:s、e、p、α 等分别表示分度圆上的齿厚、齿槽宽、齿距、压力角等;

齿顶高—齿顶圆与分度圆间的径向距离,用 h_a 表示;

齿根高—分度圆与齿根圆间的径向距离,用 h_f 表示;

齿高—齿顶圆与齿根圆间的距离,用 h 表示;显然,$h = h_a + h_f$;

齿宽—各轮齿的轴向尺寸,用 b 表示。

当基圆半径趋于无穷大时,渐开线曲线齿廓变成直线齿廓,齿轮变成齿条,齿轮上的圆都变成相应的直线。如图 5-9(b)所示,齿条上同侧齿廓互相平行,所以齿条上各点的齿距和压力角都相等。齿廓的倾斜角称为齿形角,其大小与压力角相等。

2. 渐开线直齿圆柱齿轮的主要参数及几何尺寸计算

① 齿数 齿轮圆周上均匀分布的轮齿总数称为齿数,用 z 表示。

② 模数 由齿距的定义可知,$p_k z = d_k \pi$,则 $d_k = z p_k / \pi$,令 $m_k = p_k / \pi$ 称为该圆上的模数,规定分度圆上的模数为标准值(见表 5-1),用 m 表示,即 $m = p/\pi$,则分度圆直径为

$$d = \frac{p}{\pi} z = mz \tag{5-7}$$

模数是齿轮的一个重要参数,是齿轮几何尺寸计算的基础。由上式可知,当齿数相同时,模数越大,齿轮的直径越大,其承载能力就越高。

表 5-1 标准模数系列 (GB/T 1357—2008)

第一系列	1	1.25	1.5	2	2.5	3	4	5	6	8	10
	12	16	20	25	32	40	50				
第二系列	1.125	1.375	1.75	2.25	2.75	(3.25)	3.5	(3.75)	4.5	5.5	(6.5)
	7	9	(11)	14	18	22	28	35	45		

注:1. 本表适用于渐开线圆柱齿轮,对斜齿轮是指法面模数;
2. 优先采用第一系列,括号内的模数尽可能不用。

③ 分度圆上的压力角 由渐开线的性质可知,齿轮齿廓上各点处的压力角是不相同的。国家标准规定,分度圆上的压力角为标准值 $\alpha = 20°$。此外在汽车、航空工业中有时采用 $\alpha = 22.5°$ 或 $\alpha = 25°$。其他国家常用的压力角除 $20°$ 外,还有 $15°$ 和 $14.5°$ 等。

④ 齿顶高系数 h_a^* 和顶隙系数 c^* 为便于计算,当模数确定后,将 h_a 和 h_f 规定为模数的简单函数,即

$$h_a = h_a^* m \tag{5-8}$$

$$h_f = h_a + c = (h_a^* + c^*) m \tag{5-9}$$

$$h = h_a + h_f = (2 h_a^* + c^*) m \tag{5-10}$$

式中 h_a^*——齿顶高系数,国家标准规定,对于正常齿制的 $h_a^* = 1$;短齿制的 $h_a^* = 0.8$;

c——顶隙,即一对齿轮啮合时,一齿轮齿顶圆与另一齿轮齿根圆之间的径向距离,

$c=c^* m$；

c^*——顶隙系数，国家标准规定，正常齿制的 $c^*=0.25$；短齿制的 $c^*=0.3$。

如果一齿轮的 m、α、h_a^*、c^* 均为标准值，并且分度圆上 $s=e$，则该齿轮为标准齿轮。

综上所述，标准直齿圆柱齿轮的基本参数是 z、m、α、h_a^*、c^*，标准直齿圆柱齿轮的所有尺寸均可用上述 5 个参数来表示，几何尺寸的计算公式见表 5-2。

表 5-2 标准直齿圆柱齿轮几何尺寸计算公式

名 称	符 号	计 算 公 式
压力角	α	$\alpha=20°$
分度圆直径	d	$d=mz$
基圆直径	d_b	$d_b=mz\cos\alpha$
齿顶圆直径	d_a	$d_a=m(z\pm 2h_a^*)$
齿根圆直径	d_f	$d_f=m(z\mp 2h_a^* \mp 2c^*)$
齿顶高	h_a	$h_a=h_a^* m$
齿根高	h_f	$h_f=(h_a^*+c^*)m$
齿高	h	$h=h_a+h_f=(2h_a^*+c^*)m$
顶隙	c	$c=c^* m$
分度圆齿距	p	$p=\pi m$
分度圆齿厚	s	$s=(\pi m)/2$
分度圆齿槽宽	e	$e=(\pi m)/2$
基圆齿距	p_b	$2p_b=\pi m\cos\alpha$
中心距	a	$a=m(z_1\pm z_2)/2$

注：表中正负号处，上面符号用于外齿轮，下面符号用于内齿轮。

国际上有些国家采用英制单位，用径节 DP（齿数与分度圆直径之比即 $DP=z/d$，单位是 1/英寸）来计算齿轮的基本尺寸。径节与模数间的换算关系式为 $m=25.4/DP$。

知识点四 渐开线直齿圆柱齿轮的啮合传动

任意两个渐开线齿轮是不能实现正常传动的，如果两轮的齿距不相等，就无法正确安装啮合并进行啮合传动。要保证齿轮能正确安装啮合并正常传动，必须满足一定条件。

1. 一对渐开线齿轮的正确啮合条件

一对齿轮的正确啮合是指一齿轮的轮齿能正确地嵌入另一齿轮的齿间。图 5-10 所示为一对直齿圆柱齿轮两对齿廓同时处于啮合时的情况，由前述渐开线齿轮传动啮合特性可知，其啮合点 K_1 和 K_2，必在啮合线 N_1、N_2 上，线段 K_1、K_2 的长度为齿轮的法向齿距。显然，要使两轮正确啮合，它们的法向齿距必须相等。由渐开线的性质可知，齿轮的法向齿距等于其基圆齿距，因此，要使两轮正确啮合，必须满足条件：$p_{b1}=p_{b2}$，而 $p_b=\pi m\cos\alpha$，于是可得 $\pi m_1\cos\alpha_1=\pi m_2\cos\alpha_2$，由于渐开线齿轮的模数和压力角均已标准化，则两轮正确啮合的条件为：

$$\begin{cases} m_1=m_2=m \\ \alpha_1=\alpha_2=\alpha \end{cases} \quad (5\text{-}11)$$

即渐开线直齿圆柱齿轮正确啮合条件是两齿轮的模数和压力角必须分别相等。

2. 渐开线齿轮连续传动的条件

齿轮传动是依靠两轮的轮齿依次啮合而实现的。如图 5-11 所示，齿轮一对齿廓的啮合是从主动齿轮 1 的齿根推动从动齿轮 2 的齿顶开始，其开始啮合点是从动齿轮的齿顶与啮合线 N_1N_2 的交点 B_1（图中虚线齿廓处），随着啮合的进行，两齿廓的啮合点沿啮合线 N_1N_2

向 N_2 方向移动,当啮合点移动到主动齿轮 1 的齿顶与啮合线 N_1N_2 相交的 B_2 点时,这对齿廓终止啮合。可见,$\overline{B_1B_2}$ 为一对齿廓啮合的实际啮合线长度。齿顶圆越大,则啮合点 B_1、B_2 越接近(但不可能超过)极限啮合点 N_1、N_2。N_1N_2 是理论啮合线长度。

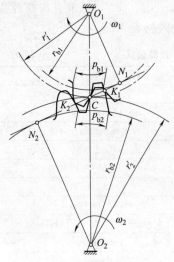

图 5-10 正确啮合条件

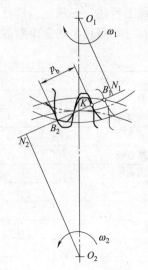

图 5-11 齿轮传动的重合度

为保证两齿轮的连续传动,则要求前一对轮齿在啮合终点 B_2 以前的 K 点啮合时,后一对轮齿应在 B_1 点开始啮合,因此保证连续传动的条件是:$\overline{B_1B_2} \geqslant \overline{B_2K}$。

由渐开线的性质可知,线段 $\overline{B_2K}$ 等于基圆齿距 p_b,即 $\overline{B_2K} = p_b$,故上式可写成 $\overline{B_1B_2} \geqslant p_b$;

由此可见,渐开线齿轮连续传动的条件为:

$$\varepsilon = \frac{\overline{B_1B_2}}{p_b} \geqslant 1 \tag{5-12}$$

式中,ε 为齿轮传动的重合度,它表明同时参与啮合的轮齿对数。ε 的大小与啮合齿轮的齿数有关而与模数无关。ε 大表明同时参与啮合的轮齿对数多,每对轮齿的负荷小,负荷变动量小,传动平稳。

理论上,$\varepsilon=1$ 就能保证两齿轮连续传动,但由于齿轮的制造、安装误差及啮合中轮齿的变形等原因,实际上应使 $\varepsilon \geqslant 1$。一般机械制造中,常取 $\varepsilon=1.1 \sim 1.4$。

3. 齿轮传动的无侧隙啮合条件

齿轮啮合时相当于一对节圆作纯滚动。齿轮的无侧隙啮合传动是指一个齿轮在节圆上的齿厚与另一个啮合齿轮在节圆上的齿槽宽相等时的传动,即 $s'_1=e'_2$,$s'_2=e'_1$;由前述可知,标准齿轮分度圆上的齿厚等于齿槽宽,即 $s=e=\pi m/2$,而两齿轮正确啮合时,其模数相等,即 $m_1=m_2=m$,因此,若要实现无侧隙传动,就要求齿轮的分度圆与节圆重合。这样的安装称为标准安装,此时的中心距称为标准中心距,用 a 表示为:

$$a = r'_1 + r'_2 = r_1 + r_2 = m(z_1+z_2)/2 \tag{5-13}$$

当安装中心距不等于标准中心距(即非标准安装)时,分度圆与节圆相分离,啮合线位置发生变化,啮合角 α' 不等于分度圆上的压力角 α,此时的中心距为:

$$a' = r'_1 + r'_2 = \frac{r_{b1}}{\cos\alpha'_1} + \frac{r_{b2}}{\cos\alpha'_2} = (r_1+r_2)\frac{\cos\alpha}{\cos\alpha'} = a\frac{\cos\alpha}{\cos\alpha'} \tag{5-14}$$

齿轮的无侧隙啮合传动可避免啮合过程中产生冲击、振动和噪声,但实际应用时为保证齿面润滑，避免轮齿因摩擦发生热膨胀而出现卡死现象，以及为了补偿加工误差，齿轮传动应留有很小的侧隙。此侧隙一般在制造齿轮时由齿厚的负偏差来保证，故在设计计算齿轮尺寸时仍按无侧隙计算。

项目训练 5-1 某齿轮传动减速箱中有一对标准安装、正常齿制的标准直齿圆柱齿轮传动，已知模数 $m=5$mm，主动轮齿数 $z_1=20$，传动比 $i_{12}=3.5$，试确定从动轮的齿数 z_2、两齿轮的主要尺寸及标准中心距。

解： 据题意，齿轮压力角 $\alpha=20°$，齿顶高系数 $h_a^*=1$，顶隙系数 $c^*=0.25$，按表 5-2 所列公式计算如下：

从动轮齿数 $z_2=i_{12}z_1=3.5\times20=70$

分度圆直径 $d_1=mz_1=5\times20=100$mm；$d_2=mz_2=5\times70=350$mm

齿顶圆直径 $d_{a1}=m(z_1+2h_a^*)=5\times(20+2\times1)=110$mm

$d_{a2}=m(z_2+2h_a^*)=5\times(70+2\times1)=360$mm

齿根圆直径 $d_{f1}=m(z_1-2h_a^*-2c^*)=5\times(20-2\times1-2\times0.25)=87.5$mm

$d_{f2}=m(z_2-2h_a^*-2c^*)=5\times(70-2\times1-2\times0.25)=337.5$mm

基圆直径 $d_{b1}=mz_1\cos\alpha=5\times20\times\cos20°=93.97$mm

$d_{b2}=mz_2\cos\alpha=5\times70\times\cos20°=328.89$mm

齿高 $h_1=h_2=(2h_a^*+c^*)m=(2\times1+0.25)\times5=11.25$mm

齿厚及齿槽 $s_1=s_2=e_1=e_2=\pi m/2=(3.14\times5)/2=7.85$mm

标准中心距 $a=m(z_1+z_2)/2=5\times(20+70)/2=225$mm

知识点五　渐开线直齿圆柱齿轮的加工

1. 渐开线齿轮的加工方法

齿轮轮齿的加工方法很多，如铸造、锻造、轧制、冲压、切削加工等，最常用的是切削加工法，按其原理不同又分为仿形法和范成法。

（1）成形法（仿形法）

成形法是在普通铣床上用渐开线齿形的成形刀具直接切出齿形，常用的刀具有盘形铣刀[图 5-12（a）]或指状铣刀[图 5-12（b）]。切制时，刀具绕本身的轴线回转，同时轮坯或铣刀沿轮坯的轴线方向作进给运动，以切制出整个齿宽。铣完一个齿槽后，由分度头将齿坯转过角度 $360°/z$，直至铣出齿轮的全部轮齿。

成形法加工方法简单易行，不需要专用机床，但精度较低，而且是逐个轮齿切削，切削不连续，生产率低；因此仅适用于单件生产和精度要求不高的场合。

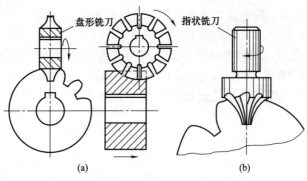

图 5-12　成形法加工齿轮

（2）范成法（展成法）

范成法是利用一对齿轮（或齿条与齿轮）的无侧隙啮合，两轮齿廓互为包络线的原理来切制齿轮轮齿的加工方法。加工时，其中做成刀具的齿轮（或齿条）与被加工齿轮之间的啮合关系由机床传动系统来保证，当刀具的节圆（或节线）与被加工齿轮的节圆作纯滚动时，刀具的齿廓切制出被加工齿轮的齿廓。常用的展成法加工形式有插齿［图 5-13（a）］和滚齿［图 5-13（b）］等。

用范成法加工齿轮时，只要被加工齿轮与刀具的模数和压力角相同，无论被加工齿轮的齿数是多少，都可以用同一把刀具加工。因此，范成法加工应用广泛。

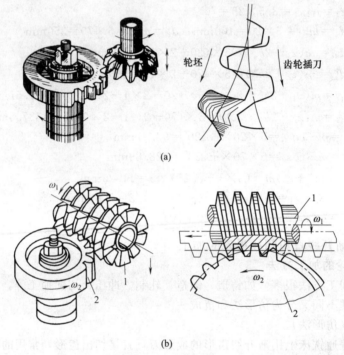

图 5-13 范成法加工齿轮
1—齿条；2—齿轮

2. 齿廓的根切现象与最少齿数

用范成法加工齿轮时，若刀具的齿顶圆（或齿顶线）超过极限啮合点 N 时，被加工齿轮齿根部分的渐开线齿廓将被切除一部分，这种现象称为根切。轮齿的根切将大大降低轮齿的抗弯强度，降低齿轮传动的平稳性及重合度，应设法避免。

对于标准齿轮，是用限制最少齿数的方法来避免根切现象的。

图 5-14 所示的虚线表示用齿条插刀或滚刀切制齿数小于最少齿数的标准外啮合直齿轮而发生根切的情况，这时刀具的中线与齿轮的分度圆相切，刀具的齿顶线超出了极限点 N。要防止根切，刀具的齿顶线不得超过极限啮合点 N，即有 $h_a^* m \leqslant \overline{NM} = \overline{CN}\sin\alpha = r\sin^2\alpha = \frac{mz}{2}\sin^2\alpha$，整理后可得：$z \geqslant \frac{2h_a^*}{\sin^2\alpha}$，即不根切现象的最少齿数为：

$$z_{\min} = \frac{2h_a^*}{\sin^2\alpha} \tag{5-15}$$

当 $\alpha = 20°$，$h_a^* = 1$ 时，$z_{\min} = 17$。

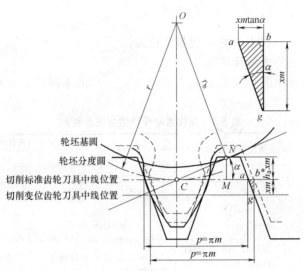

图 5-14 轮齿的根切与变位齿轮

3. 变位齿轮及其传动

（1）变位齿轮齿形特点

渐开线标准齿轮的设计计算简单，互换性好。但标准齿轮传动存在一些局限性。

① 采用范成法加工标准齿轮时，齿轮齿数不得小于最少齿数，否则将产生根切。

② 不适用于实际中心距 a' 不等于标准中心距 a 的场合。当 $a'<a$ 时，无法安装；当 $a'>a$ 时，安装后由于侧隙过大而引起振动和冲击，影响传动的平稳性。

③ 一对标准齿轮传动时，小齿轮齿根厚度小而啮合次数多，故小齿轮的强度低，磨损严重，易损坏，同时也限制了大齿轮的承载能力。

为了改善上述局限性，可改变刀具与齿坯径向相对位置，如图 5-14 中，将刀具自轮坯中心向外移出一段距离，使其齿顶线正好通过极限点 N（图中实线所示），则切出的齿轮可以避免根切。这时，与齿轮分度圆相切并作纯滚动的已经不是刀具的中线，而是与之平行的另一条直线（通称分度线）。用这种改变刀具相对位置的方法切制的齿轮称为变位齿轮。

变位加工中刀具所移动的距离 xm 称为变位量，x 称为变位系数。刀具远离齿轮中心的变位称为正变位，此时 $x>0$，采用正变位所加工出的齿轮为正变位齿轮；相反，刀具移近齿轮中心的变位称为负变位，此时 $x<0$，采用负变位所加工出的齿轮为负变位齿轮；而标准齿轮实际上是变位系数 $x=0$ 时所加工出的齿轮。

用范成法加工齿数 z 小于最少齿数 z_{min} 的齿轮时，为避免根切，必须采用正变位加工，其最小变位系数为：

$$x_{min}=h_a^*\frac{z_{min}-z}{z_{min}} \tag{5-16}$$

加工变位齿轮时，所用的刀具及机床与加工标准齿轮时相同，故变位齿轮的模数、压力角、齿数及分度圆、基圆、齿距等均与标准齿轮一致，两者的齿廓曲线是相同的渐开线，只是截取了不同的部位。但由于刀具节线位置的改变，使正变位齿轮齿根部分的齿厚增大，提高了轮齿的抗弯强度，但齿顶减薄；负变位齿轮则与其相反。

由图 5-14 可知，正变位时，分度圆齿厚增大 $2ab$，分度圆齿槽宽减小 $2ab$，而 $ab=xm\tan\alpha$；因此，变位齿轮分度圆齿厚和齿槽宽的计算式分别为：

$$s=\frac{\pi m}{2}+2xm\tan\alpha \tag{5-17}$$

$$e = \frac{\pi m}{2} - 2xm\tan\alpha \tag{5-18}$$

对负变位齿轮，以上公式中的 x 用负值代入。

（2）变位齿轮传动的类型及特点

根据变位齿轮传动中齿轮变位系数之和（x_1+x_2）的不同值，变位齿轮传动可分为三种类型，见表 5-3。

表 5-3 变位齿轮传动的类型及特点

传动类型	高度变位齿轮传动	角度变位齿轮传动	
		正传动	负传动
变位系数要求	$x_1=-x_2, x_1+x_2=0$	$x_1+x_2>0$	$x_1+x_2<0$
齿数条件	$z_1+z_2 \geqslant 2z_{min}$	$z_1+z_2 < 2z_{min}$	$z_1+z_2 \geqslant 2z_{min}$
传动特点	$a'=a$, $y=0, \sigma=0$	$a'>a$, $y>0, \sigma>0$	$a'<a$, $y<0, \sigma<0$
主要优点	一般小齿轮取正变位，允许 $z_1<z_{min}$，以减小传动尺寸，提高小齿轮的齿根强度，减小小齿轮齿面磨损	结构紧凑，提高轮齿强度及耐磨性，可用于实际中心距大于标准中心距的场合	重合度略有提高，可用于实际中心距小于标准中心距的场合
主要缺点	互换性差，小齿轮轮齿易变尖，重合度略有下降	互换性差，小齿轮轮齿易变尖，重合度下降较多	互换性差，轮齿强度下降，磨损加剧

标准齿轮传动可看作是传动的特例（$x_1=x_2=0$，即 $x_1+x_2=0$）。表 5-3 中 y 和 σ 分别为相对于标准齿轮传动的中心距变动系数和齿高变动系数，其值为

$$y = \frac{a'-a}{m} = \frac{z_1+z_2}{2}\left(\frac{\cos\alpha}{\cos\alpha'}-1\right) \tag{5-19}$$

$$\sigma = x_1+x_2-y \tag{5-20}$$

应当指出，变位齿轮传动中，齿轮副的变位系数影响到齿轮副的啮合性能及承载能力。变位系数选择时主要考虑的是不产生根切、避免尖顶等。选择变位系数的方法较多，常用的有线图法、表格法及封闭图法。变位齿轮必须成对设计和计算，有关变位齿轮的几何尺寸计算，可参阅有关资料。

知识点六　直齿圆柱齿轮强度计算

1. 齿轮的失效形式

齿轮传动是依靠轮齿的相互啮合来传递运动和动力的，一般来说，齿轮传动的失效主要是轮齿的失效，轮齿的失效形式主要有以下五种。

（1）轮齿折断

轮齿折断有多种形式，一般发生在齿根部分，因为轮齿受载后，齿根部产生的弯曲应力最大，而且是承受循环应力，再加上齿根过渡处的截面突变及加工刀痕等引起的应力集中作用，当应力值超过材料的弯曲疲劳极限时，齿根部产生疲劳裂纹，并逐渐扩展，致使轮齿疲劳折断，如图 5-15（a）所示。

当轮齿突然过载或受到冲击载荷时，可能出现过载折断；若轮齿经严重磨损使齿厚过分减薄时，即使在正常载荷下，也会发生轮齿折断。

提高轮齿抗折断的措施很多：如增大齿根圆角半径，消除齿根部的加工刀痕以减小该处的应力集中；采用合适的材料和热处理方法；增大齿轮轴及支承的刚度以减轻轮齿局部过载的程度等。

（2）齿面点蚀

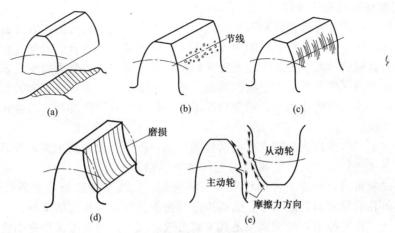

图 5-15　轮齿的失效形式

齿轮传动过程中，在啮合处产生很大的接触应力，脱离啮合后接触应力即消失，所以对齿廓工作面的某一固定点而言，受到的接触应力按脉动循环变化。如果接触应力超过齿轮材料的接触疲劳极限时，齿面上产生裂纹，裂纹扩展使表层金属微粒剥落，形成小凹坑，这种现象称为齿面点蚀。实践表明，点蚀通常发生在靠近节线的齿根面上，如图 5-15（b）所示。

一般润滑良好的闭式齿轮中的软齿面齿轮较易发生齿面点蚀。点蚀使轮齿工作表面损坏，造成传动不平稳和产生噪声。

提高齿面硬度、降低表面粗糙度、增加润滑油黏度等措施，均可有效地防止点蚀。

（3）齿面胶合

在高速重载的齿轮传动中，当啮合区的瞬时温度过高使润滑油黏度下降，润滑油膜破裂，导致齿面间金属直接接触，啮合压力作用下使局部金属互相粘连继而又相对滑动，粘连处金属被撕脱下来，进而在较软的齿面上沿滑动方向出现条状沟痕，这种现象称为胶合，如图 5-15（c）所示。低速重载下，也会出现胶合（称为冷胶合）。胶合的产生改变了齿廓形状，使轮齿不能正常工作。

在实际中采用提高齿面硬度、降低齿面粗糙度、控制油温、增加油液黏度等方法，均可有效地防止胶合的产生。

（4）齿面磨损

轮齿在啮合过程中存在相对滑动，使齿面间产生摩擦磨损。若金属微粒、沙粒、灰尘等进入轮齿间，将引起磨粒磨损。磨损将破坏轮齿面的渐开线齿形，并使侧隙增大而引起冲击和振动，严重时甚至因齿厚减薄过多而折断，如图 5-15（d）所示。

磨损是开式齿轮传动的主要失效形式。提高齿面硬度、降低齿面磨损度、采用清洁的润滑油或采用闭式齿轮传动，均可减轻齿面磨损。

（5）齿面塑性变形

在低速、重载及启动频繁的软齿面传动中，轮齿表层材料将沿着摩擦力方向发生塑性变形，导致主动轮齿面节线处出现凹沟，从动轮齿面节线处出现凸棱，如图 5-15（e）所示，齿形被破坏，影响齿轮的正常啮合。

提高齿面硬度，采用高黏度的或加有极压添加剂的润滑油，均有助于减缓或防止轮齿塑性变形的产生。

2. 齿轮传动的设计准则

齿轮传动的设计准则是针对齿轮可能出现的失效形式来进行的。设计齿轮传动时，应根据齿轮实际工作条件，分析其可能出现的主要失效形式，选择合适的强度设计准则，以保证齿轮传动有足够的承载能力。上述五种常见的失效主要与轮齿表面硬度、表面接触疲劳强度和齿根弯曲疲劳强度有关，对于齿面磨损、塑性变形等，尚未建立相应的设计准则，所以目前设计一般使用的齿轮传动时，通常只按保证齿根弯曲疲劳强度及齿面接触疲劳强度两准则进行设计计算。

对于一般工作条件下的闭式软齿面齿轮传动，齿面点蚀是其主要失效形式，应先按齿面接触疲劳强度进行设计计算，确定齿轮的主要参数和尺寸，然后再按齿根弯曲疲劳强度校核；而闭式硬齿面齿轮传动常因齿根折断而失效，故通常按齿根弯曲疲劳强度进行设计计算，确定齿轮的模数和其他尺寸，然后再进行齿面接触疲劳强度的校核。

对于开式齿轮传动，齿面磨损是其主要失效形式，故通常按齿根弯曲疲劳强度进行设计计算，确定齿轮的模数，再将模数增大 10%～20% 后计算齿轮的尺寸，而无须校核其接触强度。

3. 齿轮的材料及选择

齿轮材料的力学性能对齿轮传动的承载能力有很大影响。由前述对齿轮传动的失效分析，可知对齿轮材料的基本要求是：

① 齿面应有足够的硬度，以抵抗齿面磨损、齿面点蚀、胶合及塑性变形等；
② 齿芯应有足够的强度和较好的韧性，以防止齿根折断及冲击、交变荷载；
③ 应有良好的加工工艺性能及热处理性能。

齿轮常用的材料是锻钢，此外还有铸铁及一些非金属材料，见表5-4。

齿轮材料的种类很多，选择时可综合考虑以下几方面的因素。

（1）齿面硬度

软齿面齿轮通常采用中碳钢或中碳合金钢，如 45、40Cr、35SiMn 等钢。一般是将齿坯经正火或调质处理后进行插齿或滚齿加工而成，精度一般达 7～8 级，适用于对强度、速度及精度要求都不高的齿轮。

硬齿面齿轮通常采用中（低）碳钢或中（低）碳合金钢，如 45、20、40Cr、35SiMn、20Cr、20CrMnTi 等钢。一般先经切齿后，再经适当的热处理（调质后再进行表面淬火或渗碳或氮化等），最后进行精加工，精度可达 4～5 级，适用于高速、重载及精密机械（如精密机床、航空发动机等）。

一对软齿面齿轮啮合时，由于小齿轮啮合次数多，齿根抗弯能力又较弱，为使两齿轮轮齿接近等强度，小齿轮的齿面硬度应比大齿轮齿面硬度高 30～50 HBS；若均为硬齿面齿轮传动，则小齿轮的齿面硬度应略高于大齿轮齿面硬度，也可与大齿轮齿面硬度相等。

（2）齿轮尺寸大小

当齿轮尺寸较大（大于 400～600mm）时，一般采用铸造毛坯，可选用铸钢或铸铁材料；而尺寸较小又要求不高时，也可选用圆钢作毛坯；除此均可采用锻钢毛坯。

（3）载荷性质

载荷平稳或轻度冲击下工作的齿轮，可采用正火碳钢；中等冲击载荷下工作的齿轮可采用调质碳钢；高速、重载并在冲击载荷下工作的齿轮可选用合金钢。

（4）工作条件要求

要求传递功率大、质量小、可靠性高（如飞行器上的齿轮）时，必须选用力学性能高的合金钢；而传递功率大、工作速度较低、周围环境中粉尘高（如矿山机械中的传动齿轮时，通常选用铸钢或铸铁材料；若传递很小的功率，但要求传动平稳、低噪声或无噪声（如家用或办公用机械齿轮）时，其小齿轮常采用工程塑料制造，但与其配对的大齿轮仍采用钢或铸铁制造。

表 5-4 常用的齿轮材料及力学性能

材　料	力学性能/MPa		热处理方法	硬　度	
	σ_b	σ_s		HBS	HRC
45	580	290	正火	160～217	
	640	350	调质	217～255	
	750	450	表面淬火		40～50
40Cr	700	500	调质	240～286	
	900	650	表面淬火		48～55
35SiMn	750	450	调质	217～269	
30CrMnSi	1100	900	调质	310～360	
42SiMn	785	510	调质	229～286	
20Cr	637	392	渗碳、淬火、回火		56～62
20CrMnTi	1100	850	渗碳、淬火、回火		56～62
40MnB	735	490	调质	241～286	
ZG310-570	580	320	正火	156～217	
ZG340-640	650	350	正火	169～229	
ZG35SiMn	569	343	正火、回火	163～217	
	637	412	调质	197～248	
HT200	200		人工时效(低温退火)	170～230	
HT300	300		人工时效(低温退火)	187～255	
QT500-5	500		正火	147～241	
QT600-2	600		正火	229～302	
35CrAlA	950	750	调质后氮化	>850HV	
38CrMoAlA	1000	850	调质后氮化	>850HV	
夹布塑胶	100			25～35	

4. 齿轮强度计算的许用应力

齿轮强度计算的许用应力 $[\sigma]$ 是以试验齿轮在特定的条件下经持久疲劳试验测得的疲劳极限应力 σ_{lim}，并考虑应力循环次数的影响及可靠度要求，对 σ_{lim} 进行适当的修订得出的。

齿面接触疲劳许用应力为：
$$[\sigma_H]=\frac{K_{HN}\sigma_{Hlim}}{S_H} \qquad (5-21)$$

齿根弯曲疲劳许用应力为：
$$[\sigma_F]=\frac{K_{FN}\sigma_{Flim}}{S_F} \qquad (5-22)$$

式中，K_{HN}、K_{FN} 分别为齿面接触疲劳寿命系数和齿根弯曲疲劳寿命系数，按应力循环次数 $N=60njL_h$（其中 n 为齿轮转速，单位 r/min，j 为齿轮转一转时同侧齿面的啮合次数、L_h 为齿轮的工作寿命，单位 h）分别查图 5-16 和 图 5-17；S_H、S_F 分别为齿面接触疲劳安全系数和齿根弯曲疲劳安全系数，可查表 5-5；σ_{Hlim}、σ_{Flim} 分别为齿面接触疲劳极限和齿根弯曲疲劳极限，可分别查图 5-18 和 图 5-19（若硬度超出图中线范围，可按外插法近似查取。当轮齿承受对称循环应力时，其弯曲疲劳极限应力应将图 5-19 中的值乘以 0.7、图中极限应力均为齿轮材料品质和热处理质量达到中等要求时（MQ）的取值线）；夹布塑胶的齿面接触疲劳许用应力 $[\sigma_H]=110MPa$，齿根弯曲疲劳许用应力 $[\sigma_F]=50MPa$。

5. 标准直齿圆柱齿轮传动的强度计算

（1）轮齿的受力分析

进行齿轮传动的强度计算时，首先必须对轮齿进行受力分析，由于齿轮传动一般均加以

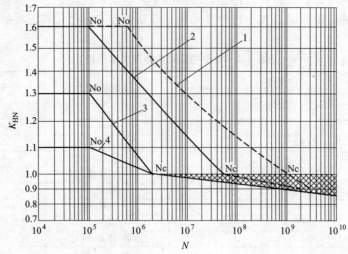

图 5-16 齿面接触疲劳寿命系数 K_{HN}（当 $N > N_C$ 时可根据经验在网纹区内选取）
1—允许一定点蚀时的结构钢，调质钢，球墨铸铁（珠光体、贝氏体），珠光体可锻铸铁，渗碳淬火的渗碳钢；
2—结构钢，调质钢，渗碳淬火钢，火焰或感应淬火的钢，球墨铸铁（珠光体、贝氏体），珠光体可锻铸铁；
3—灰铸铁，球墨铸铁（铁素体），渗氮的渗氮钢，调质钢，渗碳钢；
4—氮碳共渗的调质钢，渗碳钢

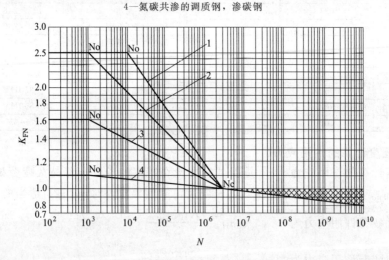

图 5-17 齿根弯曲疲劳寿命系数 K_{FN}（当 $N > N_C$ 时可根据经验在网纹区内选取）
1—调质钢，球墨铸铁（珠光体、贝氏体），珠光体可锻铸铁；2—渗碳淬火的渗碳钢，
全齿廓火焰或感应淬火的钢、球墨铸铁；3—渗氮的渗氮钢，球墨铸铁（铁素体），
灰铸铁，结构钢；4—氮碳共渗的调质钢、渗碳钢

润滑，啮合轮齿间的摩擦力很小，故不予考虑。图 5-20 所示为一对标准直齿圆柱齿轮传动，作用在主动轮上的转矩为 T_1，则啮合点处相互作用的法向力 F_n 是沿啮合线方向，图中所示为主动轮上的法向力 F_{n1} 及其在分度圆上所分解而成的两个相互垂直的分力，即圆周力 F_{t1} 及径向力 F_{r1}。根据力的平衡条件可得出主动轮上所受的力为

表 5-5 安全系数 S_H、S_F

安全系数	软齿面	硬齿面	重要的传动、渗碳淬火齿轮或铸造齿轮
S_H	1.0～1.1	1.1～1.2	1.3
S_F	1.3～1.4	1.4～1.6	1.6～2.2

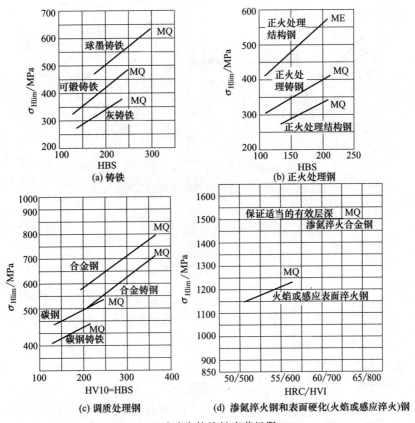

图 5-18 试验齿轮接触疲劳极限 σ_{Hlim}

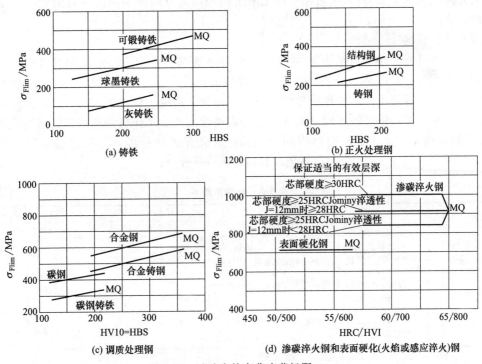

图 5-19 试验齿轮弯曲疲劳极限 σ_{Flim}

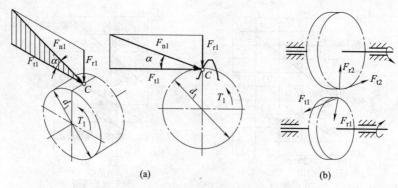

图 5-20 直齿圆柱齿轮受力分析

$$圆周力 \quad F_{t1} = \frac{2T_1}{d_1} \quad N \tag{5-23}$$

$$径向力 \quad F_{r1} = F_{t1} \tan\alpha \quad N \tag{5-24}$$

$$法向力 \quad F_{n1} = \frac{F_{t1}}{\cos\alpha} \quad N \tag{5-25}$$

式中 T_1——作用在主动轮上的转矩（N·mm）；$T_1 = 9.55 \times 10^6 \dfrac{P}{n}$，$P$ 为主动轮传递的功率（kW）；n 为转速（r/min）；

d_1——主动轮分度圆直径，mm；

α——分度圆上的压力角。

根据作用力与反作用力，可得从动轮上所受的力为：$F_{t2} = -F_{t1}$，$F_{r2} = -F_{r1}$，$F_{n2} = -F_{n1}$；主动轮上所受圆周力方向与其转动方向相反（阻碍力）；从动轮上所受圆周力方向与其转动方向相同（驱动力）；两齿轮轮齿上所受的径向力方向分别指向各自的轮心。见图 5-20（b）。

（2）计算载荷

上述受力分析是在载荷沿齿宽均匀分布的理想条件下进行的。但实际运转时，由于齿轮、轴、支承等存在制造、安装误差，以及受载时产生变形等，使载荷沿齿宽不是均匀分布，造成载荷局部集中。轴和轴承的刚度越小、齿宽 b 越宽，载荷集中越严重。此外，由于各种原动机和工作机的特性不同（例如机械的启动和制动、工作机构速度的突然变化和过载等），导致在齿轮传动中还将引起附加动载荷。因此在齿轮强度计算时，通常用计算载荷 $F_n K$ 代替名义载荷 F_n。K 为载荷系数，其值由表 5-6 查取。

表 5-6 载荷系数 K

载荷状态	工作机械	原动机		
		电动机、透平机	多缸内燃机	单缸内燃机
均匀平稳、轻微冲击	带式（板式）输送机、螺旋输送机、升降机、包装机、机床传动机构、通风机、重型离心机、发电机、轻型卷扬机	1~1.2	1.2~1.5	1.5~1.8
中等冲击	挤压机、搅拌机、轻型球磨机、木工机械、钢坯初轧机、重型卷扬机、间隔加料机	1.2~1.5	1.5~1.8	1.8~2.0
严重冲击	冲床、钻机、轧机、破碎机、挖掘机、重型球磨机、压坯机、重型给水泵	1.6~1.8	1.8~2.0	2.0~2.4

注：斜齿圆柱齿轮、圆周速度低、精度高、齿宽系数小时取小值；直齿圆柱齿轮、圆周速度高、精度低、齿宽系数大时取大值。齿轮在两轴承之间对称布置时取小值，不对称布置及悬臂布置时取较大值。

(3) 齿面接触疲劳强度计算

齿面接触疲劳强度计算是针对齿面疲劳点蚀进行的。齿面点蚀是由于接触应力过大所引起的，齿轮啮合可看作是分别以接触处的曲率半径 ρ_1、ρ_2 为半径的两个圆柱体的接触（由于弹性变形，接触区域实际为一窄平面），由于齿面点蚀一般发生在节线附近，所以以节线处作为接触应力的计算部位。外啮合标准直齿圆柱齿轮在节点 C 处的啮合，其最大接触应力可由赫兹应力公式计算，即：

$$\sigma_H = \sqrt{\frac{F_{nc}}{\pi b} \times \frac{\left(\dfrac{1}{\rho_1} \pm \dfrac{1}{\rho_2}\right)}{\left(\dfrac{1-\mu_1^2}{E_1} + \dfrac{1-\mu_2^2}{E_2}\right)}} \tag{5-26}$$

式中 F_{nc}——计算载荷，N，$F_{nc} = KF_n$；

b——轮齿接触宽度，mm；

ρ_1、ρ_2——两轮齿接触处的曲率半径，对于标准直齿圆柱齿轮，$\rho_1 = N_1C = (d_1\sin\alpha)/2$，$\rho_2 = N_2C = (d_2\sin\alpha)/2$；故有 $\dfrac{1}{\rho_1} \pm \dfrac{1}{\rho_2} = \dfrac{\rho_2 \pm \rho_1}{\rho_1\rho_2} = \dfrac{2(d_2 \pm d_1)}{d_1 d_2 \sin\alpha} = \dfrac{i \pm 1}{i} \times \dfrac{2}{d_1 \sin\alpha}$

（"+"用于外啮合，"−"用于内啮合；i 为传动比，$i = z_2/z_1 = d_2/d_1$）；

μ_1、μ_2——两齿轮的泊松比；

E_1、E_2——两齿轮的弹性模量。

因泊松比和弹性模量都与齿轮材料有关，为简化计算，引入材料弹性系数 Z_E（可查表 5-7），令

$$Z_E = \sqrt{\frac{1}{\pi\left(\dfrac{1-\mu_1^2}{E_1} + \dfrac{1-\mu_2^2}{E_2}\right)}} \tag{5-27}$$

将上述参数代入式（5-26）得

$$\sigma_H = Z_E \sqrt{\frac{2KT_1}{bd_1\cos\alpha} \times \frac{2}{d_1\sin\alpha} \times \frac{i \pm 1}{i}}$$

令 $Z_H = \sqrt{\dfrac{2}{\sin\alpha\cos\alpha}}$ 为节点区域系数（标准直齿轮时 $\alpha = 20°$，$Z_H = 2.5$），代入上式后得齿面接触疲劳强度的校核公式为

$$\sigma_H = 2.5 Z_E \sqrt{\frac{2KT_1}{bd_1^2} \times \frac{i \pm 1}{i}} \leqslant [\sigma_H] \quad \text{MPa} \tag{5-28}$$

引入齿宽系数 $\Psi_d = b/d_1$，可得齿轮接触疲劳强度的设计公式为

$$d_1 \geqslant 2.32 \sqrt[3]{\frac{KT_1}{\Psi_d} \times \frac{i \pm 1}{i} \left(\frac{Z_E}{[\sigma_H]}\right)^2} \quad \text{mm} \tag{5-29}$$

表 5-7　材料弹性系数 Z_E　　　　　　　　　　　　　　　MPa$^{1/2}$

齿轮材料	弹性模量 E /MPa	配对齿轮材料				
		灰铸铁	球墨铸铁	铸钢	锻钢	夹布塑胶
		11.8×10^4	17.3×10^4	20.2×10^4	20.6×10^4	0.785×10^4
锻钢		162.0	181.4	188.9	189.8	56.4
铸钢		161.4	180.5	188.0		
球墨铸铁		156.6	173.9			
灰铸铁		143.7				

进行齿面接触强度计算时，接触处两齿轮的齿面接触应力是相等的，但由于两齿轮材料

及齿面硬度的不同，两齿轮的许用接触应力是不同的，设计计算时应将$[\sigma_H]_1$与$[\sigma_H]_2$较小值代入式（5-29）计算。

(4) 齿根弯曲疲劳强度计算

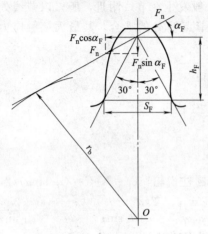

图 5-21 轮齿弯曲应力计算图

齿根弯曲疲劳强度计算是针对轮齿的疲劳折断。轮齿的折断主要与齿根弯曲应力大小有关，计算时可将轮齿的受力按悬臂梁进行分析，并假定全部载荷由一对轮齿承受，载荷作用于齿顶时齿根部分产生的弯曲应力最大。其危险截面可用30°切线法确定，即作与轮齿对称中心线成30°角并与齿根过渡曲线相切的斜线，两切点连线所在的齿根截面是危险截面，如图5-21所示。

作用在齿顶上的法向力F_n可分解成两个互相垂直的分力$F_n\cos\alpha_F$和$F_n\sin\alpha_F$，其中$F_n\cos\alpha_F$对齿根产生弯曲应力，$F_n\sin\alpha_F$引起压应力。由于压应力较小，对弯曲强度计算影响较小，可忽略不计。齿根危险截面上的弯曲应力为

$$\sigma_F = \frac{M}{W} = \frac{F_n\cos\alpha_F h_F}{\frac{1}{6}bS_F^2}$$

以计算载荷$F_{nc}=KF_n=\dfrac{2KT_1}{d_1\cos\alpha}$代替$F_n$，可得$\sigma_F=\dfrac{2KT_1}{bd_1m}=\dfrac{6(h_F/m)\cos\alpha_F}{(S_F/m)^2\cos\alpha}$，令$Y_{Fa}=\dfrac{6(h_F/m)\cos\alpha_F}{(S_F/m)^2\cos\alpha}$，称为齿形系数（查表5-8），它是考虑齿形对齿根弯曲应力的影响，只与齿形有关，即取决于齿数和变位系数，而与模数无关。再考虑齿根过渡曲线处的应力集中效应及压应力的影响，引入应力修正系数Y_{Sa}（查表5-8），可得齿根弯曲疲劳强度校核公式

$$\sigma_F = \frac{2KT_1}{bd_1m}Y_{Fa}Y_{Sa} \leq [\sigma_F] \quad \text{MPa} \tag{5-30}$$

引入齿宽系数$\Psi_d=b/d_1$，并将$d_1=mz_1$代入后，可得齿根弯曲疲劳强度的设计公式为

$$m \geq \sqrt[3]{\frac{2KT_1}{\Psi_d z_1^2} \times \frac{Y_{Fa}Y_{Sa}}{[\sigma_F]}} \quad \text{mm} \tag{5-31}$$

设计公式中各参数的意义及量纲同前。

通常相啮合的一对齿轮的齿数及材料等不一定相同，故两齿轮的Y_{Fa}、Y_{Sa}及$[\sigma_F]$也不一定相等，因此必须分别校核两齿轮的齿根弯曲强度；在设计计算时，应将$Y_{Fa1}Y_{Sa1}/[\sigma_F]_1$和$Y_{Fa2}Y_{Sa2}/[\sigma_F]_2$中较大者代入式（5-31）中计算，并将计算所得模数圆整为标准值。

表 5-8 齿形系数Y_{Fa}和应力校正系数Y_{Sa}

$z(z_v)$	17	18	19	20	21	22	23	24	25	26	27	28	29
Y_{Fa}	2.97	2.91	2.85	2.80	2.76	2.72	2.69	2.65	2.62	2.60	2.57	2.55	2.53
Y_{Sa}	1.52	1.53	1.54	1.55	1.56	1.57	1.575	1.58	1.59	1.595	1.60	1.61	1.62
$z(z_v)$	30	35	40	45	50	60	70	80	90	100	150	200	∞
Y_{Fa}	2.52	2.45	2.40	2.35	2.32	2.28	2.24	2.22	2.20	2.18	2.14	2.12	2.06
Y_{Sa}	1.625	1.65	1.67	1.68	1.70	1.73	1.75	1.77	1.78	1.79	1.83	1.865	1.97

注：1. 基准齿形的参数为：$\alpha=20°$，$h_a^*=1$，$c^*=0.25$，$\rho=0.38m$（m为模数）。
2. 对内齿轮：当$\alpha=20°$，$h_a^*=1$，$c^*=0.25$，$\rho=0.15m$时，$Y_{Fa}=2.053$，$Y_{Sa}=2.65$。

(5) 齿轮主要参数的选择

① 传动比　一对齿轮传动的传动比 i 不宜过大，否则大、小两齿轮的尺寸相差较大，将增加传动装置的结构尺寸，也使两齿轮的强度相差较大，不利于传动。

对于单级闭式齿轮传动，一般取 $i \leqslant 3 \sim 5$（直齿圆柱齿轮）、$i \leqslant 5 \sim 8$（斜齿圆柱齿轮）；需要更大传动比时，可采用二级或二级以上的传动比（传动比的分配可参考有关机械设计手册）。对于开式传动或手动机械，传动比 i 可达 $8 \sim 12$。

② 齿数　对于 $\alpha = 20°$ 的标准直齿圆柱齿轮，一般设计中取 $z \geqslant z_{min} = 17$。齿数多，则重合度大，传动平稳，可减小磨损；若当分度圆直径一定时，增加齿数使模数减小，从而减小了切齿工作量，降低齿轮制造成本。但模数减小将导致轮齿弯曲强度降低。具体设计时，在满足齿根弯曲疲劳强度条件下，尽量选用较多的齿数。

在闭式软齿面齿轮传动中，齿轮的弯曲强度总是足够的，故齿数可取多一些，通常 $z_1 = 24 \sim 40$。在闭式硬齿面齿轮传动中，齿根折断是主要失效形式，因此可适当减小齿数以增加模数。在开式齿轮传动中，由于轮齿磨损是主要失效形式，为使轮齿不致过小，齿数不宜取太多，一般 $z_1 = 17 \sim 20$。

小齿轮齿数确定后，再按传动比要求确定大齿轮齿数，即 $z_2 = iz_1$。为了使各个相啮合齿对磨损均匀，传动平稳，z_1 与 z_2 一般应互为质数。

③ 模数　模数的大小影响轮齿的弯曲强度。设计时应在保证齿根弯曲疲劳强度的条件下取较小的模数，但对于传递动力的齿轮应保证 $m \geqslant 1.5 \sim 2.0$。

④ 齿宽系数　当 d_1 一定时，增大齿宽系数必然增大齿宽，可提高齿轮的承载能力。但齿宽越大，载荷沿齿宽的分布越不均匀，从而降低传动能力，设计时应合理选择齿宽系数，可参见表 5-9。

在一般精度的圆柱齿轮传动中，为补偿加工和安装误差，应使小齿轮比大齿轮宽一些，通常 $b_1 = b_2 + (5 \sim 10)$ mm。所以齿宽系数 Ψ_d 应为 b_2/d_1。标准齿轮减速器中的齿宽系数也可表示为 $\Psi_a = b/a$，其中 a 为中心距。对于一般减速器，$\Psi_a = 0.4$；开式传动时，$\Psi_a = 0.1 \sim 0.3$。

表 5-9　齿宽系数 Ψ_d

齿轮相对于轴承的位置	齿面硬度	
	软齿面（≤350HBS）	硬齿面（>350HBS）
对称布置	0.8~1.4	0.4~0.9
不对称布置	0.6~1.2	0.3~0.6
悬臂布置	0.3~0.4	0.2~0.25

注：1. 对于直齿圆柱齿轮取较小值；斜齿轮可取较大值；人字齿轮可取更大值。
2. 载荷平稳、轴的刚度较大时，取值应大些；变载荷、轴的刚度较小时，取值应小些。

（6）齿轮精度等级的选择

国标 GB/T 10095.1—2008 规定了渐开线圆柱齿轮的精度等级，共 13 级，其中 0 级精度最高，13 级最低，一般常用 6~9 级。

设计齿轮传动时应根据齿轮的用途、使用条件、传递的功率、圆周速度及经济性等技术要求，选择齿轮的精度等级。各类机器所用齿轮传动的精度范围见表 5-10；按齿轮的圆周速度选择齿轮的精度见表 5-11。

表 5-10　各类机器所用齿轮传动的精度范围

机器名称	精度等级	机器名称	精度等级
汽轮机	3~6	拖拉机	6~8
金属切削机床	3~8	通用减速器	6~8
航空发动机	4~8	锻压机床	6~9
轻型汽车	5~8	起重机	7~10
载重汽车	7~9	农业机械	8~11

表 5-11 按圆周速度选择齿轮的精度等级

精度等级	圆周速度 v(m/s)		
	直齿圆柱齿轮	斜齿圆柱齿轮	直齿锥齿轮
6	≤15	25	9
7	10	17	6
8	5	10	3
9	3	3.5	2.5

注：锥齿轮传动的圆周速度按齿宽中点分度圆直径计算。

项目训练 5-2 设计一直齿圆柱齿轮减速器中的齿轮传动。已知传递功率 $P=10$kW，输入转速 $n_1=950$r/min，传动比 $i=3.2$；单向运转，载荷平稳。由电动机驱动，工作寿命 15 年（每年工作 300 天），两班制。

解：（一）选择齿轮材料及精度等级

小齿轮材料选用 40Cr 钢调质，硬度为 280HBS，大齿轮材料选用 40 钢调质，硬度 240HBS；由于是普通减速器，速度不高，选精度等级为 8 级。

（二）按齿面接触疲劳强度设计计算

由式 (5-29) 有：$d_1 \geq 2.32 \sqrt[3]{\dfrac{KT_1}{\Psi_d} \times \dfrac{i \pm 1}{i} \left(\dfrac{Z_E}{[\sigma_H]}\right)^2}$

1. 确定公式内的各计算参数

1) 转矩 T_1：$T_1 = 9.55 \times 10^6 \times \dfrac{P}{n_1} = 9.55 \times 10^6 \times \dfrac{10}{950} = 1.005 \times 10^5$ (N·mm)。

2) 载荷系数：由表 5-6 取 $K=1.1$。

3) 确定齿轮齿数和齿宽系数。

选小齿轮齿数 $z_1=27$，则大齿轮齿数 $z_2=iz_1=3.2 \times 27=86.4$，取 $z_2=86$。

因单级软齿面齿轮传动为对称布置，由表 5-9 选齿宽系数 $\Psi_d=1$。

4) 由表 5-7 查得齿轮材料的弹性系数 $Z_E=189.8 \text{MPa}^{\frac{1}{2}}$。

5) 确定许用接触应力 $[\sigma_H]$。

由图 5-18（c）查得齿轮接触疲劳极限：$\sigma_{Hlim1}=580$MPa，$\sigma_{Hlim2}=540$MPa

由表 5-5 查得安全系数：$S_H=1$。

应力循环次数：$N_1=60 n_1 j L_h = 60 \times 950 \times 1 \times (15 \times 300 \times 8 \times 2) = 4.104 \times 10^9$

$N_2 = N_1/i = 4.104 \times 10^9/3.2 = 1.283 \times 10^9$

根据应力循环次数查图 5-16 得接触疲劳寿命系数：$K_{HN1}=0.91$，$K_{HN2}=0.93$。

由式 (5-21) 计算可得

$$[\sigma_H]_1 = \dfrac{K_{HN1} \sigma_{lim1}}{S_H} = \dfrac{0.91 \times 580}{1} = 527.8 \text{MPa}$$

$$[\sigma_H]_2 = \dfrac{K_{HN2} \sigma_{lim2}}{S_H} = \dfrac{0.93 \times 540}{1} = 502.2 \text{MPa}$$

2. 计算：将两齿轮中较小的许用应力值代入计算，有

$$d_1 \geq 2.32 \sqrt[3]{\dfrac{KT_1}{\Psi_d} \times \dfrac{i+1}{i}\left(\dfrac{Z_E}{[\sigma_H]_2}\right)^2} = 2.32 \times \sqrt[3]{\dfrac{1.1 \times 1.005 \times 10^5 \times 4.2}{1 \times 3.2}\left(\dfrac{189.8}{502.2}\right)^2} = 63.727 \text{mm}$$

则模数 $m = d_1/z_1 = 63.727/27 = 2.36$mm，由表 5-1 取标准模数 $m=2.5$mm。

3. 齿轮主要尺寸计算

$$d_1 = mz_1 = 2.5 \times 27 = 67.5 \text{mm}$$
$$d_2 = mz_2 = 2.5 \times 86 = 215 \text{mm}$$

由 $\Psi_d = b/d_1$ 可得：$b = \Psi_d d_1 = 1 \times 67.5 = 67.5 \text{mm}$

取 $b_2 = b = 70\text{mm}$，$b_1 = b_2 + 5 = 75\text{mm}$

$$a = \frac{1}{2}m(z_1 + z_2) = \frac{1}{2} \times 2.5 \times (27 + 86) = 141.25 \text{mm}$$

（三）按齿根弯曲疲劳强度校核

由式（5-30）有：$\sigma_F = \dfrac{2KT_1}{bd_1 m} Y_{Fa} Y_{Sa} \leqslant [\sigma_F]$

1. 确定公式内各参数值

1) 查表5-8得齿形系数和应力校正系数：

$Y_{Fa1} = 2.57$，$Y_{Fa2} = 2.20$；$Y_{Sa1} = 1.60$，$Y_{Sa2} = 1.78$

2) 计算许用弯曲应力。

由图5-19查得齿轮弯曲强度极限：$\sigma_{Flim1} = 500\text{MPa}$，$\sigma_{Flim2} = 380\text{MPa}$

由图5-17查得弯曲疲劳寿命系数：$K_{FN1} = 0.85$，$K_{FN2} = 0.87$

由表5-5查得弯曲疲劳安全系数：$S_F = 1.3$。

由式（5-22）计算可得

$$[\sigma_F]_1 = \frac{K_{FN1} \sigma_{Flim1}}{S_F} = \frac{0.85 \times 500}{1.3} = 326.92 \text{MPa}$$

$$[\sigma_F]_2 = \frac{K_{FN2} \sigma_{Flim2}}{S_F} = \frac{0.87 \times 380}{1.3} = 254.31 \text{MPa}$$

2. 校核弯曲强度

$$\sigma_{F1} = \frac{2KT_1}{bd_1 m} Y_{Fa1} Y_{Sa1} = \frac{2 \times 1.1 \times 1.005 \times 10^5}{70 \times 67.5 \times 2.5} \times 2.57 \times 1.60 = 76.97 \text{MPa} \leqslant [\sigma_F]_1$$

$$\sigma_{F2} = \frac{2KT_1}{bd_1 m} Y_{Fa2} Y_{Sa2} = \frac{2 \times 1.1 \times 1.005 \times 10^5}{70 \times 67.5 \times 2.5} \times 2.20 \times 1.78 = 73.30 \text{MPa} \leqslant [\sigma_F]_2$$

由此可知齿根弯曲强度校核合格。

（四）验算齿轮的圆周速度

$$v = \frac{\pi d_1 n_1}{60 \times 1000} = \frac{\pi \times 67.5 \times 950}{60000} = 3.36 \text{m/s} < 5 \text{m/s}$$

由表5-11，所选8级精度合格。

（五）齿轮几何尺寸计算及绘制齿轮零件工作图（略）

知识点七 平行轴斜齿圆柱齿轮传动

1. 斜齿轮齿廓曲面的形成及其传动特点

(1) 斜齿轮齿廓曲面的形成

当发生线在基圆上作纯滚动时，发生线上任一点的轨迹为该圆的渐开线。而对于具有一定宽度的直齿圆柱齿轮，其齿廓侧面是发生面 S 在基圆柱上作纯滚动时，平面 S 上任意与基圆柱母线 NN 平行的直线 KK 所形成的渐开线曲面，如图5-22所示，直齿圆柱齿轮啮合时，其接触线是与轴线平行的直线，因而一对齿廓沿齿宽同时进入啮合或退出啮合，容易引起冲击和噪声，传动平稳性差，不适宜用于高速齿轮传动。

斜齿圆柱齿轮齿廓曲面的形成如图5-23所示，当发生面 S 沿基圆柱作纯滚动时其上一条与母线 NN 成一倾斜角 β_b 的斜直线 KK 在空间的运动轨迹为一渐开线螺旋面，即为斜齿圆柱齿轮的齿廓曲面，β_b 称为基圆柱上的螺旋角。斜齿圆柱齿轮啮合时，其接触线［图5-23(b)］都是平行于斜直线 KK 的直线。

(2) 斜齿轮传动的特点

① 斜齿轮传动平稳。直齿轮的轮齿进入啮合或脱开啮合时均为全齿宽接触,斜齿轮因齿高有一定限制,啮合或脱开啮合时,接触由零开始逐渐到全齿宽接触或分离,所以传动平稳,噪声小。

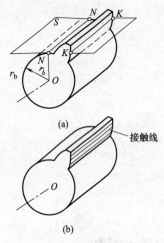

图 5-22 直齿轮齿廓曲面的形成

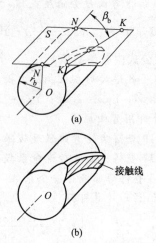

图 5-23 斜齿轮齿廓曲面的形成

② 斜齿轮承载能力大。由于斜齿轮的轮齿是倾斜的,同时啮合的轮齿对数比直齿轮多,故重合度比直齿轮大。

③ 斜齿轮在传动中产生轴向力。由于斜齿轮齿的倾斜,工作时产生轴向力 F_a,对工作不利,所以螺旋角 β 不能过大。若需大的螺旋角时可采用人字齿轮。

2. 斜齿圆柱齿轮的基本参数及几何尺寸计算

(1) 基本参数

① 螺旋角 如图 5-24 所示,将斜齿圆柱齿轮沿分度圆柱面展开,分度圆柱面与齿廓曲面的交线,称为齿线,齿线与齿轮轴线间的夹角称为分度圆螺旋角,用 β 表示。一般斜齿轮取 $\beta=8°\sim20°$,人字齿轮取 $\beta=25°\sim45°$。由图可见,$\tan\beta=\dfrac{\pi d}{S}$ 和 $\tan\beta_b=\dfrac{\pi d_b}{S}$,$S$ 为螺旋线的导程。

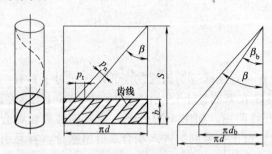

图 5-24 斜齿轮分度圆柱面展开图

斜齿轮按轮齿的旋向分为左旋和右旋两种。将齿轮轴线垂直放置,螺旋线左高右低为左旋,右高左低为右旋(图 5-24 所示为右旋)。

② 模数 斜齿圆柱齿轮的基本参数分端面参数(加角标 t)和法面参数(加角标 n)两种。如图 5-24 所示,垂直于齿轮轴线的平面 $t\text{-}t$ 称为端面,其上的参数称为端面参数;垂直于齿线的平面 $n\text{-}n$ 称为法面,其上参数称为法面参数。从图中几何关系可知端面齿距 p_t 与法面齿距 p_n 间关系为

$$p_n = p_t \cos\beta \tag{5-32}$$

因为端面模数 $m_t = p_t/\pi$,法面模数 $m_n = p_n/\pi$,则

$$m_n = m_t \cos\beta \tag{5-33}$$

③ 压力角　为便于分析，现以斜齿条来分析其法面压力角 α_n 与端面压力角 α_t 之间的关系。如图 5-25 所示，$\triangle abc$ 在端面上，$\triangle ade$ 在法面上，$\angle adb = 90°$。在直角三角形 ade 和直角三角形 abc 中，存在 $\tan\alpha_n = ad/de$ 和 $\tan\alpha_t = ab/bc$，而 $de = bc$，所以有

$$\tan\alpha_n = \tan\alpha_t \cos\beta \tag{5-34}$$

④ 齿顶高系数和顶隙系数　斜齿轮的齿顶高和齿根高无论在端面上还是在法面上都是相同的，即 $h_a = h_{an}^* m_n = h_{at}^* m_t$，$c = c_n^* m_n = c_t^* m_t$；根据式（5-33）可得

$$h_{at}^* = h_{an}^* \cos\beta \tag{5-35}$$
$$c_t^* = c_n^* \cos\beta \tag{5-36}$$

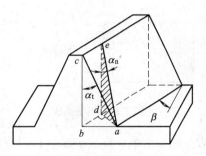

图 5-25　斜齿轮端面压力角与法面压力角

切制斜齿轮时，刀具沿齿线方向进刀，因此，斜齿轮以法面参数为标准值，即法面模数 m_n、法面压力角 α_n、法面齿顶高系数 h_{an}^* 和法面顶隙系数 c_n^* 均为标准值，并采用与直齿轮相同的标准值和齿制。

(2) 斜齿圆柱齿轮的参数及几何尺寸计算

其见表 5-12。

表 5-12　标准斜齿圆柱齿轮的参数及几何尺寸计算

名称	代号	计算公式
端面模数	m_t	$m_t = \dfrac{m_n}{\cos\beta}$，$m_n$ 为标准值
螺旋角	β	$\beta = 8° \sim 20°$
端面压力角	α_t	$\alpha_t = \arctan\dfrac{\tan\alpha_n}{\cos\beta}$，$\alpha_n$ 为标准值
分度圆直径	d_1, d_2	$d_1 = m_t z_1 = \dfrac{m_n z_1}{\cos\beta}$，$d_2 = m_t z_2 = \dfrac{m_n z_2}{\cos\beta}$
齿顶高	h_a	$h_a = m_n$
齿根高	h_f	$h_f = 1.25 m_n$
全齿高	h	$h = h_a + h_f = 2.25 m_n$
顶隙	c	$c = h_f - h_a = 0.25 m_n$
齿顶圆直径	d_{a1}, d_{a2}	$d_{a1} = d_1 + 2h_a$　　$d_{a2} = d_2 + 2h_a$
齿根圆直径	d_{f1}, d_{f2}	$d_{f1} = d_1 - 2h_f$　　$d_{f2} = d_2 - 2h_f$
中心距	a	$a = \dfrac{d_1 + d_2}{2} = \dfrac{m_t}{2}(z_1 + z_2) = \dfrac{m_n(z_1 + z_2)}{2\cos\beta}$

3. 斜齿轮的当量齿数和不根切的最少齿数

采用成形法加工斜齿轮时，铣刀是沿着螺旋线方向进刀的，故须按照齿轮的法面齿形来选择铣刀。另外，在计算斜齿圆柱齿轮传动强度时，因为力作用在法面内，所以也需要知道法面的齿形。通常采用当量齿轮法来近似分析其法面齿形。

如图 5-26 所示，过斜齿圆柱齿轮分度圆上的任一点 C 作轮齿螺旋线的法平面 $n\text{-}n$，该法面与分度圆柱的交线为一椭圆，其长半轴半径 $a = \dfrac{d}{2\cos\beta}$，短半轴半径 $b = \dfrac{d}{2}$，椭圆在 C 点处

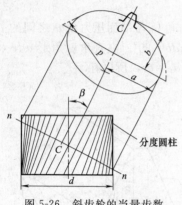

图 5-26 斜齿轮的当量齿数

的曲率半径为 $\rho = \dfrac{a^2}{b} = \dfrac{d}{2\cos^2\beta} = \dfrac{zm_n}{2\cos^3\beta}$，以 ρ 为分度圆半径，以斜齿轮的法面模数 m_n 为模数，以 α_n 为压力角作一直齿圆柱齿轮，则其齿形近似于斜齿轮的法面齿形。该直齿轮就称为斜齿圆柱齿轮的当量齿轮，其齿数为当量齿数，用 z_v 表示，于是 $\rho = \dfrac{z_v m_n}{2}$，则

$$z_v = \dfrac{2\rho}{m_n} = \dfrac{d}{m_n \cos^2\beta} = \dfrac{m_t z}{m_n \cos^2\beta} = \dfrac{m_n z}{m_n \cos^3\beta} = \dfrac{z}{\cos^3\beta} \tag{5-37}$$

上式中的 z 为斜齿轮的实际齿数，求出的当量齿数 z_v 值是虚拟的，一般不是整数，也不必圆整。由于当量齿轮不发生根切的最少齿数 $z_{v\min}=17$，所以标准斜齿轮不发生切齿干涉的最少齿数为

$$z_{\min} = z_{v\min}\cos^3\beta = 17\cos^3\beta \tag{5-38}$$

4. 斜齿圆柱齿轮传动的正确啮合条件

一对斜齿圆柱齿轮传动时，为保证正确啮合，除两轮的法面模数和法面压力角应分别相等外，两轮轮齿的螺旋面应相切，即外啮合时，螺旋角相等，旋向相反；内啮合时，螺旋角相等，旋向相同。故斜齿圆柱齿轮传动的正确啮合条件为

$$\left. \begin{array}{l} m_{n1} = m_{n2} = m_n \\ \alpha_{n1} = \alpha_{n2} = \alpha_n \\ \beta_1 = \pm\beta_2 \text{（外啮合为"}-\text{"，内啮合为"}+\text{"）} \end{array} \right\} \tag{5-39}$$

5. 斜齿圆柱齿轮的受力分析

如图 5-27（a）所示，忽略摩擦力的影响，在斜齿圆柱齿轮传动中，主动轮分度圆柱上节点处所受的法面力 F_{n1} 可分解为三个互相垂直的分力，即

$$\text{圆周力} \quad F_{t1} = \dfrac{2T_1}{d_1} \text{ N} \tag{5-40}$$

$$\text{径向力} \quad F_{r1} = F_{t1}\dfrac{\tan\alpha_n}{\cos\beta} \text{ N} \tag{5-41}$$

$$\text{轴向力} \quad F_{a1} = F_{t1}\tan\beta \text{ N} \tag{5-42}$$

$$\text{法向力} \quad F_{n1} = \dfrac{F_{t1}}{\cos\alpha_n \cos\beta} \text{ N} \tag{5-43}$$

式中　T_1——作用在主动轮上的转矩，N·mm；$T_1 = 9.55\times 10^6 \dfrac{P}{n}$，$P$ 为主动轮传递的功率（kW）；n 为转速（r/min）；

　　　d_1——主动轮分度圆直径，mm；

　　　α_n——分度圆上的法面压力角；

　　　β——分度圆上的螺旋角，β 越大，所产生的轴向力越大，也使传动效率下降，一般取 $\beta = 8°\sim 20°$，高速、大功率场合，取较大值，低速、小功率场合取较小值。

作用在主动轮上圆周力和径向力方向的判定方法与直齿圆柱齿轮相同，轴向力的方向可用左右手法则判定，即右旋斜齿轮用右手、左旋斜齿轮用左手，四指弯曲方向与主动轮转向一致，则大拇指的指向即为主动轮轴向力的方向。作用在从动轮上的力可根据作用力与反作用力来判定［图 5-27（b）］：$F_{t2} = -F_{t1}$，$F_{a2} = -F_{a1}$，$F_{r2} = -F_{r1}$。

6. 斜齿圆柱齿轮的强度计算

斜齿圆柱齿轮传动的强度计算是按轮齿的法面进行的，其方法与其当量直齿圆柱齿轮传

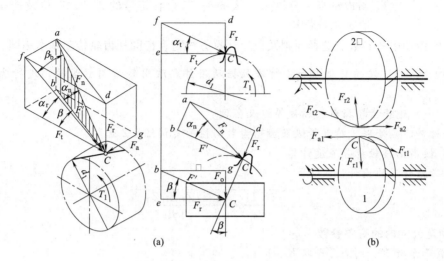

图 5-27 斜齿圆柱齿轮受力分析

动的强度计算相似,但由于斜齿轮啮合时齿面接触线的倾斜及重合度增大等因素的影响,使斜齿轮所受的齿面接触应力及齿根弯曲应力均减小。根据斜齿轮的上述特点,参照直齿圆柱齿轮强度计算式的推导,写出如下经简化处理的斜齿圆柱齿轮强度计算公式。

(1) 齿面接触疲劳强度计算

校核公式为
$$\sigma_H = Z_E Z_H Z_\beta \sqrt{\frac{2KT_1}{bd_1^2} \times \frac{i\pm 1}{i}} \leqslant [\sigma_H] \text{ MPa} \tag{5-44}$$

设计公式为
$$d_1 \geqslant \sqrt[3]{\frac{2KT_1}{\Psi_d} \times \frac{i\pm 1}{i} \left(\frac{Z_E Z_H Z_\beta}{[\sigma_H]}\right)^2} \text{ mm} \tag{5-45}$$

式中 Z_E——材料弹性系数,由表 5-7 查取;

Z_H——节点区域系数,由图 5-28 查取;

Z_β——螺旋角系数,$Z_\beta = \sqrt{\cos\beta}$;

其余各符号的意义、单位及选取方法同直齿圆柱齿轮。

斜齿轮传动的接触疲劳强度应同时取决于大、小齿轮。工程应用时斜齿轮传动的许用接触应力约可取为 $[\sigma_H] = \frac{[\sigma_H]_1 + [\sigma_H]_2}{2}$,当 $[\sigma_H] > 1.23[\sigma_H]_2$ 时,应取 $[\sigma_H] = [\sigma_H]_2$;$[\sigma_H]_2$ 为较软齿面的许用接触应力。

(2) 齿根弯曲疲劳强度计算

校核公式为

$$\sigma_F = \frac{2KT_1}{bd_1 m_n} Y_{Fa} Y_{Sa} \leqslant [\sigma_F] \text{ MPa} \tag{5-46}$$

设计公式为

$$m_n \geqslant \sqrt[3]{\frac{2KT_1}{\Psi_d z_1^2} \times \frac{Y_{Fa} Y_{Sa}}{[\sigma_F]} \cos^2\beta} \text{ mm} \tag{5-47}$$

式中 Y_{Fa} 和 Y_{Sa}——分别为齿形系数和应力校正系数,按

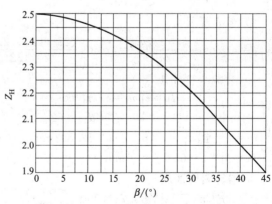

图 5-28 节点区域系数 Z_H ($\alpha_n = 20°$)

斜齿轮当量齿数 z_v 查表 5-8；其余各符号的意义、单位及选取方法同直齿圆柱齿轮。

斜齿轮传动中各参数的选择原则及设计计算方法与直齿圆柱齿轮传动基本相同。

项目训练 5-3 按项目训练 5-2 所给数据及条件，改用斜齿圆柱齿轮，进行齿轮传动设计。

解：（一）选择齿轮材料、精度等级及齿数

齿轮材料、热处理、精度等级及齿轮齿数仍按项目训练 5-2 选取。

（二）按齿面接触疲劳强度计算

按斜齿轮传动的设计公式（5-45）可得

$$d_1 \geqslant \sqrt[3]{\frac{2KT_1}{\Psi_d} \times \frac{i \pm 1}{i} \left(\frac{Z_E Z_H Z_\beta}{[\sigma_H]}\right)^2}$$

1. 确定公式内的有关参数

1）载荷系数 K：由表 5-6 取 $K=1.1$。

2）许用接触应力

$$[\sigma_H] = ([\sigma_H]_1 + [\sigma_H]_2)/2 = (527.8 + 502.2)/2 = 515 \text{MPa}$$

3）节点区域系数 Z_H：初选螺旋角 $\beta=15°$，查图 5-28 得 $Z_H=2.43$。

4）螺旋角系数 Z_β：$Z_\beta = \sqrt{\cos\beta} = \sqrt{\cos 15°} = 0.983$

其余参数均与项目训练 5-2 相同。

2. 计算：将上述参数代入后可得

$$d_1 \geqslant \sqrt[3]{\frac{2KT_1}{\Psi_d} \times \frac{i+1}{i} \left(\frac{Z_E Z_H Z_\beta}{[\sigma_H]}\right)^2}$$

$$= \sqrt[3]{\frac{2 \times 1.1 \times 1.005 \times 10^5 \times 4.2}{1 \times 3.2} \left(\frac{189.8 \times 2.43 \times 0.983}{515}\right)^2} = 60.71 \text{mm}$$

3. 确定斜齿轮传动主要参数及几何尺寸

1）初选螺旋角 $\beta=15°$

2）确定法面模数：由表 5-12，$d_1 = z_1 m_t = z_1 m_n/\cos\beta$ 可得

$$m_n = \frac{d_1 \cos\beta}{z_1} = \frac{60.71 \times \cos 15°}{27} = 2.17 \text{mm}，由表 5-1 取标准模数 m_n = 2.25 \text{mm}$$

3）计算中心距，由表 5-12 中 a 的计算式可得

$$a = \frac{m_n}{2\cos\beta}(z_1 + z_2) = \frac{2.25}{2\cos 15°}(27+86) = 131.59 \text{mm}，圆整中心距为 a = 132 \text{mm}$$

4）修正螺旋角

$$\beta = \arccos\frac{(z_1+z_2)m_n}{2a} = \arccos\frac{(27+86) \times 2.25}{2 \times 132} = 15.6201° = 15°37'12''$$

5）传动尺寸计算

$$d_1 = z_1 m_t = z_1 m_n/\cos\beta = (27 \times 2.25)/\cos 15° = 62.893 \text{mm}$$

$$d_2 = d_1 i = 62.893 \times 3.2 = 201.258 \text{mm}$$

$b_2 = b = \Psi_d d_1 = 1 \times 62.893 = 62.893 \text{mm}$，取 $b_2 = 65 \text{mm}$

$b_1 = b_2 + 5 = 65 + 5 = 70 \text{mm}$

4. 验算圆周速度：

$$v = \frac{\pi d_1 n_1}{60 \times 1000} = \frac{\pi \times 60.71 \times 950}{60000} = 3.02 \text{m/s} < 5 \text{m/s}$$

选用 8 级精度合格。

(三) 校核齿根弯曲疲劳强度

1. 由项目训练 5-2 可知许用弯曲应力：$[\sigma_F]_1=326.92$MPa，$[\sigma_F]_2=254.31$MPa
2. 计算当量齿数，由式 (5-37) 得

$$z_{v1}=\frac{z_1}{\cos^3\beta}=\frac{27}{\cos^3 15°}=29.96, z_{v2}=\frac{z_2}{\cos^3\beta}=\frac{86}{\cos^3 15°}=95.43$$

3. 查表 5-8 得齿形系数和应力校正系数

$$Y_{Fa1}=2.52, Y_{Fa2}=2.19; Y_{Sa1}=1.625, Y_{Sa2}=1.785$$

4. 由式 (5-46) 有

$$\sigma_{F1}=\frac{2KT_1}{bd_1m_n}Y_{Fa1}Y_{Sa1}=\frac{2\times1.1\times1.005\times10^5}{65\times62.893\times2.25}\times2.52\times1.625=98.43\text{MPa}\leqslant[\sigma_F]_1$$

$$\sigma_{F2}=\frac{2KT_1}{bd_1m_n}Y_{Fa2}Y_{Sa2}=\frac{2\times1.1\times1.005\times10^5}{65\times62.893\times2.25}\times2.19\times1.785=93.97\text{MPa}\leqslant[\sigma_F]_2$$

由此可知齿根弯曲强度校核满足要求。

(四) 斜齿轮几何尺寸计算及绘制斜齿轮零件工作图 (略)

通过项目训练 5-2 和项目训练 5-3 的计算比较可知，在同样工作条件下，选取相同材料与热处理方法及精度等级，斜齿圆柱齿轮传动比直齿圆柱齿轮传动的结构更紧凑，几何尺寸更小。

知识点八 直齿圆锥齿轮传动

1. 直齿圆锥齿轮传动的特性

圆锥齿轮传动用于相交两轴间运动和动力的传递，两轴交角 Σ 可根据需要来确定，其中应用最广泛的是 $\Sigma=90°$ 的。与圆柱齿轮不同，圆锥齿轮的轮齿是沿圆锥面分布的，其齿形从大端到小端逐渐减小，为了计算和测量方便，工程上规定大端参数为标准值。一对锥齿轮的运动可看成是锥顶点重合的两个圆锥体作纯滚动，这两个圆锥体相当于锥齿轮的节圆锥。和圆柱齿轮相似，圆锥齿轮对应有分度圆锥、齿顶圆锥、齿根圆锥和基圆锥。一对正确安装的标准锥齿轮传动，其节圆锥与分度圆锥应重合。

圆锥齿轮的轮齿有直齿、斜齿和曲齿三种形式。直齿、斜齿锥齿轮的设计、制造及安装较简单，但噪声较大，常用于低速、轻载场合，而曲齿锥齿轮传动平稳、噪声小、承载能力大，常用于高速、重载场合。本项目只介绍轴交角为 90°的直齿圆锥齿轮传动。

图 5-29 所示为一对正确安装的标准圆锥齿轮传动，δ_1、δ_2 分别为两齿轮的分度圆锥角，r_1、r_2 分别为大端分度圆半径，故两锥齿轮的传动比为：

$$i=\frac{\omega_1}{\omega_2}=\frac{n_1}{n_2}=\frac{z_2}{z_1}=\frac{r_2}{r_1}=\frac{\sin\delta_2}{\sin\delta_1} \tag{5-48}$$

当

$$\Sigma=\delta_1+\delta_2=90°时, i=\tan\delta_2=c\tan\delta_1 \tag{5-49}$$

一般直齿锥齿轮的传动比 $i\leqslant3$，最大可达 $i=5\sim7.5$。

2. 锥齿轮的齿廓曲线、背锥和当量齿数

(1) 锥齿轮的齿廓曲线

图 5-30 所示，当圆心与锥顶 O 重合的圆平面 S 沿基圆锥作纯滚动时，平面上 S 任一点 K 的轨迹是位于以锥距 R 为半径的球面曲线，即为一球面渐开线，平面 S 称为发生面。因此发生面 S 上任一过锥顶的直线 OK 在空间形成的轨迹即为直齿锥齿轮的球面渐开线齿廓曲面，其大端的齿廓曲线，理论上应为以锥顶 O 为中心，以基圆锥锥距 R 为半径的球面上的球面渐开线。因为球面渐开线无法在平面内展开，给锥齿轮的设计和加工带来很大困难，

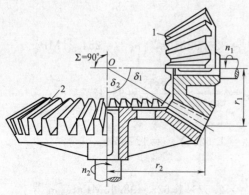 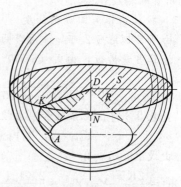

图 5-29　直齿圆锥齿轮传动　　　　　图 5-30　直齿锥齿轮齿廓曲面的形成

所以通常采用一种近似的方法加以解决。

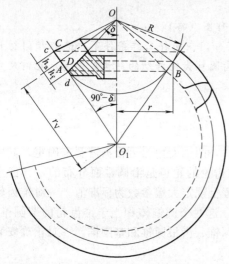

图 5-31　圆锥齿轮的背锥和当量齿数

(2) 背锥和当量齿数

图 5-31 所示为一直齿锥齿轮的轴向半剖面图，OAB 为分度圆锥，AC、AD 分别为大端球面齿形的齿顶高和齿根高。过 A 点作 $AO_1 \perp AO$ 交锥齿轮轴线于 O_1 点，以 OO_1 为轴线，以 O_1A 为母线作一圆锥体 O_1AB，这个圆锥称为背锥。背锥与球面相切于锥齿轮大端的分度圆上。

将球面上的轮齿向背锥上投影，C、D 的投影分别为 c、d，可见在 A 点附近的背锥与球面很接近，$CD \approx cd$。因此可用背锥上的齿形近似地代替球面上的齿形。

从上面的分析中可知，锥齿轮大端上的齿廓是近似的渐开线齿廓，与斜齿圆柱齿轮一样，为便于用成形法加工锥齿轮时选择刀号及强度计算时查取齿形系数，也需要研究锥齿轮大端相对应的当量齿轮及其当量齿数。

将背锥及其上的齿廓展开后成一扇形齿轮，其分度圆半径为背锥的锥距，以 r_V 表示，其模数和压力角分别与锥齿轮大端的模数和压力角相等，将此扇形齿轮补足为完整的圆柱齿轮，即成为该锥齿轮的当量齿轮。此当量齿轮的齿数成为该锥齿轮的当量齿数，用 z_V 表示。由图可得，$r_V = r/\cos\delta$，设圆锥齿轮的齿数为 z，模数为 m，则锥齿轮分度圆半径 $r = mz/2$；而 $r_V = mz_V/2$，所以可得

$$z_V = \frac{z}{\cos\delta} \tag{5-50}$$

式中　δ——为锥齿轮的分度圆锥角。因 δ 总大于零，故 $z_V > z$，且当量齿数一般不是整数。

3. 直齿锥齿轮传动的几何尺寸计算

图 5-32 所示为一对相互啮合的标准直齿圆柱齿轮，其节圆锥与分度圆锥重合，轴交角 $\Sigma = \delta_1 + \delta_2 = 90°$。直齿圆锥齿轮按一对锥齿轮啮合时其顶隙沿齿宽方向是否变化分为收缩顶隙齿和等顶隙齿两种；收缩顶隙齿也称为正常顶隙齿，其顶隙从大端到小端逐渐缩小，等顶隙齿的顶隙从大端到小端保持不变。

由于圆锥齿轮大端轮齿尺寸大，计算和测量时的相对误差小，同时也便于确定齿轮外部

尺寸,所以规定大端参数为标准值。圆锥齿轮的基本参数有 m、z、α、h_a^*、c 和 δ,我国规定正常齿制圆锥齿轮 $h_a^*=1$,$c^*=0.2$,$\alpha=20°$。大端模数 m 的取值按表 5-13。轴交角 $\Sigma=90°$ 的标准直齿圆锥齿轮传动的几何尺寸及其计算公式见表 5-14。

直齿锥齿轮的正确啮合条件可根据其当量圆柱齿轮的正确啮合条件得到,即两齿轮的大端模数和压力角应分别相等,即 $m_1=m_2=m$,$\alpha_1=\alpha_2=\alpha$。

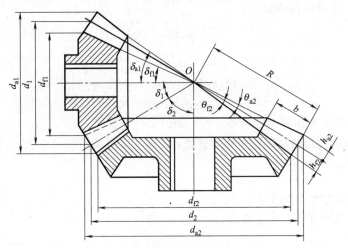

图 5-32 圆锥齿轮传动的几何尺寸

表 5-13 锥齿轮的模数 (GB 12367—1990)

1	1.125	1.25	1.375	1.5	1.75	2	2.25	2.5	2.75
3	3.25	3.5	3.75	4	4.5	5	5.5	6	6.5
7	8	9	10	12	14	16	18	20	

表 5-14 标准直齿圆锥齿轮的几何尺寸计算

名 称	符号	计 算 公 式
分度圆锥角	δ	$\delta_2=\arctan(z_2/z_1)$,$\delta_1=90°-\delta_2$
齿顶高	h_a	$h_{a1}=h_{a2}=h_a^* m$
齿根高	h_f	$h_{f1}=h_{f2}=(h_a^*+c^*)m$
分度圆直径	d	$d_1=mz_1$,$d_2=mz_2$
齿顶圆直径	d_a	$d_{a1}=d_1+2h_a\cos\delta_1$,$d_{a2}=d_2+2h_a\cos\delta_2$
齿根圆直径	d_f	$d_{f1}=d_1-2h_f\cos\delta_1$,$d_{f2}=d_2-2h_f\cos\delta_2$
锥距	R	$R=\sqrt{r_1^2+r_2^2}=d_1/(2\sin\delta_1)=d_2/(2\sin\delta_2)$
齿宽	b	$b\leqslant R/3$
齿顶角	θ_a	收缩顶隙齿 $\theta_{a1}=\theta_{a2}=\arctan(h_a/R)$ 等顶隙齿 $\theta_{a1}=\theta_{f2}$,$\theta_{a2}=\theta_{f1}$
齿根角	θ_f	$\theta_{f1}=\theta_{f2}=\arctan(h_f/R)$
齿顶圆锥角	δ_a	$\delta_{a1}=\delta_1+\theta_{a1}$,$\delta_{a2}=\delta_2+\theta_{a2}$
齿根圆锥角	δ_f	$\delta_{f1}=\delta_1-\theta_{f1}$,$\delta_{f2}=\delta_2-\theta_{f2}$
当量齿数	z_V	$z_{V1}=z_1/\cos\delta_1$,$z_{V2}=z_2/\cos\delta_2$
分度圆齿厚	s	$s_1=s_2=\pi m/2$
大端模数	m	按 GB 12367—1990 取标准值

项目五 齿轮传动

4. 直齿锥齿轮传动的强度计算

（1）受力分析

锥齿轮的受力从小端到大端是不相同的，为简化计算，工程上仍将沿齿宽分布的载荷简化成集中作用在分度圆锥齿宽中点位置的节点 C 上，即作用在分度圆锥的平均直径 d_m 处。如图 5-33（a）所示，忽略接触面上摩擦力的影响，当主动轮上作用的转矩为 T_1 时，法向力 F_{n1} 可分解为三个互相垂直的分力：

圆周力	$F_{t1} = \dfrac{2T_1}{d_{m1}}$ N	(5-51)
径向力	$F_{r1} = F_{t1}\tan\alpha\cos\delta_1$ N	(5-52)
轴向力	$F_{a1} = F_{t1}\tan\alpha\sin\delta_1$ N	(5-53)
法向力	$F_{n1} = F_{t1}/\cos\alpha$ N	(5-54)

式中　T_1——作用在主动轮上的转矩，N·mm；

　　　d_{m1}——主动轮分度圆锥上的平均直径，mm，其值可根据几何尺寸关系确定，$d_{m1} = d_1\left(1 - 0.5\dfrac{b}{R}\right)$；

　　　δ_1——主动轮分度圆锥角；

　　　α——大端压力角，为标准值。

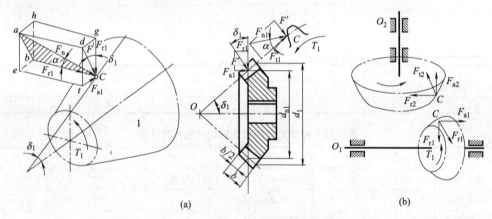

图 5-33　圆锥齿轮传动的受力分析

圆周力和径向力方向的确定方法与直齿轮相同，两齿轮轴向力的方向都是沿各自的轴线方向由小端指向大端。从动轮的受力可根据作用力与反作用力原理确定：$F_{t2} = -F_{t1}$，$F_{a2} = -F_{r1}$，$F_{r2} = -F_{a1}$，负号表示两个力的方向相反。

（2）强度计算

直齿锥齿轮的强度计算，可近似地按齿宽中点处平均分度圆的当量直齿锥齿轮传动进行。当轴交角 $\Sigma = 90°$ 时，锥齿轮的强度计算公式如下。

① 齿面接触疲劳强度计算

校核公式为　　　$\sigma_H = 5Z_E\sqrt{\dfrac{KT_1}{\psi_R(1-0.5\psi_R)^2 d_1^3 i}} \leqslant [\sigma_H]$　　MPa　　(5-55)

设计公式为　　　$d_1 \geqslant 2.92\sqrt[3]{\left(\dfrac{Z_E}{[\sigma_H]}\right)^2 \dfrac{KT_1}{\psi_R(1-0.5\psi_R)^2 i}}$　　mm　　(5-56)

② 齿根弯曲疲劳强度计算

校核公式为

$$\sigma_F = \frac{KF_t Y_{Fa} Y_{Sa}}{bm(1-0.5\psi_R)} \leq [\sigma_F] \quad \text{MPa} \tag{5-57}$$

设计公式为

$$m \geq \sqrt[3]{\frac{4KT_1}{\psi_R(1-0.5\psi_R)^2 z_1^2 \sqrt{i^2+1}} \times \frac{Y_{Fa} Y_{Sa}}{[\sigma_F]}} \quad \text{mm}$$

式中 ψ_R——齿宽系数，$\psi_R = b/R$，一般取 $\psi_R = 0.25 \sim 0.3$，传动比大时，取较小值；

Y_{Fa} 和 Y_{Sa}——分别为齿形系数和应力校正系数，按圆锥齿轮当量齿数 z_v 查表 5-8；

其余各符号的意义、单位及选取方法同直齿圆柱齿轮。

知识点九 齿轮的结构与齿轮传动的润滑

1. 齿轮的结构设计

齿轮的结构设计是指确定齿轮的轮毂、轮辐及轮缘等各部分的尺寸，并绘制齿轮零件的工作图等。齿轮的结构设计与齿轮的大小、材料、毛坯形式、加工方法、使用要求及经济性等因素有关，通常先按齿轮的直径大小选择合适的结构形式，再依据经验数据进行结构设计。

齿轮毛坯的制造方法有锻造和铸造两种；当齿轮的齿顶圆直径 $d_a \leq 500$mm 时，一般采用锻造毛坯；当齿轮的齿顶圆直径 $d_a > 500$mm 时，一般采用铸造毛坯。

常用齿轮的结构形式有齿轮轴、实心式齿轮、腹板式齿轮、轮辐式齿轮；齿轮的结构形式通常根据齿轮大小及加工方法来确定。

（1）齿轮轴

当圆柱齿轮的齿根圆至键槽底部的距离 e 小于或等于 $(2\sim2.5)m_t$（端面模数）或当锥齿轮小端的齿根圆至键槽底部的距离 e 小于或等于 $(1.6\sim2)m$ 时（图 5-34），应将齿轮和轴制成一体，称为齿轮轴，如图 5-35 所示。

（2）实心式齿轮

当齿轮的齿顶圆直径 $d_a < 200$mm 时，可采用实心式齿轮，如图 5-36 所示。

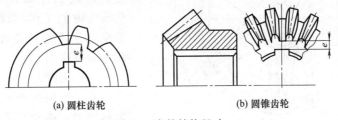

(a) 圆柱齿轮　　(b) 圆锥齿轮

图 5-34 齿轮结构尺寸 e

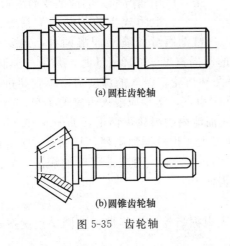

图 5-35 齿轮轴

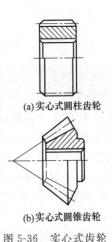

图 5-36 实心式齿轮

（3）腹板式齿轮

当齿轮的齿顶圆直径 $d_a=200\sim500$ 时，可采用腹板式结构，如图 5-37 所示。

（4）轮辐式齿轮

当齿轮的齿顶圆直径 $d_a>500$ mm 时，可采用轮辐式齿轮，如图 5-38 所示。

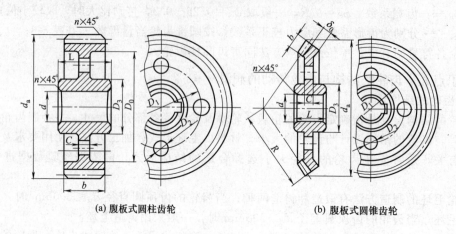

(a) 腹板式圆柱齿轮　　　　(b) 腹板式圆锥齿轮

图 5-37　腹板式齿轮

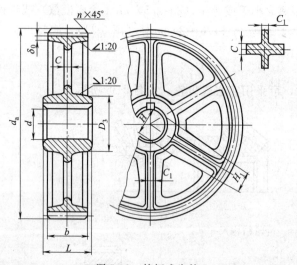

图 5-38　轮辐式齿轮

2. 齿轮传动的润滑

齿轮在传动时，相啮合的齿面间会发生相对滑动，产生摩擦和磨损，在高速重载时尤为突出。为减小摩擦、减轻磨损，必须考虑润滑。良好的润滑还能起到冷却、防锈、降低噪声、改善齿轮的工作状况，从而提高传动效率，延缓轮齿失效，延长齿轮的使用寿命等作用。

（1）润滑方式

开式齿轮传动或速度较低的闭式齿轮传动，通常采用人工定期加油润滑，所用润滑剂为润滑油或润滑脂。

一般闭式齿轮传动的润滑方式有浸油润滑和喷油润滑两种，主要根据最大齿轮分度圆的圆周速度大小来确定。当齿轮的圆周速度 $v\leqslant12$m/s 时，采用浸油润滑，即将大齿轮浸入油池中，如图 5-39（a）所示。对圆柱齿轮，浸入的深度通常不宜超过一个齿高，但亦不应少于 10mm；对圆锥齿轮，应浸入全齿宽，至少应浸入齿宽的一半。在多级齿轮传动中，可采用带油轮或油环将油带到未浸入油池内的齿轮齿面上，如图 5-39（b）所示。当齿轮的圆周速度 $v>12$m/s 时，由于圆周速度大，齿轮搅油剧烈，且黏附在齿廓面上的油易被甩掉，不能形成润滑油膜，因此不宜采用浸油润滑，而应采用喷油润滑，如图 5-40 所示，即将具有一定压力的油经喷嘴喷到啮合齿面上。

（2）润滑剂的选择

齿轮润滑的润滑剂多采用润滑油，选择时，先根据齿轮的工作情况及圆周速度按表 5-

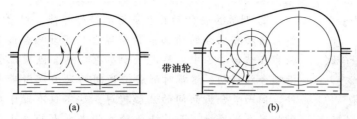

图 5-39 浸油润滑

15 查得润滑油的运动黏度值，再确定润滑油的牌号。

使用过程中，应经常检查齿轮传动润滑系统的状况（如润滑油的油面高度、油温等）或喷油润滑的油压状况等。

3. 齿轮传动的效率

齿轮传动中的功率损失，主要包括啮合面间的摩擦损失、轴承支承中的摩擦损失及搅油时的功率损失。进行齿轮的计算时通常使用齿轮传动的平均效率。

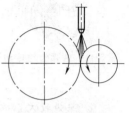

图 5-40 喷油润滑

当齿轮轴上装有滚动轴承，且在满载状态下运转时，传动的平均效率见表 5-16。

表 5-15 闭式齿轮传动润滑油黏度荐用值

齿轮材料	强度极限 σ_b/MPa	圆周速度 v/(m/s)						
		<0.5	0.5～1	1～2.5	2.5～5	5～12.5	12.5～25	>25
		运动黏度 ν/cSt(50℃)						
塑料、铸铁、青铜	—	177	118	81.5	59	44	32.4	—
钢	450～1000	266	177	118	81.5	59	44	32.4
	1000～1250	266	266	177	118	81.5	59	44
淬火或表面淬火的钢	1250～1580	444	266	266	177	118	81.5	59

注：1. 多级齿轮传动按各级所选润滑油黏度的平均值来确定润滑油。
2. 对于 $\sigma_b>800$MPa 的镍铬钢制齿轮（不渗碳），润滑油黏度取高一档的数值。

表 5-16 齿轮传动的平均效率

传动精度	6级或7级精度的闭式传动	8级精度的闭式传动	开式传动
圆柱齿轮	0.98	0.97	0.95
圆锥齿轮	0.97	0.96	0.93

【知识拓展】 圆弧齿齿轮传动简介

渐开线外啮合齿轮传动，大小齿轮轮齿均为外凸型，齿面接触应力较大。为减轻齿面接触应力，提高传动功率，可将小齿轮齿廓作成外凸圆弧形，大齿轮作成内凹圆弧形，且凹齿的圆弧半径 ρ_2 稍大于凸齿的圆弧半径 ρ_1，工作时两齿廓为点接触，故又称为圆弧点啮合齿轮，简称圆弧齿轮，如图 5-41 所示。目前，圆弧点啮合齿轮已在重型机械等部门推广应用。

圆弧齿轮传动与渐开线齿轮传动相比有下列优点。

① 圆弧齿轮传动啮合轮齿的综合曲率半径较大，轮齿具有较高的接触强度。圆弧齿轮理论上是点接触，实际上承载时有弹性变形，齿面之间是一小块面积接触。由实验得知，对于软齿面（≤350HBS）、低速和中速的圆弧齿轮传动，按接触强度而定的承载能力至少为渐开线直齿圆柱齿轮传动的 1.75 倍，甚至有时达 2～2.5 倍。

图 5-41 圆弧齿轮传动

② 圆弧齿轮传动具有良好的磨合性能。经磨合之后，圆弧齿轮传动相啮合的齿面能紧密贴合，实际啮合面积较大，而且轮齿在啮合过程中主要是滚动摩擦，啮合点又以相当高的速度沿啮合线移动，这就对形成轮齿间的动力润滑带来了有利的条件，因而啮合齿面间的油膜较厚。这不仅有助于提高齿面的接触强度及耐磨性，而且啮合摩擦损失也大为减小（约仅为渐开线齿轮传动的一半），因而传动效率较高。

③ 圆弧齿轮传动轮齿没有根切现象，故齿数可少到 8～6，最少齿数主要受轴的强度和刚度限制。

圆弧齿轮传动的缺点如下：

① 对中心距及切齿深度的精度要求较高，这两者的误差会使圆弧齿轮传动的能力显著下降。

② 噪声较大，故高速传动中其应用受到限制。

③ 通常轮齿弯曲强度较低。

④ 切削同一模数的凸圆弧齿廓和凹圆弧齿廓需要不同的滚刀。

实践表明，圆弧齿轮主要适用于承载能力受齿面接触强度限制的、中速条件下的重载或中载传动。

练习与思考

一、思考题

1. 齿轮传动的基本要求是什么？渐开线有哪些特性？为什么渐开线齿轮能满足齿廓啮合基本定律？

2. 一对轮齿的齿廓曲线应满足什么条件才能使其传动比为常数？渐开线齿廓为什么能满足定传动比的要求？

3. 何谓重合度？为什么必须使 $\varepsilon \geqslant 1$？渐开线齿轮正确啮合与连续传动的条件是什么？

4. 渐开线标准直齿圆柱齿轮的基本参数有哪些？模数在尺寸计算中有何重要意义？

5. 渐开线的形状取决于什么？若两个齿轮的模数和齿数分别相等，但压力角不同，它们的齿廓渐开线形状是否相同？一对相啮合的两个齿轮，若它们的齿数不同，它们齿廓的渐开线形状是否相同？

6. 基圆是否一定比齿根圆小？压力角 $\alpha=20°$、齿顶高系数 $h_a^*=1$ 的直齿圆柱齿轮，其齿数在什么范围时，基圆比齿根圆大？

7. 什么是分度圆，什么是节圆，它们有什么不同？在什么条件下分度圆与节圆重合？在什么条件下压力角与啮合角相等？

8. 试解释标准齿轮、标准安装和标准中心距。

9. 为什么要限制最小齿数？对于 $\alpha=20°$ 的正常齿制直齿圆柱齿轮等于多少？以直齿圆柱齿轮为基础，试比较斜齿圆柱齿轮、直齿圆锥齿轮的正确啮合条件和不根切的最少齿数。

10. 成形法铣齿、范成法插齿和滚齿各有何特点？各适用于何种场合？

11. 试比较标准齿轮、正变位齿轮和负变位齿轮的加工方法及齿形特点。

12. 齿轮传动的主要失效形式有哪些，引起这些失效的主要因素是什么？

13. 什么是软齿面和硬齿面齿轮传动，其相应的设计准则是什么？

14. 斜齿圆柱齿轮的齿数 z 与其当量齿数 z_v 有什么关系？在下列几种情况下应分别采用哪一种齿数：①计算斜齿圆柱齿轮传动的角速比；②用成形法切制斜齿轮时选盘形铣刀；③计算斜齿轮的分度圆直径；④弯曲强度计算时查取齿形系数。

15. 一对圆柱齿轮传动，其两齿轮的材料与热处理情况均相同，试问两齿轮在啮合的接触应力是否相等？其许用接触应力是否相等？其接触强度是否相等？两齿轮在齿根处弯曲应力是否相等？其许用弯曲应力是否相等？其弯曲强度是否相等？

16. 试分析影响直齿圆柱齿轮传动的齿面接触强度和齿根弯曲强度的主要因素及参数。降低齿轮最大接触应力的最有效的措施是什么？降低齿轮最大弯曲应力的最有效的措施是什么？

二、填空题

1. 渐开线圆柱齿轮_____圆上的压力角最大，_____圆上的压力角最小，_____圆上的压力角为标准值。

2. 渐开线齿廓上任一点的压力角是指_____，渐开线齿廓上任意一点的法线与_____圆相切。

3. 齿轮啮合过程中，"四线"合一是指：N_1N_2 是啮合线，又是两基圆的_____，还是两轮齿啮合点的公法线和齿间_____的作用线。

4. 渐开线齿轮的可分性是指其安装的中心距略有误差时，_____。

5. 一斜齿轮法面模数 $m_n=3$ mm，分度圆螺旋角 $\beta=15°$，其端面模数 $m_t=$ _____。

6. 用标准齿条型刀具加工标准齿轮时，其刀具_____线与轮坯_____圆之间作纯滚动。

7. 当直齿圆柱齿轮的齿数少于 z_{min} 时，可采用_____变位的办法来避免根切。

8. 斜齿圆柱齿轮的参数分为____面参数和____面参数，其中____参数为标准值，____齿廓形状为标准渐开线。

9. 直齿锥齿轮的几何参数的计算是以_____为准，其当量齿数的计算公式为_____。

10. 理论上，一对相互啮合齿轮的齿面接触应力大小应_____。

11. 材料相同、热处理工艺相同、齿宽相同的一对相互啮合的齿轮，小齿轮的齿根弯曲强度____大齿轮的齿根弯曲强度。

12. 在斜齿轮的齿数、模数一定时，斜齿圆柱齿轮的螺旋角越大，其轴向力越_____，分度圆越_____。

13. 一对渐开线直齿圆柱齿轮（$\alpha=20°$，$h_a^*=1$）啮合时，当安装时的实际中心距大于标准中心距时，啮合角变_____；重合度_____；传动比_____。

14. 用齿条型刀具加工 $\alpha_n=20°$，$h_n^*=1$，$\beta=15°$ 的斜齿圆柱齿轮时不根切的最少齿数是____。

15. 一直齿圆柱齿轮传动，原设计传递功率为 P，主动轴转速为 n_1。若其他条件不变，轮齿的工作应力也不变，当主动轴转速提高一倍时，该齿轮传动能传递的功率为：_____。

16. 磨粒磨损和弯曲疲劳折断是_____齿轮传动的主要失效形式。

三、选择题

1. 属于平面齿轮机构的是_____。
   A. 直齿圆柱齿轮机构　　B. 锥齿轮机构　　C. 平行轴斜齿圆柱齿轮机构

2. 渐开线圆柱齿轮的基圆大小与其齿根圆大小必然是_____关系。

A. 等于　　　　B. 大于　　　　C. 小于　　　　D. 给出齿数后才能确定

3. 当安装中心距大于理论中心距时，渐开线圆柱齿轮的节圆直径_____分度圆直径。
   A. 等于　　　　B. 大于　　　　C. 小于

4. 为保证齿轮的连续传动，渐开线的实际啮合线_____理论啮合线。
   A. 等于　　　B. 大于　　　C. 大于等于　　　D. 小于等于

5. 一对相啮合传动的渐开线齿轮，其压力角为_____，啮合角为_____。
   A. 基圆上的压力角　　　　B. 节圆上的压力角
   C. 分度圆上的压力角　　　D. 齿顶圆上的压力角

6. 渐开线直齿圆柱外齿轮齿顶圆压力角_____分度圆压力角。
   A. 大于　　　B. 小于　　　C. 等于　　　D. 大于等于

7. 标准齿轮压力角 $\alpha < 20°$ 的部位在_____。
   A. 分度圆上　　B. 分度圆以外　　C. 分度圆以内　　D. 基圆内

8. 一般参数的闭式软齿面齿轮传动的主要失效形式是_____。
   A. 齿面胶合　　B. 齿面磨粒磨损　　C. 轮齿折断　　D. 齿面点蚀

9. 一般参数的闭式硬齿面齿轮传动的主要失效形式是_____。
   A. 齿面胶合　　B. 齿面塑性变形　　C. 轮齿折断　　D. 齿面点蚀

10. 开式齿轮传动中，一般不会发生的失效形式为：_____。
    A. 齿面点蚀　　B. 齿面磨损　　C. 轮齿折断　　D. 以上3种都不发生

11. 材料为 20Cr 的齿轮要达到硬齿面，常用的热处理方法是_____。
    A. 表面淬火　　B. 调质　　C. 整体淬火　　D. 渗碳淬火

12. 一对齿轮轮齿材料性能的基本要求是_____。
    A. 齿面要硬，齿心要脆　　　B. 齿面要软，齿心要韧
    C. 齿面要硬，齿心要韧　　　D. 齿面要软，齿心要脆

13. 设计一对材料相同的软齿面齿轮传动时，一般小齿轮齿面硬度 HBS_1 和大齿轮齿面硬度 HBS_2 的关系是_____。
    A. $HBS_1 > HBS_2$　　B. $HBS_1 < HBS_2$　　C. $HBS_1 = HBS_2$

14. 对于一对材料相同的钢制软齿面齿轮传动，常用的热处理方法是_____。
    A. 小齿轮淬火，大齿轮调质　　　B. 小齿轮调质，大齿轮淬火
    C. 小齿轮正火，大齿轮调质　　　D. 小齿轮调质，大齿轮正火

15. 设计圆柱齿轮传动时，一般小齿轮齿宽_____大齿轮的齿宽。
    A. 大于　　　B. 小于　　　C. 等于　　　D. 小于等于

四、计算题

1. 已知渐开线的基圆半径 $r_b = 40$ mm，试求渐开线上向径 $r_k = 60$ mm 的点 K 的曲率半径、压力角的大小，分别用计算法和作图法求解。

2. 设斜齿圆柱齿轮传动的转动方向及螺旋线方向如图 5-42 所示，试分别画出轮 1 为主动时和轮 2 为主动时轴向力 F_{a1} 和 F_{a2} 的方向。

3. 试分析图 5-43 所示的齿轮传动中各齿轮受到的力，用受力图表示出各力的作用位置及方向。

4. 已知一对标准安装的直齿圆柱齿轮的中心距 $a = 188$ mm，传动比 $i = 3.5$，小齿轮齿数 $z_1 = 21$，试求这对齿轮的 m、d_1、d_2、d_{a1}、d_{a2}、d_{f1}、d_{f2}、p。

5. 为修配两个损坏的标准直齿圆柱齿轮，现测得：齿轮1的参数为：$h = 4.5$ mm，$d_a = 44$ mm；齿轮2的参数为：$p = 6.28$ mm，$d_a = 162$ mm；试计算两齿轮的模数 m 和齿数 z。

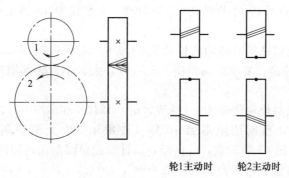

图 5-42 题四-2 图

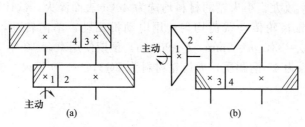

图 5-43 题四-3 图

6. 已知一对外啮合正常齿标准斜齿圆柱齿轮传动的中心距 $a=200$mm，法面模数 $m_n=2$mm，法面压力角 $\alpha_n=20°$，齿数 $z_1=30$，$z_2=166$。试计算该对齿轮的端面模数 m_t、分度圆直径 d_1、d_2，齿根圆直径 d_{f1}、d_{f2} 和螺旋角 β。

7. 有一直齿圆锥齿轮机构，已知 $z_1=32$，$z_2=36$，$m=4$mm，轴间角 $\Sigma=90°$。试求两锥齿轮的分度锥角和当量齿数 z_{V1}、z_{V2}。

8. 设一对轴间角 $\Sigma=90°$ 直齿圆锥齿轮传动的参数为 $m=10$mm，$z_1=20$，$z_2=40$，$\alpha=20°$，$h_a^*=1$。试计算下列值：①两分度圆锥角；②两分度圆直径；③两齿顶圆直径。

9. 设两级斜齿圆柱齿轮减速器的已知条件如图 5-44 所示，试问：①低速级斜齿轮的螺旋线方向应如何选择才能使中间轴上两齿轮的轴向力方向相反；②低速级螺旋角 β 应取多大数值才能使中间轴上两个轴向力互相抵消。

10. 已知直齿锥-斜齿圆柱齿轮减速器布置和转向如图 5-45 所示，锥齿轮 $m=5$mm，齿宽 $b=50$mm，$z_1=25$，$z_2=60$；斜齿轮 $m_n=6$mm，$z_3=21$，$z_4=84$。欲使轴Ⅱ上的轴向力在轴承上的作用完全抵消，求斜齿轮 3 的螺旋角 β_3 的大小和旋向（提示：锥齿轮的力作用在齿宽中点）。

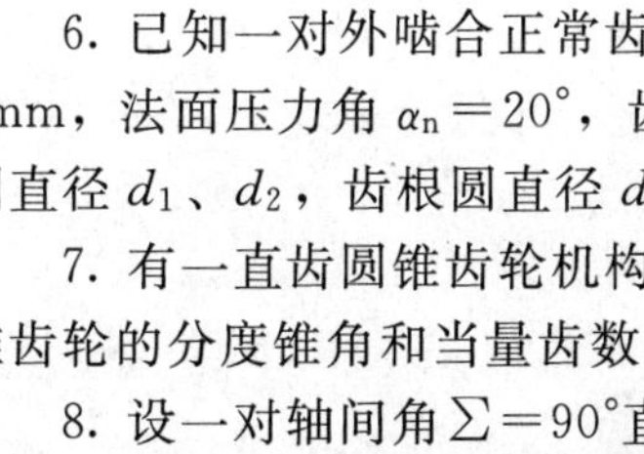

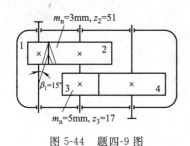

图 5-44 题四-9 图

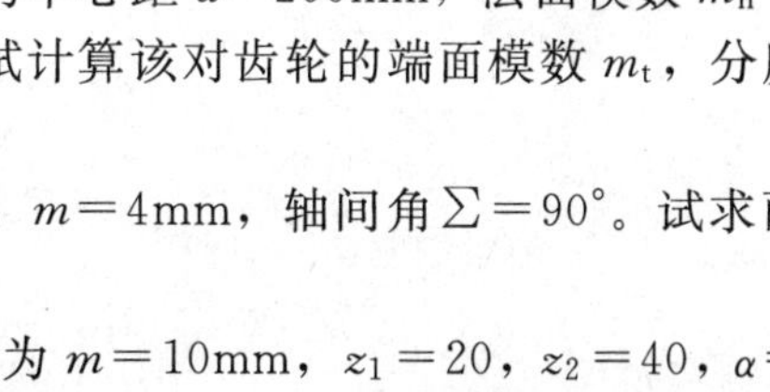

图 5-45 题四-10 图

11. 已知开式直齿圆柱齿轮传动 $i=3.5$，$P=3$ kW，$n_1=50$r/min，用电动机驱动，单向转动，载荷均匀，$z_1=21$，小齿轮为 45 钢调质，大齿轮为 45 钢正火，试确定合理的 d、m 值。

12. 已知闭式直齿圆柱齿轮传动的传动比 $i=4.6$，$n_1=730\text{r/min}$，$P=30\text{ kW}$，长期双向转动，载荷有中等冲击，要求结构紧凑。$z_1=27$，大、小齿轮都用 40Cr 表面淬火，试确定合理的 d、m 值。

13. 已知单级闭式斜齿轮传动 $P=10\text{kW}$，$n_1=1210\text{r/min}$，$i=4.3$，电动机驱动，双向传动，中等冲击载荷，预期使用寿命 10 年（按每年 300 天两班制工作）。设小齿轮用 35SiMn 调质，大齿轮用 45 钢调质，$z_1=23$，试计算此单级斜齿轮传动。

14. 已知闭式直齿锥齿轮传动的 $\delta_1+\delta_2=90°$，$i=2.7$，$P=7.5\text{kW}$，$n_1=840\text{r/min}$，用电动机驱动，单向转动，载荷有中等冲击，预期使用寿命 10 年（按每年 300 天两班制工作）。要求结构紧凑，故大、小齿轮的材料均选为 40Cr 表面淬火，试计算此传动。

15. 某开式直齿锥齿轮传动载荷均匀，用电动机驱动，单向转动，$P=1.9\text{kW}$，$n_1=10\text{r/min}$，$z_1=26$，$z_2=83$，$m=8\text{mm}$，$b=90\text{mm}$，预期使用寿命 10 年（按每年 300 天两班制工作）。小齿轮材料为 45 钢调质，大齿轮材料为 ZG310～570 正火，试验算其强度。

项目六　齿轮轮系

【任务驱动】

由一对齿轮组成的机构是齿轮传动的最简单形式。在实际工程应用中，为了满足不同的需要，采用一对齿轮组成的齿轮机构往往是不够的。例如在各种机床中，需要将电动机的一种转速变为主轴的多级转速；在钟表中，需要使时针、分针和秒针的转速符合一定的比例关系；在汽车后轮的传动中，汽车拐弯时需要将发动机的一种转速分解为左右两个后轮的不同转速；在直升机中需将发动机的高转速变为螺旋桨的较低转速等，均需要由一系列彼此啮合的齿轮所组成的齿轮机构来传动。这种由若干齿轮传动所组成传动系统，称为齿轮轮系，简称轮系。

图 6-1 是车床主轴箱的一种传动系统图，试计算：

① 当主轴转一圈，刀架移动的距离是多少？

② 刀架的移动速度是多少？

通过轮系相关知识的学习，就可解决这些问题。

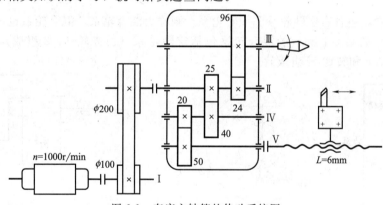

图 6-1　车床主轴箱的传动系统图

【学习目标】

由任务驱动的案例，要完成各种齿轮传动系统的计算，需要掌握以下内容。

① 轮系的类型。

② 各种齿轮轮系传动比的计算。

③ 轮系的功用。

【知识解读】

知识点一　轮系的类型

按照轮系中各齿轮轴线的位置关系，可将轮系分为平面轮系和空间轮系。若各齿轮的轴线相互平行，则称为平面轮系，否则，是空间轮系。

根据轮系中各齿轮轴线在空间的位置是否固定，轮系可分为：定轴轮系、周转轮系。轮系中所有齿轮轴线相对于机架都是固定不变的，则称为定轴轮系，若轮系中至少有一齿轮的轴线绕另一齿轮的轴线转动的轮系，即为周转轮系。

1. 定轴轮系

轮系中所有齿轮的几何轴线都是固定的，如图 6-2 所示；其中图 6-2（a）为平面定轴轮系，图 6-2（b），为空间定轴轮系。

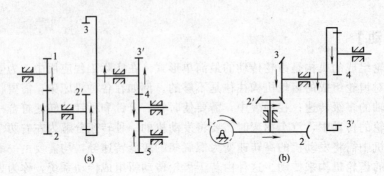

图 6-2　定轴轮系

2. 周转轮系

轮系中，至少有一个齿轮的几何轴线是绕另一个齿轮几何轴线转动的，如图 6-3 中，齿轮 2 的轴线 O_1 是绕齿轮 1 的固定轴线 O 转动的，该轮系即为周转轮系。

3. 混合轮系

如果轮系中，包含有定轴轮系和周转轮系，则称为混合轮系，混合轮系也可由几个基本周转轮系组成。如图 6-4 所示的混合轮系包括定轴轮系（由齿轮 1、2 组成）和周转轮系（由齿轮 $2'$、3、4 和转臂 H 组成）。

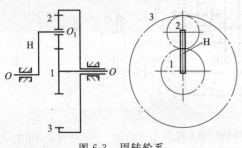

图 6-3　周转轮系

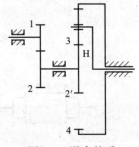

图 6-4　混合轮系

知识点二　定轴轮系及其传动比

1. 传动比的概念

（1）齿轮的传动比

一对齿轮的传动比定义为：两轮的转速比。因为转速 $n=2\pi\omega$，因此传动比又可以被表示为两轮的角速度之比。通常，传动比用 i 表示，对轮 a 和轮 b 的传动比可表示为：

$$i_{ab}=\frac{n_a}{n_b}=\frac{\omega_a}{\omega_b} \tag{6-1}$$

对一对相啮合的齿轮，在同一时间内转过的齿数是相同的，因此有：

$$n_a z_a = n_b z_b \tag{6-2}$$

式中，n_a、n_b 分别为两齿轮的转速；z_a、z_b 分别为两齿轮的齿数。

因此，一对相互啮合的齿轮的传动比又可以写成：

$$i_{ab} = \frac{n_a}{n_b} = \frac{z_b}{z_a} \tag{6-3}$$

计算传动比不仅要确定两轮角速比的大小,而且要确定它们的转向关系,即轮系传动比的计算包括大小和方向的确定。

(2) 主、从动轮转向关系的确定

齿轮传动的转向关系可用正负号表示,或用画箭头表示。

① 箭头表示 判断主、从动轮转向关系的几个要点如下。

a. 外啮合的一对圆柱齿轮或圆锥齿轮的转动方向要么同时指向啮合点,要么同时指离啮合点。如图 6-5 (a) 和图 6-5 (b) 所示分别为圆柱齿轮或圆锥齿轮的情况。

b. 内啮合的一对圆柱齿轮的转向相同,如图 6-6 所示。

c. 蜗轮蜗杆转向判断方法如图 6-7 所示,用左、右手定则判断。蜗杆左旋用左手,右旋用右手,握住蜗杆轴线,四指弯曲方向代表蜗杆回转方向,拇指方向的反方向为蜗轮圆周速度的方向,以此来确定蜗轮转向。

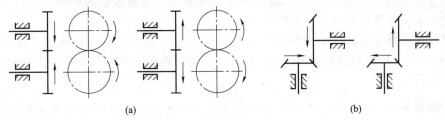

图 6-5 外啮合圆柱、圆锥齿轮的转动方向

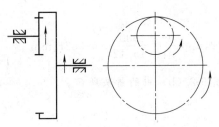

图 6-6 内啮合圆柱齿轮的转动方向

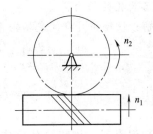

图 6-7 蜗轮蜗杆的转动方向

② 符号(正、负号)表示法 符号表示法在平行轴的轮系中经常用到。由于一对内啮合齿轮的转向相同,因此它们的传动比取"+";而一对外啮合齿轮的转向相反,因此它们的传动比取"-"。由于在一个所有齿轮轴线平行的轮系中,每出现一对外啮合齿轮,齿轮的转向改变一次,如果有 m 对外啮合齿轮,可以用 $(-1)^m$ 表示传动比的正负号。

注意:在轮系中,轴线不平行的两个齿轮的转向没有相同或相反的意义,所以只能用箭头法。箭头法对任何一种轮系都是适用的。

2. 定轴轮系的传动比计算

定轴轮系的传动比是指轮系中首、末两轮(或输入轴与输出轴)的角速度(或转速)之比。设 A、N 分别为输入轴(或首轮)和输出轴(或末轮)的代号,则如图 6-2 (a) 所示的齿轮系,设齿轮 1 为首齿轮,齿轮 5 为末齿轮,n_1、n_2、$n_{2'}$、n_3、$n_{3'}$、n_4 和 n_5 分别为各齿轮的转速,z_1、z_2、$z_{2'}$、z_3、$z_{3'}$、z_4 和 z_5 分别为各齿轮的齿数。则轮系中各对啮合齿轮的传动比为

$$i_{12} = \frac{n_1}{n_2} = -\frac{z_2}{z_1}, \quad i_{2'3} = \frac{n_{2'}}{n_3} = +\frac{z_3}{z_{2'}}, \quad i_{3'4} = \frac{n_{3'}}{n_4} = -\frac{z_4}{z_{3'}}, \quad i_{45} = \frac{n_4}{n_5} = -\frac{z_5}{z_4}$$

由于 $n_2 = n_{2'}$，$n_3 = n_{3'}$ 则将以上各式两边相乘可得

$$i_{12} i_{2'3} i_{3'4} i_{45} = \frac{n_1}{n_2}\frac{n_{2'}}{n_3}\frac{n_{3'}}{n_4}\frac{n_4}{n_5} = (-1)^3 \frac{z_2 z_3 z_4 z_5}{z_1 z_{2'} z_{3'} z_4}$$

将上式化简得

$$i_{15} = \frac{n_1}{n_5} = i_{12} i_{2'3} i_{3'4} i_{45} = \frac{n_1}{n_2}\frac{n_{2'}}{n_3}\frac{n_{3'}}{n_4}\frac{n_4}{n_5} = (-1)^3 \frac{z_2 z_3 z_4 z_5}{z_1 z_{2'} z_{3'} z_4}$$

上式表明，平面定轴轮系的传动比等于组成齿轮系中各对啮合齿轮传动比的连乘积，其大小也等于各对啮合齿轮中所有从动齿轮齿数的连乘积与所有主动齿轮齿数连乘积之比，首末两轮的方向取决于轮系中外啮合齿轮的对数。

该轮系中的齿轮 4 不影响轮系传动比的大小，而只改变转动方向，这种齿轮称为惰轮或过桥齿轮。

将上式推广可得到平面定轴轮系传动比的计算式为

$$i_{AN} = \frac{n_A}{n_N} = (-1)^m \frac{\text{轮 A 至轮 N 间所有从动轮齿数的乘积}}{\text{轮 A 至轮 N 间所有主动轮齿数的乘积}} \tag{6-4}$$

式中，m 为轮系中外啮合齿轮的对数。

空间定轴轮系传动比大小也可用式（6-4）来计算。但由于各齿轮轴线不都互相平行，所以不能用 $(-1)^m$ 来判别首末两齿轮的转向，而需要在图上用画箭头的方法来确定，如图 6-2（b）所示。

项目训练 6-1 如图 6-2（b）所示的轮系中，蜗杆主动，各轮的齿数分别为：$z_1 = 2$，$z_2 = 50$，$z_{2'} = 18$，$z_3 = 25$，$z_{3'} = 62$，$z_4 = 27$。若 $n_1 = 900\text{r/min}$，求齿轮 4 的转速、传动比 i_{13} 及各齿轮的转向。

解： 该轮系是空间定轴轮系，传动比大小为

$$i_{14} = \frac{n_1}{n_4} = \frac{z_2 z_3 z_4}{z_1 z_{2'} z_{3'}} = \frac{50 \times 25 \times 27}{2 \times 18 \times 62} = 15.12, n_4 = \frac{n_1}{i_{14}} = \frac{900}{15.12} = 59.52\text{r/min}$$

$i_{13} = \frac{z_2 z_3}{z_1 z_{2'}} = \frac{50 \times 25}{2 \times 18} = 34.72$，各轮的转向如图 6-2（b）中的箭头所示。

知识点三 周转轮系及其传动比

1. 周转轮系的组成与分类

所谓周转轮系是指轮系中一个或几个齿轮的轴线位置相对机架不是固定的而是绕其他齿轮的轴线转动的。如图 6-8 为一基本周转轮系，轴线不动的齿轮称为中心轮（或太阳轮），如图中齿轮 1 和 3；轴线转动的齿轮称为行星轮（兼有自转和公转），如图中齿轮 2；作为行星轮轴线的构件称为行星架或系杆（也叫转臂），如图中的转柄 H。

一个基本的周转轮系只有一个系杆，具有一个或若干个行星轮以及与行星轮啮合的太阳

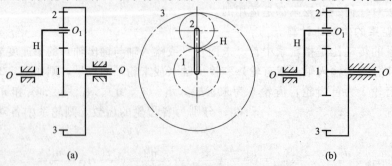

图 6-8 周转轮系的类别

轮，其太阳轮数目一般不超过两个，并且系杆和中心轮的几何轴线必须重合，否则便不能转动。

根据周转轮系的自由度数目，可以将其划分为两个类型。

① 若两个中心轮都能转动，即具有两个自由度，如图 6-8（a）所示，称为差动轮系。

② 若只有一个中心轮能转动，即具有一个自由度，如图 6-8（b）所示，则称为行星轮系。

2. 周转轮系的传动比计算

周转轮系传动比不能直接采用定轴轮系传动比的公式计算，但可采用反转法（又称为机构转化法）来计算。反转法是根据相对运动的原理，假想将整个周转轮系（见图 6-9）加上一个绕主轴线 $O—O$ 转动的公共转速"$-n_H$"，此时，各构件间相对运动关系仍将不变，而系杆 H 则相对静止不动，齿轮 1、2、3 则成为绕定轴转动的齿轮，于是该周转轮系便转化为假想的定轴轮系。该假想的定轴轮系就称为原周转轮系的转化轮系，如图 6-10 所示。各构件在转化前后的转速如表 6-1 所示。

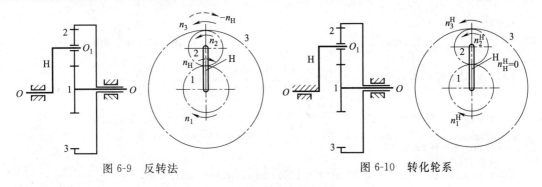

图 6-9 反转法　　　　　　　　图 6-10 转化轮系

表 6-1　各构件转化前后的转速

构件	原来的转速	转化轮系中的转速
1	n_1	$n_1^H = n_1 - n_H$
2	n_2	$n_2^H = n_2 - n_H$
3	n_3	$n_3^H = n_3 - n_H$
H	n_H	$n_H^H = n_H - n_H = 0$

故此，可以求出此转化轮系的传动比 $i_{13}^H = \dfrac{n_1^H}{n_3^H} = \dfrac{n_1 - n_H}{n_3 - n_H} = -\dfrac{z_3}{z_1}$，"$-$"号表示在转化轮系中 n_1^H 与 n_3^H 转向相反。

以上分析可以推广到一般的情况。设 n_A 和 n_K 为周转轮系中任意两个齿轮 A、K 的转速，n_H 为行星架 H 的转速，则有

$$i_{AK}^H = \frac{n_A^H}{n_K^H} = \frac{n_A - n_H}{n_K - n_H} = (-1)^m \frac{\text{转化轮系从 A 至 K 所有从动轮齿数的乘积}}{\text{转化轮系从 A 至 K 所有主动轮齿数的乘积}} \quad (6-5)$$

应用上式时应注意以下几点。

① $i_{AK}^H = \dfrac{n_A - n_H}{n_K - n_H}$ 表示转化轮系中，A、K 两轮的相对速比，$i_{AK} = \dfrac{n_A}{n_K}$ 表示实际轮系中，A、K 两轮的绝对速比，即 $i_{AK}^H \neq i_{AK}$。

② 上式只适用于首末两轮 A、K 和系杆 H 三构件的轴线相互平行的场合。

③ n_A、n_K、n_H 是代数量，将已知转速的数值代入计算时，必须带正号或负号。如两已知转

速的方向相反，则一个取正值，另一个取负值，第三个构件的转速用所求得的正负号来判别。

④ 当所有齿轮几何轴线都平行时，公式中齿数比前的 $(-1)^m$ 表示在转化轮系中 A 和 K 二轮的相对转向，而不是绝对转向，其确定方法与定轴轮系相同；对不是所有齿轮几何轴线都平行时，转化轮系的转向可用画箭头的方法逐对确定。

项目训练 6-2　在图 6-11 所示轮系中，已知 $z_1=20$，$z_2=50$，$z_3=100$，$n_1=120\text{r/min}$，$n_3=20\text{r/min}$；试求下列两种情况下的 n_H：(1) n_1 与 n_3 转向相同时；(2) n_1 与 n_3 转向相反时。

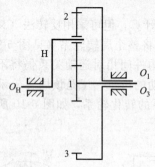

图 6-11　项目训练 6-2 图

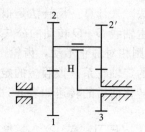

图 6-12　项目训练 6-3 图

解： 该轮系属于平面差动轮系，$i_{13}^H=\dfrac{n_1^H}{n_3^H}=\dfrac{n_1-n_H}{n_3-n_H}=-\dfrac{z_3}{z_1}=-\dfrac{100}{20}=-5$

（一）n_1 与 n_3 转向相同时，有 $\dfrac{120-n_H}{20-n_H}=-\dfrac{z_3}{z_1}=-\dfrac{100}{20}=-5$，可得 $n_H=36.67\text{r/min}$，说明 n_H 与 n_1、n_3 转向相同。

（二）n_1 与 n_3 转向相反时，设 $n_1=+120\text{r/min}$，$n_3=-20\text{r/min}$，有 $\dfrac{120-n_H}{-20-n_H}=-\dfrac{z_3}{z_1}=-\dfrac{100}{20}=-5$，可得 $n_H=3.33\text{r/min}$，说明 n_H 与 n_1 转向相同，与 n_3 转向相反。

项目训练 6-3　如图 6-12 所示轮系中，轮 1 为主动件，已知各轮的齿数为：$z_1=100$，$z_2=101$，$z_{2'}=100$，$z_3=99$；(1) 试求传动比 i_{H1}；(2) 若将 z_3 增加一个齿，求传动比 i_{H1}。

解：（一）该轮系属于平面行星轮系，$n_3=0$，有

$$i_{13}^H=\dfrac{n_1^H}{n_3^H}=\dfrac{n_1-n_H}{n_3-n_H}=\dfrac{n_1-n_H}{0-n_H}=(-)^2\dfrac{z_2 z_3}{z_1 z_{2'}}=\dfrac{101\times 99}{100\times 100}$$

由上式，$i_{H1}=\dfrac{n_H}{n_1}=10000$（说明 n_1 与 n_H 转向相同）

（二）z_3 增加一个齿，即 $z_3=100$，则 $i_{13}^H=\dfrac{n_1-n_H}{0-n_H}=(-)^2\dfrac{z_2 z_3}{z_1 z_{2'}}=\dfrac{101\times 100}{100\times 100}$

由上式，$i_{H1}=\dfrac{n_H}{n_1}=-100$（说明 n_1 与 n_H 转向相反）

由以上计算结果可知，同一结构形式的周转轮系，若轮系中某一齿轮的齿数略有变化，会使传动比发生很大的变化，且转向也会发生变化。即周转轮系中从动轮的转向不仅与原动件的转向有关，而且还与各轮的齿数有关，这与定轴轮系是大不一样的。

项目训练 6-4　在图 6-13 所示的轮系中，轮 1 为主动件，已知 $z_1=60$，$z_2=40$，$z_{2'}=z_3=20$，n_1 与 n_3 均为 120r/min，但转向相反。试求系杆 n_H 的大小和方向。

解： 该轮系属于空间差动轮系；将系杆 H 固定，画出转化轮系各轮的转向，如虚线箭

头所示（注意虚线箭头并非真实转向）。

由式（6-5），有 $i_{13}^H = \dfrac{n_1^H}{n_3^H} = \dfrac{n_1 - n_H}{n_3 - n_H} = (+) \dfrac{z_2 z_3}{z_1 z_{2'}}$

上式中的"+"号是由轮1和轮3虚线箭头同向而确定的，与实线箭头无关。设实线箭头朝上为正，则 $n_1 = 120\text{r/min}$，$n_3 = -120\text{r/min}$，代入上式得

$$\dfrac{120 - n_H}{-120 - n_H} = (+) \dfrac{z_2 z_3}{z_1 z_{2'}} = \dfrac{40 \times 20}{60 \times 20} = \dfrac{2}{3}$$

解得：$n_H = 600\text{r/min}$，n_H 的转向与 n_1 相同，箭头朝上。

注意，图 6-13 中标注的两种箭头，实线箭头表示齿轮真实转向，对应于 n_1，n_3，…；虚线箭头表示虚拟的转化轮系中的齿轮转向，对应于 n_1^H，n_2^H，n_3^H。运用式（6-5）时，i_{13}^H 的正负取决于 n_1^H 和 n_3^H，即取决于虚线箭头。而代入 n_1、n_3 数值时又必须根据实线箭头判定其正负。

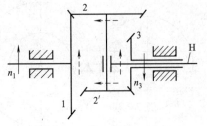

图 6-13　项目训练 6-4 图

知识点四　混合轮系及其传动比

一个轮系中同时包含有定轴轮系和周转轮系或两个以上周转轮系时，称为混合轮系（或复合轮系）。一个混合轮系可能同时包含一个定轴轮系和若干个基本周转轮系。

对于这种复杂的混合轮系，求解其传动比时，既不可能单纯地采用定轴轮系传动比的计算方法，也不可能单纯地按照基本周转轮系传动比的计算方法来计算。其求解的方法如下。

① 将混合轮系所包含的各个定轴轮系和各个基本周转轮系一一划分出来，并找出各个基本轮系之间的连接关系。

② 分别计算各定轴轮系和周转轮系传动比的计算关系式。

③ 联立求解这些关系式，从而求出该混合轮系的传动比。

划分定轴轮系的基本方法：若一系列互相啮合的齿轮的几何轴线都是固定不动的，则这些齿轮和机架便组成一个基本定轴轮系。

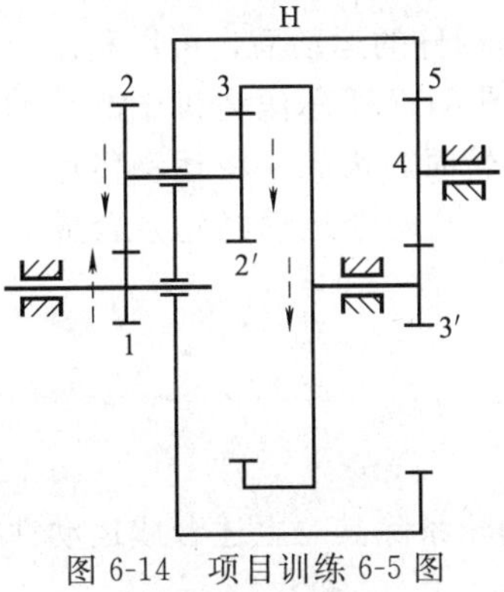

划分周转轮系的方法：首先需要找出既有自转、又有公转的行星轮（有时行星轮有多个）；然后找出支持行星轮作公转的构件（行星架）；最后找出与行星轮相啮合的两个太阳轮（有时只有一个太阳轮），这些构件便构成一个基本周转轮系，而且每一个基本周转轮系只含有一个行星架。

项目训练 6-5　在图 6-14 所示的轮系中，已知 $z_1 = 20$，$z_2 = 50$，$z_{2'} = 30$，$z_3 = 90$，$z_{3'} = 20$，$z_4 = 30$，$z_5 = 80$。求传动比 i_{1H}。

图 6-14　项目训练 6-5 图

解：该混合轮系由两个基本轮系组成：齿轮1、2-2'、3和行星架 H 构成差动轮系，齿轮3'、4、5组成定轴轮系；其中齿轮5和行星架 H 是同一构件。

在定轴轮系中：$i_{3'5} = \dfrac{n_{3'}}{n_5} = -\dfrac{z_5}{z_{3'}} = -\dfrac{80}{20} = -4$

在差动轮系中：$i_{13}^H = \dfrac{n_1 - n_H}{n_3 - n_H} = (-1)^1 \dfrac{z_2 z_3}{z_1 z_{2'}} = -\dfrac{50 \times 90}{20 \times 30} = -7.5$

由图可知，$n_H = n_5$，$n_3 = n_{3'}$；联立求解以上两个方程式得

$i_{1H} = 38.5$，实际传动比为正值说明齿轮1与行星架 H 的转向相同。

知识点五 轮系的功用

轮系具有传动准确等其他机构无法替代的特点，广泛应用于各种机械中，它的主要功用如下。

1. 实现远距离的两轴之间的齿轮传动

当输入轴与输出轴间的距离较远时，若用一对齿轮传动，则会使齿轮尺寸过大（如图 6-15 中双点划线所示）。若改用轮系传动（如图 6-15 中的点划线所示），则齿轮尺寸减小，使制造、安装方便。

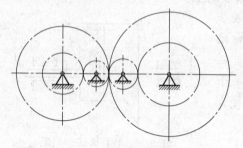

图 6-15 远距离两轴间的齿轮传动

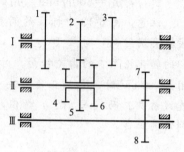

图 6-16 实现变速和换向传动

2. 实现变速和换向传动

在输入轴转速不变的情况下，利用轮系可使输出轴获得多种转速（大小和转向）。机床、汽车起重机等许多机械都需要变速传动，如图 6-16 所示传动可使输出轴Ⅲ获得三种速度要求。

3. 实现大传动比齿轮传动

一对齿轮传动的传动比一般不大于 8。当需要获得较大的传动比时，若采用蜗杆传动，则效率太低；而采用轮系传动，则可以很容易获得较大传动比。

4. 实现合成运动和分解运动

（1）运动合成

在差动轮系中，有两个原动件输入运动，当给定两个基本构件的运动后，可以利用差动轮系将两个给定的输入运动合成为一个确定的输出运动。如图 6-17 所示滚齿机中的差动轮系（由锥齿轮 1、2、3 及系杆 H 组成，且 $z_1 = z_3$）。滚切斜齿轮时，齿轮 4 将运动传递给中心轮 1，转速为 n_1；蜗轮 5 将运动传递给系杆 H，转速为 n_H。这两个运动经轮系合成后变成齿轮 3 的转速 n_3 输出。

由 $i_{13}^H = \dfrac{n_1^H}{n_3^H} = \dfrac{n_1 - n_H}{n_3 - n_H} = -\dfrac{z_3}{z_1} = -1$，可得 $n_3 = 2n_H - n_1$。

（2）运动分解

运动的分解是将一个输入运动分解为两个输出运动，差动轮系除具有上述合成运动性能

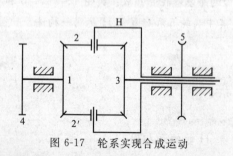

图 6-17 轮系实现合成运动

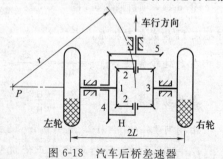

图 6-18 汽车后桥差速器

外，还具有分解运动的性能。如图 6-18 所示汽车后桥差速器，汽车发动机将动力经传动轴带动锥齿轮 5，并传递给锥齿轮 4，齿轮 4 和 5 组成定轴轮系；而齿轮 1、2、3 及固联在齿轮 4 上的系杆 H 组成差动轮系。

汽车在平坦道路上直线行驶时，左右两车轮滚过的距离相等，所以转速也相同。这时齿轮 1、2、3 和 4 如同一个固联的整体，一起转动。当汽车向左拐弯时，为使车轮和地面间不发生滑动以减少轮胎磨损，就要求右轮比左轮转得快些。左右两轮的转速比应为：

$$\frac{n_1}{n_3}=\frac{r-L}{r+L}$$

在定轴轮系中，若已知齿轮 5 的转速 n_5，则齿轮 4 的转速为：$n_4=n_H=(z_5/z_4)n_5$

在差动轮系中，$n_4=n_H$，$z_1=z_3$，则有：$2n_4=n_1+n_3$

联立求解以上三式可得：$n_1=\frac{r-L}{r}\times\frac{z_5}{z_4}n_5$，$n_3=\frac{r+L}{r}\times\frac{z_5}{z_4}n_5$

可见，汽车拐弯时，差速器发挥作用，将发动机传递到齿轮 5 的转速，根据行驶要求（拐弯半径大小）进行分解，使齿轮 1 和齿轮 3 获得不同的转速。此时，齿轮 2 除随齿轮 4 绕后车轮轴线公转外，还绕自己的轴线自转。

● 【知识拓展】 特殊的行星传动 ●

1. 渐开线少齿差行星传动

采用行星轮系作动力传动时，通常都采用内啮合以便充分利用空间，而且输入轴和输出轴共线，所以机构尺寸非常紧凑。轮系中均匀分布的几个行星轮共同承受载荷，行星轮公转产生的离心惯性力与齿廓啮合处的径向力相平衡，使受力状况较好，效率较高。与普通定轴轮系传动相比，采用行星轮系或复合轮系能做到结构尺寸更小，传递的功率更大。

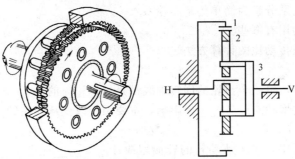

图 6-19　渐开线少齿差行星传动

如图 6-19 所示为渐开线少齿差行星传动，右图为它的机构简图。这种传动装置的优点是传动比大、结构紧凑、体积小、重量轻和加工容易。通常，中心轮 1 固定，转臂 H 为输入轴，V 为输出轴。轴 V 与行星轮 2 用等角速比机构 3 相连接，所以 V 转速就是行星 2 的绝对转速。

图 6-19 中的左图为渐开线少齿差减速器的结构图。由于轮 1 与轮 2 的中心距很小，采用了偏心轴作行星架。为了平衡和提高承载能力，通常用两个完全相同的行星轮对称安装。

2. 谐波齿轮传动

谐波齿轮传动如图 6-20 所示。其中 H 为波发生器，它相当于转臂；1 为刚轮，它相当于中心轮；2 为柔轮，可产生较大的弹性变形，它相当于行星轮。转臂 H 的外缘

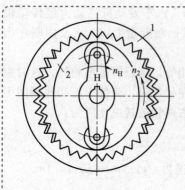

图 6-20 谐波齿轮传动

尺寸大于柔轮内孔直径,所以将它装入柔轮内孔后,柔轮即变成椭圆形,椭圆长轴处的轮齿与刚轮相啮合而短轴处的轮齿脱开,其他各点则处于啮合和脱离的过渡阶段。一般刚轮不动,当 H 回转时,柔轮与刚轮的啮合区也发生转动。由于柔轮比刚轮少 (z_1-z_2) 个齿,所以当波发生器转一周时,柔轮相对于刚轮沿相反方向转过 (z_1-z_2) 个齿的角度,即反转 $(z_1-z_2)/z_2$ 周。所以,其传动比为 $i_{H2}=-z_2/(z_1-z_2)$。

谐波传动装置除传动比大、体积小、重量轻和效率高外,还因柔轮与波发生器、输出轴共轴线,不需要等速比机构,结构更为简单;它同时啮合的齿数很多,则承载能力大,传动平稳;它的齿侧间隙小,适宜于反向传动。

练习与思考

一、思考题

1. 定轴轮系与周转轮系的主要区别是什么?
2. 传动比的符号表示什么意义?
3. 齿轮系的转向如何确定,用 $(-1)^m$ 确定轮系的转向适用于何种类型的齿轮系?
4. 周转轮系由哪几个基本构件组成?行星轮系和差动轮系有何区别?
5. 为何要引入转化轮系?
6. 如何把混合轮系分解为简单的基本轮系?
7. 轮系的主要功用有哪些?
8. 简述周转轮系传动比的计算方法。

二、填空题

1. 在定轴轮系中,每一个齿轮的回转轴线都是_____的。
2. 定轴轮系中的惰轮对_____无影响,主要用于改变从动轮的_____。
3. 周转轮系中,i_{AK}^H 表示_____,i_{AK} 表示_____。
4. 平面定轴轮系中,主、从动轮的转向取决于_____;当_____时,主、从动轮转向相同;当_____时,主、从动轮转向相反。
5. 一个单一的周转轮系由_____、_____和_____组成,一般_____不超过两个;_____和_____的几何轴线必须重合。
6. 一对平行轴外啮合齿轮传动,两轮转向_____;一对平行轴内啮合齿轮传动,两轮转向_____。

三、选择题

1. 周转轮系的转化轮系为____。
   A. 定轴轮系　　B. 行星轮系　　C. 混合轮系　　D. 差动轮系
2. 在某周转轮系的转化轮系中,若轮 a、b 的传动比 i_{ab}^H 为正,则轮 a、b 的绝对速度方向____。
   A. 相同　　B. 相反　　C. 不能确定
3. 基本周转轮系是由____构成。

A. 行星轮和中心轮　　　　　　　　B. 行星轮、惰轮和中心轮
C. 行星轮、行星架和中心轮　　　　D. 行星轮、惰轮和行星架

4. 在轮系中，惰轮的作用是____。
A. 既能改变传动比大小，也能改变转动方向　　B. 能改变传动比大小
C. 能改变转动方向　　　　　　　　　　　　　D. 保持输出轮的刚性

5. 在周转轮系中，_____的几何轴线必须重合，否则便不能转动。
A. 行星架与中心轮　　B. 行星轮与中心轮　　C. 两个中心轮　　D. 两个行星轮

6. 平面定轴轮系中，首末两轮的方向取决于轮系中_____。
A. 内啮合齿轮的对数　B. 外啮合齿轮的对数　C. 所有啮合齿轮的对数

四、计算题

1. 在如图 6-21 所示轮系中，已知各轮齿数 $z_1=20$，$z_2=40$，$z_{2'}=15$，$z_3=60$，$z_{3'}=18$，$z_4=18$，$z_5=1$（左旋），$z_6=40$，齿轮 7 的模数 $m=3$mm；齿轮 1 为主动轮，转向如图所示，转速 $n_1=100$r/min，求齿条 8 的线速度大小和方向。

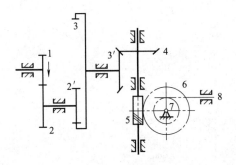

图 6-21　题四-1 图

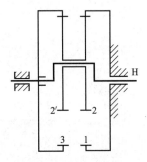

图 6-22　题四-2 图

2. 在图 6-22 所示的行星轮系中，已知：$z_1=63$，$z_2=56$，$z_{2'}=55$，$z_3=62$，求传动比 i_{H3}。

3. 图 6-23 所示为圆锥齿轮组成的行星轮系。已知 $z_1=60$，$z_2=40$，$z_{2'}=z_3=20$，$n_1=n_3=120$r/min。设中心轮 1、3 的转向相反，求 n_H 大小和方向。

4. 在图 6-24 所示的轮系中，已知 $z_1=22$，$z_3=88$，$z_{3'}=z_5$，试求传动比 i_{15}。

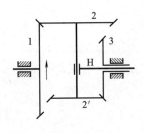

图 6-23　题四-3 图

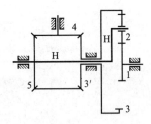

图 6-24　题四-4 图

5. 在图 6-25 所示的手动葫芦中，S 为手动链轮，H 为起重链轮。已知 $z_1=12$，$z_2=18$，$z_{2'}=14$，$z_3=54$，求传动比 i_{SH}。

6. 图 6-26 所示为自行车里程表机构，C 为车轮轴。已知 $z_1=17$，$z_3=23$，$z_4=19$，$z_{4'}=20$，$z_5=24$，设轮胎受压变形后使 28 英寸的车轮有效直径约为 0.7 米。当车行一公里时，表上的指针要刚好回转一周，求齿轮 2 的齿数。

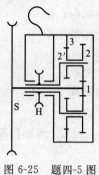

图 6-25　题四-5 图

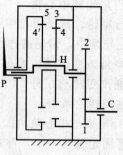

图 6-26　题四-6 图

项目七　蜗杆传动

【任务驱动】

蜗杆传动是蜗杆与蜗轮相互啮合组成的一种传动机构,主要用于传递空间交错轴间的运动和动力,两轴线交错的夹角可为任意,常用的为 90°;传动中一般蜗杆是主动件,蜗轮是从动件;当蜗杆转动时,通过螺旋面齿的啮合,推动蜗轮转动并达到减速的目的。蜗杆传动通常用于减速装置,但也有个别机器用作增速装置。

蜗杆传动常用于要求传动比大、结构紧凑的场合,广泛应用于机床、汽车、仪器、起重运输机械、冶金机械及其他机械制造工业中。

【学习目标】

要掌握蜗杆传动的设计,需要学习以下内容:
① 蜗杆传动的应用和特点;
② 蜗杆传动的主要参数和几何尺寸计算方法;
③ 蜗杆传动的失效形式、设计准则及设计计算;
④ 蜗杆传动的材料与结构;
⑤ 蜗杆传动的效率、润滑和散热。

图 7-1　蜗杆传动

【知识解读】

知识点一　蜗杆蜗轮机构的形成与特点

1. 蜗杆蜗轮机构的形成

蜗杆蜗轮机构主要由蜗轮、蜗杆和机架组成,一般蜗杆主动,蜗轮从动。

齿轮机构中的小齿轮齿数 z_1 减少到一个或很少几个齿,分度圆直径减小,并将螺旋角 β_1 和齿宽增大,这时小齿轮将绕在其分度圆柱上,形成连续不断的螺旋齿面,形状如螺杆,这就是蜗杆;将大齿轮的螺旋角 β_2 减小,齿数 z_2 增加,分度圆直径增大,形状如多齿的斜齿轮,即蜗轮。为了改善啮合状况,将蜗轮分度圆柱面的母线改为圆弧形,使之将蜗杆部分包住,这样齿廓间为线接触,承载能力提高。

2. 蜗杆传动的特点

同齿轮传动相比较,蜗杆传动具有以下特点。

① 传动比大,结构紧凑。当使用单头蜗杆(相当于单线螺纹)时,蜗杆每旋转一周,蜗轮只转过一个齿距,因而能实现大的传动比。在动力传动中,一般传动比 $i=5\sim80$;在分度机构或手动机构的传动中,传动比可达 300;若只传递运动,传动比可达 1000。由于传动比大,零件数目又少,因而结构很紧凑。

② 传动平稳,无噪声。在蜗杆传动中,由于蜗杆齿是连续不断的螺旋齿,它和蜗轮齿是逐渐进入啮合及逐渐退出啮合的,同时啮合的齿对又较多,故冲击载荷小,传动平稳,噪声很低。

③ 具有自锁性。当蜗杆的螺旋线升角(导程角)小于啮合面的当量摩擦角时,蜗杆传

动便具有自锁性。

④ 传动效率较低。蜗杆传动与螺旋齿轮传动相似，在啮合处有相对滑动。当滑动速度很大，工作条件不够良好时，会产生较严重的摩擦与磨损，从而引起过分发热，使润滑情况恶化。因此摩擦损失较大，效率低；当传动具有自锁性时，效率仅为0.4左右。

⑤ 制造成本较高。由于摩擦与磨损严重，常需耗用有色金属制造蜗轮（或轮圈），以便与钢制蜗杆配对组成减摩性良好的滑动摩擦副。

知识点二　圆柱蜗杆传动主要参数和几何尺寸

1. 蜗杆传动分类

按蜗杆形状的不同，蜗杆传动可分为圆柱蜗杆传动、环面蜗杆传动和锥面蜗杆传动，参见图7-2。其中，圆柱蜗杆传动应用最广。

圆柱蜗杆传动按齿廓曲线不同，可分为普通圆柱蜗杆传动和圆弧圆柱蜗杆传动。普通圆柱蜗杆传动中的蜗杆按加工时刀具位置的不同可分为阿基米德蜗杆（ZA 型）、渐开线蜗杆（ZI 型）、法向直廓蜗杆（ZN 型）、锥面包络蜗杆（ZK 型）四种。过去，应用较广的是 ZA 型蜗杆，GB/T 10085—1998 推荐采用 ZI 型和 ZK 型蜗杆。

和螺杆一样，蜗杆有左、右旋之分，常用的是右旋蜗杆。

对于一般动力传动，蜗杆传动常按 7 级精度（适于蜗杆圆周速度 $v_1<7.5\text{m/s}$）、8 级精度（$v_1<3\text{m/s}$）和 9 级精度（$v_1<1.5\text{m/s}$）制造。

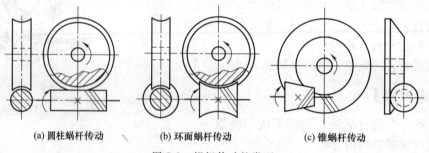

(a) 圆柱蜗杆传动　　(b) 环面蜗杆传动　　(c) 锥蜗杆传动

图 7-2　蜗杆传动的类型

2. 普通圆柱蜗杆传动的主要参数

如图 7-3 所示，通过蜗杆轴线并垂直于蜗轮轴线的平面为中间平面。在中间平面上，蜗杆和蜗轮的啮合相当于渐开线齿条和齿轮的啮合。设计蜗杆传动时，均取中间平面上的参数（如模数、压力角）和尺寸（如齿顶圆、分度圆等）为基准，并沿用圆柱齿轮传动的计算公式。

（1）模数 m 和压力角 α

由上可知，在中间平面上蜗杆和蜗轮的啮合相当于齿条和齿轮的啮合，蜗杆的轴向齿距 p_{a1} 应等于蜗轮的端面齿距 p_{t2}；因此普通圆柱蜗杆传动的正确啮合条件是：即蜗杆的轴向模数 m_{a1} 应等于蜗轮的端面模数 m_{t2}，蜗杆的轴向压力角 α_{a1} 应等于蜗轮的端面压力角 α_{t2}；对两轴交错角为 90°的蜗杆传动，蜗杆分度圆柱上的导程角 γ_1 应等于蜗轮分度圆柱上的螺旋角 β_2，且二者的旋向必须相同，即有：

$$\left.\begin{array}{l} m_{a1}=m_{t2} \\ \alpha_{a1}=\alpha_{t2} \\ \gamma_1=\beta_2 \end{array}\right\} \tag{7-1}$$

ZA 蜗杆的轴向压力角为标准值（20°），其余三种（ZN、ZI、ZK）蜗杆的法向压力角

为标准值（20°），蜗杆轴向压力角与法向压力角的关系是

$$\tan\alpha_a = \tan\alpha_t / \cos\lambda \tag{7-2}$$

式中，λ 为蜗杆导程角。

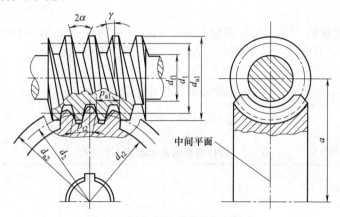

图 7-3　圆柱蜗杆传动的主要参数

(2) 蜗杆头数 z_1、蜗轮齿数 z_2 和传动比 i

蜗杆头数 z_1 即为蜗杆螺旋线的数目，可根据传动比要求和效率来选取。单头蜗杆的传动比较大，但效率低；若要提高效率，则要增加蜗杆头数。但头数过多，又会使蜗杆加工困难，故蜗杆头数一般取 1、2、4、6。

通常取蜗轮齿数 $z_2 = 28 \sim 80$。若 $z_2 < 28$，加工时易产生根切，使传动不平稳；而 z_2 过大，使蜗轮直径增大，与之相配合的蜗杆长度增大，刚度减小，影响啮合精度。

蜗杆的传动比等于蜗杆的转速与蜗轮转速之比，即

$$i = n_1/n_2 = 1/(z_1/z_2) = z_2/z_1 \tag{7-3}$$

蜗杆头数 z_1 和蜗轮齿数 z_2 可根据传动比 i 按表 7-1 选取。

表 7-1　蜗杆头数 z_1 和蜗轮齿数 z_2 荐用值

传动比 i	7～13	14～27	28～40	>40
蜗杆头数 z_1	4	2	2、1	1
蜗轮齿数 z_2	28～52	28～54	28～80	>40

(3) 蜗杆导程角 γ

蜗杆导程角也即为蜗杆分度圆柱上螺旋线升角 γ，由图 7-4 可得蜗杆螺旋线导程为 $L = z_1 p_{a1} = z_1 \pi m$，则蜗杆导程角与导程的关系为：

$$\tan\gamma = L/\pi d_1 = z_1 \pi m / \pi d_1 = z_1 m / d_1 \tag{7-4}$$

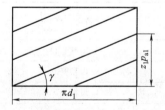

图 7-4　蜗杆分度圆柱展开图

通常蜗杆导程角 $\gamma = 3.5° \sim 27°$，导程角小时传动效率低，但需自锁时，$\gamma = 3.5° \sim 4.5°$；导程角大时传动效率高，但蜗杆车削加工较困难。

(4) 蜗杆分度圆直径 d_1 和蜗杆直径系数 q

由式（7-4）可得蜗杆分度圆直径为：

$$d_1 = m z_1 / \tan\gamma \tag{7-5}$$

可见蜗杆分度圆直径不仅与模数 m 有关，还与蜗杆头数 z_1 及导程角 γ 有关。即同一模

数的蜗杆,由于 z_1 和 γ 不同,使 d_1 也随之变化,致使滚刀数目较多,很不经济。为减少滚刀数目及便于滚刀标准化,GB 10085—1988 规定,对应于每一模数 m,规定 1~4 种蜗杆分度圆直径 d_1,而将 d_1 与 m 的比值称为蜗杆的直径系数,即:

$$q = d_1/m \tag{7-6}$$

d_1 和 q 已有标准值。常用的标准模数 m、蜗杆分度圆直径 d_1 和蜗杆直径系数 q 见表 7-2,若采用非标准滚刀或飞刀切制蜗轮,d_1 和 q 可不受标准限制。

(5) 中心距

由式 (7-6) 可得 $d_1 = mq$,蜗杆传动的标准中心距为:

$$a = \frac{1}{2}(d_1 + d_2) = \frac{1}{2}(q + z_2)m \tag{7-7}$$

表 7-2 圆柱蜗杆的基本参数 ($\Sigma = 90°$)

m /mm	d_1 /mm	z_1	q	$m^2 d_1$ /mm³	m /mm	d_1 /mm	z_1	q	$m^2 d_1$ /mm³
1	18	1	18.000	18	6.3	63	1、2、4、6	10.000	2500
1.25	20	1	16.000	31.25	8	80	1、2、4、6	10.000	5120
1.6	20	1、2、4	12.500	51.2	10	90	1、2、4、6	9.000	9000
2	22.4	1、2、4、6	11.200	89.6	12.5	112	1、2、4	8.960	17500
2.5	28	1、2、4、6	11.200	175	16	140	1、2、4	8.750	35840
3.15	35.5	1、2、4、6	11.270	352	20	160	1、2、4	8.000	64000
4	40	1、2、4、6	10.000	640	25	200	1、2、4	8.000	125000
5	50	1、2、4、6	10.000	1250					

注:本表取自于 GB 10085—1988,本表所得的 d_1 数值为国际规定的优先使用值。

3. 圆柱蜗杆传动的几何尺寸计算

蜗杆传动设计,一般是根据传动的功用和要求,先选择蜗杆头数 z_1 和蜗轮齿数 z_2,然后按强度计算模数 m 和蜗杆分度圆直径 d_1。这些参数确定后,可按表 7-3 计算蜗杆蜗轮的几何尺寸。

表 7-3 标准圆柱蜗杆传动的主要几何尺寸

名 称	计算公式	
	蜗杆	蜗轮
分度圆直径	$d_1 = mq$	$d_2 = mz_2$
齿顶高	$h_{a1} = m$	$h_{a2} = m$
齿根高	$h_{f1} = 1.2m$	$h_{f2} = 1.2m$
顶圆直径	$d_{a1} = m(q+2)$	$d_{a1} = m(z_2+2)$
根圆直径	$d_{f1} = m(q-2.4)$	$d_{f2} = m(z_2-2.4)$
径向间隙	$c = 0.2m$	
中心距	$a = 0.5m(q+z_2)$	
蜗杆轴向齿距,蜗轮端面齿距	$p_{a1} = p_{t2} = \pi m$	
蜗杆分度圆柱导程角 蜗轮分度圆柱螺旋角	$\gamma_1 = \arctan(z_1/q) = \beta_2$(旋向相同)	

知识点三 蜗杆传动强度计算

1. 蜗杆传动的失效形式

蜗杆传动的失效形式和齿轮类似,也有磨损、疲劳点蚀、轮齿折断和胶合等。但由于蜗杆的螺旋线沿蜗杆表面是连续的,且蜗轮齿根有较大的过渡圆角,所以蜗杆、蜗轮折断的可能性很小。但因为蜗杆传动的齿面相对滑动速度较大,故较易发生磨损和胶合,所以在闭式传动中,蜗杆传动的失效形式主要是胶合和点蚀;而在开式传动中,主要形式是磨损。又由于材料和结构上的原因,蜗杆螺旋齿部分的强度总是高于蜗轮轮齿的强度,所以失效常常发生在蜗轮轮齿上。

2. 蜗杆传动的计算准则

由于蜗轮轮齿比较薄弱,故一般只对蜗轮轮齿进行承载能力计算。

开式传动中主要失效形式是齿面磨损和轮齿折断,要按齿根弯曲疲劳强度进行设计。

闭式传动中主要失效形式是齿面胶合或点蚀,要按齿面接触疲劳强度进行设计,而按齿根弯曲疲劳强度进行校核。此外,闭式蜗杆传动由于散热较为困难,还应作热平衡计算。

3. 蜗杆传动的受力分析

蜗杆传动的受力分析与斜齿圆柱齿轮相似;在对蜗杆传动进行受力分析时,通常不考虑摩擦力的影响。图7-5(a)所示为$\Sigma=90°$时的下置式蜗杆传动,和以右旋蜗杆为主动件并按图示转动方向时,蜗杆的受力情况。

蜗杆在主动力矩T_1驱动下,作用在蜗杆啮合齿面上的法向力F_n,可分解为三个互相垂直的力,即圆周力F_{t1}、径向力F_{r1}和轴向力F_{a1}。根据作用力与反作用力原理,在蜗轮啮合处蜗轮轴向力F_{a2}与蜗杆圆周力F_{t1}、蜗轮径向力F_{r2}与蜗杆径向力F_{r1}、蜗轮圆周力F_{t2}与蜗杆轴向力F_{a1}分别存在大小相等、方向相反的关系,即有:

$$F_{t1} = -F_{a2} = \frac{2T_1}{d_1} \quad N \qquad (7-8)$$

$$F_{a1} = -F_{t2} = -\frac{2T_2}{d_2} \quad N \qquad (7-9)$$

$$F_{r1} = -F_{r2} = -F_{t2}\tan\alpha \quad N \qquad (7-10)$$

$$F_n = \frac{F_{t2}}{\cos\alpha_n\cos\gamma} = \frac{2T_2}{d_2\cos\alpha_n\cos\gamma} \quad N \qquad (7-11)$$

式中 T_1,T_2——分别作用在蜗杆、蜗轮上的转矩,$N \cdot mm$,$T_2 = T_1 i \eta$,η为蜗杆传动效率;

d_1,d_2——分别为蜗杆、蜗轮的分度圆直径,mm;

α——压力角(20°)。

蜗杆蜗轮受力方向的判别方法与斜齿轮相同,见图7-5(b)。当蜗杆为主动件时,蜗杆的圆周力F_{t1}与转向相反,蜗轮圆周力F_{t2}与转向相同;径向力F_{r1}、F_{r2}分别指向各自的转动中心;蜗杆轴向力的方向取决于螺旋线的旋向和蜗杆的转向,按"主动轮左右手法则"来确定,即右旋蜗杆用右手,左旋蜗杆用左手,四指所指方向为蜗杆的转动方向,则拇指的指向即为蜗杆的轴向力方向。

4. 蜗杆传动的强度计算

如前所述,蜗杆传动的失效常常发生在蜗轮轮齿上,通常只是参照圆柱齿轮传动的计算方法,主要对蜗轮进行齿面接触疲劳强度或齿根弯曲疲劳强度的条件性计算,在选择材料的许用应力时适当考虑胶合和磨损的影响。

(1)蜗轮齿面接触疲劳强度计算

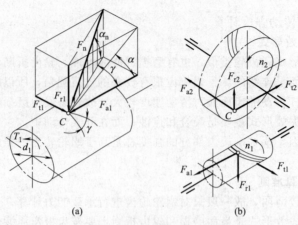

图 7-5 蜗杆传动的受力分析

蜗轮齿面接触疲劳强度计算与斜齿圆柱齿轮相似,以赫兹应力公式为基础,按蜗杆传动在节点处的啮合条件来计算蜗轮齿面的接触应力。对于钢制蜗杆以及青铜或铸铁蜗轮,可推导出其

校核公式为
$$\sigma_H = 480\sqrt{\frac{KT_2}{d_1 d_2^2}} = 480\sqrt{\frac{KT_2}{m^2 d_1 z_2^2}} \leqslant [\sigma_H] \quad \text{MPa} \tag{7-12}$$

设计公式为
$$m^2 d_1 \geqslant KT_2 \left(\frac{480}{z_2 [\sigma_H]}\right)^2 \quad \text{mm}^3 \tag{7-13}$$

式中 K——载荷系数,$K=1.1\sim1.4$,当载荷平稳,$v_s \leqslant 3\text{m/s}$,7 级以上精度时取小值,否则取大值;

$[\sigma_H]$——蜗轮材料的许用接触应力,MPa,由表 7-4、表 7-5 查取;

其余各符号的意义及单位同前。

表 7-4 灰铸铁及铸铝青铜蜗轮的许用接触应力 $[\sigma_H]$ MPa

材料		滑动速度 $v_s/(\text{m/s})$						
蜗杆	蜗轮	<0.25	0.25	0.5	1	2	3	4
20 或 20Cr(渗碳淬火),45 钢淬火(齿面硬度≥45HRC)	灰铸铁 HT150	206	166	150	127	95	—	—
	灰铸铁 HT200	250	202	182	154	115	—	—
	铸铝铁青铜 ZCuAl10Fe3	—	—	250	230	210	180	160
45 钢或 Q275	灰铸铁 HT150	172	139	125	106	79	—	—
	灰铸铁 HT200	208	168	152	128	96	—	—

注:蜗杆未经淬火时,需将表中 $[\sigma_H]$ 值降低 20%。

表 7-5 铸锡青铜蜗轮的许用接触应力 $[\sigma_H]$ MPa

蜗轮材料	铸造方法	适用滑动速度 $v_s/(\text{m/s})$	蜗杆螺旋面硬度	
			≤45HRC	>45HRC
铸锡磷青铜 ZCuSn10P1	砂模	≤12	180	200
	金属模	≤25	200	220
铸锡锌铅青铜 ZCuSn5Pb5Zn5	砂模	≤10	110	135
	金属模	≤12	135	140

注:表中数值为应力接触次数 $N=60jn_2 L_h=10^7$ 时之值。当 $N\neq 10^7$,需将表中数值乘以寿命系数 K_{HN}($K_{HN}=\sqrt[8]{10^7/N}$);当 $N>25\times10^7$,取 $N=25\times10^7$;当 $N<2.6\times10^5$,取 $N=2.6\times10^5$。

（2）蜗轮齿根弯曲疲劳强度计算

蜗轮轮齿因齿根弯曲强度不足而失效的情况，多发生在蜗轮齿数较多（如 $z_2>90$）或开式传动中，因此对闭式蜗杆传动通常只作弯曲强度校核计算。由于蜗轮轮齿形状复杂，精确计算齿根的弯曲应力比较困难，通常按斜齿圆柱齿轮的计算方法作近似计算。

校核公式为

$$\sigma_F = \frac{1.53KT_2\cos\gamma}{d_1 d_2 m} Y_{F2} \leq [\sigma_F] \quad \text{MPa} \tag{7-14}$$

设计公式为

$$m^2 d_1 \geq \frac{1.53KT_2\cos\gamma}{z_2[\sigma_F]} Y_{F2} \quad \text{mm}^3 \tag{7-15}$$

式中 Y_{F2}——蜗轮的齿形系数，按蜗轮的实际齿数查表 7-6；

$[\sigma_F]$——蜗轮材料的许用弯曲应力，MPa，其值查表 7-7；

其余符号的意义及单位同前。

表 7-6 蜗轮的齿形系数 Y_{F2}

z_2	10	11	12	13	14	15	16	17	18	19	20	22	24	26
Y_{F2}	4.55	4.14	3.70	3.55	3.34	3.22	3.07	2.96	2.89	2.82	2.76	2.66	2.57	2.51
z_2	28	30	35	40	45	50	60	70	80	90	100	150	200	300
Y_{F2}	2.48	2.44	2.36	2.32	2.27	2.24	2.20	2.17	2.14	2.12	2.10	2.07	2.04	2.03

表 7-7 蜗轮材料的许用弯曲应力　　　　　　　　　　　MPa

蜗轮材料	铸造方法	与硬度≤45HRC 的蜗杆相配对	与硬度>45HRC 并经磨光或抛光的蜗杆相配对
铸锡磷青铜 ZCuSn10P1	砂模	46(32)	58(40)
	金属模	58(42)	73(52)
	离心铸造	66(46)	83(58)
铸锡锌铅青铜 ZCuSn5Pb5Zn5	砂模	32(24)	40(30)
	金属模	41(32)	51(40)
铸铝铁青铜 ZCuAl10Fe3	砂模	112(91)	140(116)
灰铸铁 HT150	砂模	40	50

注：1. 表中数值为应力接触次数 $N=60jn_2L_h=10^6$ 时之值。当 $N \neq 10^6$，需将表中数值乘以寿命系数 K_{FN}（$K_{FN}=\sqrt[9]{10^6/N}$；当 $N>25\times10^7$，取 $N=25\times10^7$；当 $N<2.6\times10^5$，取 $N=2.6\times10^5$。

2. 表中括号中的数值系用于双向传动的场合。

知识点四　蜗杆传动的材料和结构

1. 蜗杆传动的常用材料

由蜗杆传动的失效形式可知，用于制造蜗杆蜗轮的材料不仅要满足强度要求，更重要的是具有良好的减摩性、抗磨性和抗胶合的能力。

常采用青铜作蜗轮的齿圈，与淬硬磨削的钢制蜗杆相配。蜗杆的硬度愈高，表面粗糙度愈低，耐磨性和抗胶合能力愈好。蜗杆一般用碳钢和合金钢制成，常用材料为 40、45 号钢或 40Cr、20CrMnTi 并经淬火或调质。蜗轮材料常用铸锡青铜、铸铝铁青铜或灰铸铁。也可用尼龙或增强能力材料制成。常用蜗杆、蜗轮材料见表 7-8。

选择蜗轮材料时，可根据传动功率 P 和蜗杆转速 n_1，先初估滑动速度 v_s，然后选择材料。滑动速度大小，对材料的选择、齿面破坏形式、润滑情况以及传动效率等都产生很大的影响。

表 7-8　蜗杆传动的常用配对材料

相对滑动速度 v_s/(m/s)	蜗轮材料	蜗杆材料
≤25	ZCuSn10P1	20Cr、15Cr 渗碳淬火（40～55HRC） 20CrMnTi 渗碳淬火（56～62HRC）
≤12	ZCuSn5Pb5Zn5	45 高频淬火（40～50 HRC） 40Cr（50～55 HRC）
≤10	ZCuA19Fe4Ni4Mn2 ZCuA19Mn2	45 高频淬火（45～50 HRC） 40Cr（50～55 HRC）
≤2	HT150,HT200	45 调质（220～250HBS）

2. 蜗杆、蜗轮的结构

（1）蜗杆的结构

蜗杆螺旋部分的直径较小，常和轴制成一个整体，称为蜗杆轴。如图 7-6（a）所示的结构无退刀槽，加工螺旋部分时只能用铣制的办法；图 7-6（b）所示的结构则有退刀槽，螺旋部分可以车制，也可以铣制，但这种结构的刚度比前一种差。

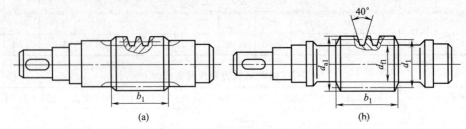

图 7-6　蜗杆的结构形式

（2）蜗轮的结构

常用的蜗轮结构形式有以下几种。

① 整体式 [图 7-7（a）]　这种结构形式主要用于铸铁蜗轮或尺寸很小的青铜蜗轮。

② 齿圈式 [图 7-7（b）]　这种结构由青铜齿圈及铸铁轮芯组成。齿圈与轮芯多用 H7/r6 配合，并加装 4～6 个紧定螺钉（或用螺钉拧紧后将头部锯掉），以增强连接的可靠性。螺钉直径取作 $(1.2～1.5)m$，m 为蜗轮的模数。螺钉拧入深度为 $(0.3～0.4)B$，B 为蜗轮宽度。为了便于钻孔，应将螺孔中心线由配合缝向材料较硬的轮芯部分偏移 2～3 mm。这种结构多用于尺寸不太大或工作温度变化较小的地方，以免热胀冷缩影响配合的质量。

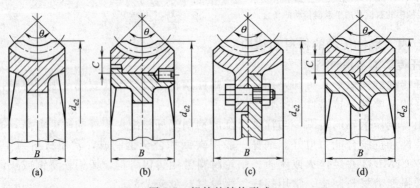

图 7-7　蜗轮的结构形式

③ 螺栓连接式 [图 7-7（c）]　可用普通螺栓连接，或用铰制孔用螺栓连接，螺栓的尺寸和数目可参考蜗轮的结构尺寸取定，然后做适当的校核。这种结构装拆比较方便，多用于

尺寸较大或容易磨损的蜗轮。

齿圈式和螺栓连接式属于组合式结构，这种结构可节省贵重金属。

④ 拼铸式［图 7-7（d）］　这种结构是将青铜轮缘浇铸在铸铁轮芯上，然后切齿，轮芯制出榫槽，防止轮缘和轮芯产生轴向滑动。一般用于成批制造的蜗轮。

蜗轮结构的有关尺寸见表 7-9。

表 7-9　蜗轮结构相关尺寸

蜗杆头数 z_1	1	2	4
蜗轮外径 $d_{e2} \leqslant$	$d_{a2}+2m$	$d_{a2}+1.5m$	$d_{a2}+2m$
轮缘宽度 $B \leqslant$	0.75d_{a1}		0.67d_{a1}
蜗轮齿宽角 $\theta=$	90°～130°		
轮圈厚度 $c \approx$	1.65m+1.5mm		

知识点五　蜗杆传动的效率、润滑和散热

1. 蜗杆传动的滑动速度

蜗杆传动时，即使在节点 C 处啮合，由于在 C 点蜗杆速度 v_1 与蜗轮速度 v_2 方向不同、大小不等，因此，在啮合齿面间也会产生很大的滑动速度 v_s。滑动速度沿着螺旋线方向，由图 7-8 可知：

$$v_s = v_1/\cos\gamma = \pi d_1 n_1/(60 \times 1000\cos\gamma) \quad \text{m/s} \tag{7-16}$$

式中　v_1——蜗杆分度圆圆周速度，m/s；

n_1——蜗杆转速，r/min；

其余符号的意义及单位同前。

滑动速度 v_s 对蜗杆传动影响很大，当润滑条件差时，滑动速度大，会促使齿面磨损和胶合；当润滑条件良好时，滑动速度增大，能在蜗杆副表面间形成油膜，反而使摩擦系数下降，改善摩擦磨损，从而提高传动效率和抗胶合的承载能力。

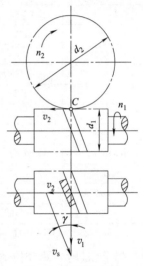

图 7-8　蜗杆传动的滑动速度

2. 蜗杆传动的效率

蜗杆传动一般为闭式传动，工作时功率的损耗包括三部分：轮齿啮合损耗、轴承摩擦损耗和箱体内润滑油搅动的损耗。所以闭式蜗杆传动的总效率为：

$$\eta = \eta_1 \eta_2 \eta_3 = (0.95 \sim 0.97)\eta_1 \tag{7-17}$$

式中　η_1——考虑轮齿啮合损耗的效率；

η_2——考虑轴承摩擦损耗的效率；

η_3——考虑搅油损耗的效率。

上述三部分效率中，最主要的是轮齿啮合效率 η_1，当蜗杆主动时，η_1 可近似按螺旋副的效率计算，即

$$\eta_1 = \frac{\tan\gamma}{\tan(\gamma+\rho_v)} \tag{7-18}$$

式中　γ——蜗杆分度圆导程角；

ρ_v——当量摩擦角，$\rho_v = \arctan f_v$（f_v 为当量摩擦系数），与蜗杆传动的材料、表面硬度和相对滑动速度有关，可查表 7-10。

由式（7-18）可知，η_1 随 ρ_v 的减小而增大，而 ρ_v 与蜗杆蜗轮的材料、表面质量、润滑

油的种类、啮合角以及齿面相对滑动速度 v_s 有关,并随 v_s 的增大而减小。在一定范围内 η_1 随 γ 增大而增大,故动力传动常用多头蜗杆以增大 γ,但 γ 过大时,蜗杆制造困难,效率提高很少,故通常取 $\gamma<30°$。

表 7-10　蜗杆传动当量摩擦角 ρ_v

蜗轮材料	锡青铜		无锡青铜	灰铸铁	
蜗杆齿面硬度	≥45HRC	<45HRC	≥45HRC	≥45HRC	<45HRC
滑动速度 v_s/(m/s)			ρ_v		
0.01	6°17′	6°51′	10°12′	10°12′	10°45′
0.05	5°09′	5°43′	7°58′	7°58′	9°05′
0.10	4°34′	5°09′	7°24′	7°24′	7°58′
0.25	3°43′	4°17′	5°43′	5°43′	6°51′
0.50	3°09′	3°43′	5°09′	5°09′	5°43′
1.00	2°35′	3°09′	4°00′	4°00′	5°09′
1.50	2°17′	2°52′	3°43′	3°43′	4°34′
2.00	2°00′	2°35′	3°09′	3°09′	4°00′
2.50	1°43′	2°17′	2°52′		
3.00	1°36′	2°00′	2°35′		
4.00	1°22′	1°47′	2°17′		
5.00	1°16′	1°40′	2°00′		
8.00	1°02′	1°29′	1°43′		
10.00	0°55′	1°22′			
15.00	0°48′	1°09′			
24.00	0°45′				

注:齿面硬度≥45HRC 时的 ρ_v 值系指蜗杆齿面经磨削、蜗杆传动经磨合,并有充分润滑的情况。

当 $\gamma<\rho_v$ 时,蜗杆传动具有自锁性,这时效率很低,一般小于 50%。

设计初步计算时,传动效率可按表 7-11 选取。

表 7-11　蜗杆传动的效率

蜗杆头数	z_1	1	2	3	4
总效率	η	0.70	0.80	0.85	0.90

3. 蜗杆传动的润滑

因为蜗杆传动工作时存在较大的相对滑动,发热量大、效率低,所以润滑对蜗杆传动显得非常重要。良好的润滑可显著提高传动效率、减轻磨损、防止胶合,提高蜗杆、蜗轮的使用寿命。为了利于啮合齿面间形成动压油膜,通常采用黏度较大的润滑油进行润滑。

蜗杆传动所采用的润滑油、润滑方式和齿轮传动的基本相同。开式蜗杆传动一般采用定期加黏度较高的润滑剂的润滑方法。闭式蜗杆传动的润滑油黏度和润滑方法的选择一般根据蜗杆蜗轮的相对滑动速度、载荷类型等参考表 7-12 进行选择。对于青铜蜗轮,不允许采用抗胶合能力强的活性润滑油,以免腐蚀青铜齿面。

闭式蜗杆传动采用油池润滑时,应使油池保持适当的油量,以利于散热。为避免搅油功率损耗过大,零件的浸油深度不宜过深。一般下置式蜗杆传动的浸油深度为蜗杆的一个齿高,上置式蜗杆传动的浸油深度约为蜗轮外径的 1/3。

表 7-12　蜗杆传动润滑油黏度荐用值及润滑方法

滑动速度 v_s/(m/s)	<1	<2.5	<5	5～10	10～15	15～25	>25
工作条件	重载	重载	中载	—	—	—	—
运动黏度 $\nu_{40℃}$ /(mm²/s)	900	500	350	220	150	100	80
润滑方式	油池润滑			油池润滑或喷油润滑	用压力喷油润滑/MPa		
					0.7	0.2	0.3

4. 蜗杆传动的热平衡计算

蜗杆传动工作中，齿面间相对滑动速度大，摩擦发热量大。如果散热条件差，致使工作温度过高，将使润滑油黏度下降，油膜破坏，润滑失效，从而进一步增大摩擦损失，甚至发生胶合。因此对闭式蜗杆传动应进行热平衡计算。

传动中由于摩擦而转变为热量所消耗的功率为：$P_s=1000P_1(1-\eta)$，经箱体表面散发热量的相当功率为 $P_c=K_sA(t_1-t_0)$，根据蜗杆传动热平衡条件 $P_s=P_c$，可得：

$$t_1=t_0+\frac{1000P_1(1-\eta)}{K_sA}\leqslant[t_1] \ ℃ \tag{7-19}$$

式中　P_1——蜗杆的输入功率，kW；
　　　K_s——箱体表面传热系数 [W/(m²·℃)]，一般 $K_s=10\sim17$ W/(m²·℃)，通风条件好时取大值，反之取小值；
　　　t_1——在热平衡时润滑油的温度；
　　　t_0——箱体周围空气的温度，通常取 $t_0=20$ ℃；
　　　$[t_1]$——正常工作时间润滑油允许达到的最高温度，一般限制在 60～70 ℃，最高应超过 80 ℃；
　　　A——箱体散热面积，m²，指内壁被油浸溅而外壳与空气接触的箱体表面积；对于箱体上的散热片或凸缘的表面积，可近似按 50% 计算；设计时，散热面积可按下式初步估算：$A=0.33(a/100)^{1.75}$，a 为中心距。

若工作温度超过允许的范围时，可采取以下措施。
① 在箱体外表面设置散热片以增加散热面积 A。
② 在蜗杆轴端安装风扇进行吹风冷却，如图 7-9 (a) 所示。
③ 在箱体油池内安装蛇形循环水管，如图 7-9 (b) 所示。
④ 采用压力喷油循环润滑和冷却，如图 7-9 (c) 所示。

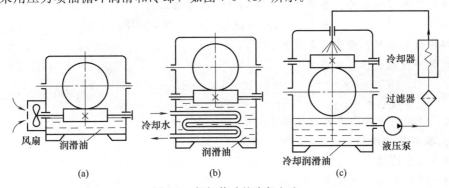

图 7-9　蜗杆传动的冷却方法

项目训练 7-1　设计一由电动机驱动的单级圆柱蜗杆减速器中的蜗杆传动。已知蜗杆输入功率 $P=7.5$ kW，蜗杆转速 $n_1=1450$ r/min，传动比 $i=23$，单向运转，载荷平稳，设计使用寿命7年（按单班制）。

解：（一）蜗杆、蜗轮材料选择

蜗杆材料选用45Cr表面淬火，硬度>45HBC；蜗轮材料选用铸锡青铜，ZGuSn10P1，砂模铸造。

（二）按齿面接触疲劳强度设计计算

由蜗杆传动设计公式（7-13）可知，$m^2 d_1 \geq KT_2 \left(\dfrac{480}{z_2 [\sigma_H]}\right)^2$

1. 确定公式内的有关参数及系数

（1）选择蜗杆头数z_1及蜗轮齿数z_2

根据传动比$i=23$，由表7-1查取蜗杆头数$z_1=2$；蜗轮齿数$z_2=iz_1=23\times 2=46$，符合要求。

（2）载荷系数取$K=1.20$

（3）确定许用接触应力$[\sigma_H]$

应力循环次数：$N=60n_2jL_h=60\times(1450/23)\times 1\times(300\times 8\times 7)=6.4\times 10^7$；寿命系数：$K_{HN}=\sqrt[8]{10^7/N}=\sqrt[8]{10^7/6.4\times 10^7}=0.79$，由表7-5查得蜗轮许用接触应力为$[\sigma_H]=200K_{HN}=200\times 0.79=158$MPa。

（4）确定蜗杆传动的转矩T_2

由$z_1=2$，查表7-11，初步取$\eta=0.80$，则转矩为
$$T_2=T_1 i\eta=9.55\times 10^6\times(7.5/1450)\times 23\times 0.8=9.09\times 10^5 \text{N}\cdot\text{mm}$$

2. 计算

$$m^2 d_1 \geq KT_2\left(\dfrac{480}{z_2[\sigma_H]}\right)^2=1.20\times 9.09\times 10^5\times\left(\dfrac{480}{46\times 158}\right)^2=4757.7 \text{mm}^3$$

查表7-2，选取$m^2 d_1=5120$mm³，可得模数$m=8$，蜗杆分度圆直径$d_1=80$mm。

（三）蜗杆传动主要参数计算

1. 蜗杆直径系数：$q=d_1/m=80/8=10$mm
2. 中心距：$a=(d_1+mz_2)/2=(80+8\times 46)/2=224$mm
3. 蜗杆导程角：$\gamma=\arctan(z_1/q)=\arctan(2/10)=11.31°$

（四）校核蜗轮齿根弯曲强度

1. 计算弯曲寿命系数：$K_{FN}=\sqrt[9]{10^6/N}=\sqrt[9]{10^6/6.4\times 10^7}=0.63$
2. 确定许用弯曲应力：查表7-7可得蜗轮许用弯曲应力
$$[\sigma_F]=58K_{FN}=58\times 0.63=36.54 \text{MPa}$$
3. 蜗轮齿形系数：查表7-6得$Y_{F2}=2.27$
4. 计算并校核齿根弯曲应力

$$\sigma_F=\dfrac{1.53KT_2\cos\gamma}{d_1 d_2 m}Y_{F2}=\dfrac{1.53\times 1.20\times 9.09\times 10^5 \cos 11.31°}{80\times 8\times 46\times 8}=6.95\text{MPa}<[\sigma_F]$$

由此，蜗轮齿根弯曲疲劳强度校核合格。

（五）验算传动效率

蜗杆分度圆速度为：$v_1=(\pi d_1 n_1)/(60\times 1000)=(\pi\times 80\times 1450)/(60\times 1000)=6.07$m/s

蜗杆蜗轮相对滑动速度为：$v_s=v_1/\cos\gamma=6.07/\cos 11.31°=6.19$m/s

由表7-10，用插值法得$\rho_v=1°10'=1.167°$，则传动效率为$\eta=(0.95\sim 0.97)\eta_1=(0.95\sim 0.97)\tan 11.31°/\tan(11.31°+1.167°)=0.86\sim 0.87$，与原估值相近。

（六）热平稳计算

箱体散热面积 $A = 0.33(a/100)^{1.75} = 0.33 \times (224/100)^{1.75} = 1.35 \text{m}^2$

取箱体表面传热系数 $K_s = 16\text{W}/(\text{m}^2 \cdot ℃)$，由式（7-19）计算并验算油温

$t_1 = t_0 + \dfrac{1000 P_1 (1-\eta)}{K_s A} = 20° + \dfrac{1000 \times 7.5 \times (1-0.86)}{16 \times 1.35} = 68.6° < 70°$，可知，当保持良好通风条件时可满足要求。

（七）绘制蜗杆、蜗轮零件图（略）

【知识拓展】 各种类型蜗杆传动简介

如前所述，按蜗杆形状的不同，蜗杆传动可分为圆柱蜗杆传动［图7-2（a）］、环面蜗杆传动［图7-2（b）］和锥蜗杆传动［图7-2（c）］。其中圆柱蜗杆传动应用最广。

1. 圆柱蜗杆传动

圆柱蜗杆传动按齿廓曲线不同，可分为普通圆柱蜗杆传动和圆弧圆柱蜗杆传动两类。

（1）普通圆柱蜗杆传动

普通圆柱蜗杆传动中的蜗杆按加工时刀具位置的不同可分为阿基米德蜗杆（ZA型）、渐开线蜗杆（ZI型）、法向直廓蜗杆（ZN型）、锥面包络蜗杆（ZK型）四种。

① 阿基米德蜗杆（ZA型） 图7-10所示为阿基米德蜗杆，在垂直于蜗杆轴线的平面（即端面）上齿廓为阿基米德螺旋线，在包含轴线的平面上齿廓（即轴向齿廓）为直线，其齿形角 $\alpha_0 = 20°$。阿基米德蜗杆一般在车床上用直线刀刃的单刀（导程角 $\gamma \leq 3°$ 时）或双刀（导程角 $\gamma > 3°$ 时）车制，加工时应使切削刃的顶面通过蜗杆轴线。这种蜗杆加工与测量较容易，应用广泛。但导程角大时（$\gamma > 15°$）加工困难，齿面磨损较快。因此，一般用于头数小、载荷较小、低速或不太重要的传动。

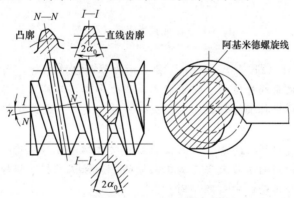

图7-10 阿基米德蜗杆（ZA型）

② 渐开线蜗杆（ZI型） 图7-11所示为渐开线蜗杆，其端面齿廓为渐开线，可用两把直线刀刃的车刀车制而成，刀刃顶面应与基圆柱相切，其中一把车刀高于蜗杆轴线，另一把车刀则低于蜗杆轴线。轮齿也可用滚刀加工，可在专用机床上磨削。这种蜗杆加工精度容易保证，传动效率高，利于成批生产。一般用于头数较多、转速较高和要求较精密的传动。

③ 法向直廓蜗杆（ZN型） 图7-12所示为法向直廓蜗杆，亦称延伸渐开线蜗杆。其端面齿廓为延伸渐开线，轴向剖面 $I-I$ 上具有外凸曲线，法向齿廓为直线。加工时，其刀刃顶平面置于齿槽中线处螺旋线的法向剖面内，有利于切削 $\gamma > 15°$ 的多头蜗杆。这种蜗杆磨削起来较困难。

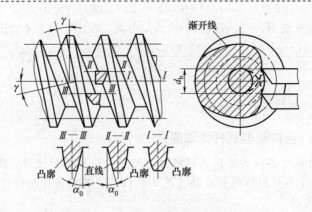

图 7-11 渐开线蜗杆（ZI 型）

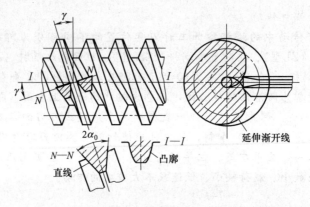

图 7-12 法向直廓蜗杆（ZN 型）

④ 锥面包络蜗杆（ZK 型） 如图 7-13 所示为锥面包络蜗杆，因其齿廓在各截面均为曲线，故又称曲纹面蜗杆传动。它不能在车床上加工，只能在铣床上铣制并在磨床上磨制。加工时刀具轴线与蜗杆轴线在空间交错成导程角 γ。这种蜗杆加工容易，精度较高，应用渐广。

与上述各类配对的蜗轮齿廓，则完全随蜗杆的齿廓而异。蜗轮一般是在滚齿机上用与蜗杆形状和参数相同的滚刀或飞刀加工而成的。为保证蜗杆、蜗轮正确啮合，滚切时的中心距也应与蜗杆传动的中心距相同。

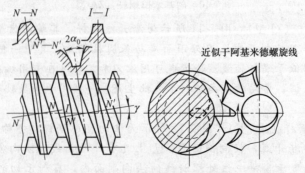

图 7-13 锥面包络蜗杆（ZK 型）

（2）圆弧圆柱蜗杆传动（ZC 型）

如图 7-14 所示为圆弧圆柱蜗杆传动，其蜗杆是用刃边为凸圆弧形的刀具切制的，而蜗轮是用范成法制造的。在中间平面上蜗杆的齿廓为凹圆弧，与之相配的蜗轮齿廓为凸圆弧。这种蜗杆的特点如下。

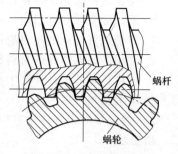

图 7-14　圆弧圆柱蜗杆传动（ZC 型）

① 蜗杆与蜗轮两共轭齿面是凹凸啮合，增大了综合曲率半径，因而单位齿面接触应力减小，接触强度得以提高。

② 瞬时啮合时的接触线方向与相对滑动速度方向的夹角（润滑角）大，易于形成和保持共轭齿面间的动压油膜，使摩擦系数减小，齿面磨损小，传动效率可达 95％以上。

③ 在蜗杆强度不削弱的情况下，能增大蜗轮的齿根厚度，使蜗轮轮齿的弯曲强度增大。

④ 传动比范围大（最大可以达到 100），制造工艺简单，重量轻。

⑤ 传动中心距难以调整，对中心距误差的敏感性强。

2. 环面蜗杆传动

蜗杆分度曲面是圆环面的蜗杆称为环面蜗杆，和相应的蜗轮组成的传动称为环面蜗杆传动，见图 7-2（b）。

这种蜗杆传动的特点是：由于其蜗杆和蜗轮的外形都是环面回转体，可以互相包容，实现多齿接触和双接触线接触，接触面积大；又由于接触线与相对滑动速度 v_s 之间的夹角约为 90°，易于形成油膜，齿面间综合曲率半径也增大等。因此，在相同的尺寸下，其承载能力可提高 1.5～3 倍（小值适于小中心距，大值适于大中心距）；若传递同样的功率，中心距可减小 20％～40％。它的缺点是：制造工艺复杂，不可展齿面难以实现磨削，故不宜获得精度很高的传动。只有批量生产时，才能发挥其优越性，其应用现在已日益增加。

3. 锥蜗杆传动

锥蜗杆传动也是一种空间交错轴之间的传动，两轴交错角通常为 90°。见图 7-2（c），蜗杆是一等导程的锥形螺旋，故称为锥蜗杆；而蜗轮在外观上就像一个曲线齿锥齿轮，它是用与锥蜗杆相似的锥滚刀在普通滚齿机上加工而成的，故称为锥蜗轮。锥蜗杆传动的特点是：同时接触的点数较多，重合度大；传动比范围大（一般为 10～360）；承载能力和效率较高；侧隙便于控制和调整；能作离合器使用；可节约有色金属；制造安装简便，工艺性好。但由于结构上的原因，传动具有不对称性，因而正、反转时受力不同，承载能力和效率也不同。

练习与思考

一、思考题

1. 与齿轮传动相比，蜗杆传动有何特点？
2. 蜗杆传动以哪一个平面的参数和尺寸为标准？这样做有什么好处？
3. 蜗杆传动的正确啮合条件是什么？
4. 蜗杆传动的传动比如何计算？是否等于 d_2/d_1？为什么？

5. 与齿轮传动相比，蜗杆传动的失效形式有何特点？其设计准则是什么？

6. 蜗杆的头数和导程角对蜗杆传动效率有何影响？

7. 何谓蜗杆传动的相对滑动速度？它对蜗杆传动有何影响？

8. 常用的蜗轮蜗杆的材料组合有哪些？

9. 蜗杆传动的设计计算中有哪些主要参数？如何选择这些参数？为何要规定蜗杆分度圆直径 d_1 为标准值？

10. 为何要对蜗杆传动进行热平衡计算？当计算不满足要求时，可采用哪些措施？

二、填空题

1. 普通圆柱蜗杆传动中，_____蜗杆在螺旋线的法截面上具有直线齿廓。

2. 阿基米德蜗杆的_____模数，应符合标准数值。

3. 蜗杆特性系数 q 是_____；蜗杆分度圆直径 d_1 等于_____。

4. 蜗杆传动的失效通常发生在_____；其主要的失效形式有_____、_____和_____等。

5. 常见的蜗轮结构形式有整体式、_____、_____和_____。

三、选择题

1. 蜗杆与蜗轮正确啮合条件中，应除去_____。
   A. $m_{a1}=m_{t2}$ B. $\alpha_{a1}=\alpha_{t2}$ C. $\gamma_1=\beta_2$ D. 二者螺旋方向相反

2. 与齿轮传动相比较，_____不能作为蜗杆传动的优点。
   A. 传动平稳，噪声小   B. 传动比可以很大
   C. 在一定条件下能自锁   D. 传动效率高

3. 起吊重物用的手动蜗杆传动装置，宜采用_____蜗杆。
   A. 单头、小导程角   B. 单头、大导程角
   C. 多头、小导程角   D. 多头、大导程角

4. 螺旋压力机中蜗杆传动装置，宜采用_____蜗杆。
   A. 单头、小导程角   B. 单头、大导程角
   C. 多头、小导程角   D. 多头、大导程角

5. 减速蜗杆传动中，用_____计算传动比 i 是错误的。
   A. $i=\omega_1/\omega_2$ B. $i=z_2/z_1$ C. $i=n_1/n_2$ D. $i=d_1/d_2$

6. 在标准蜗杆传动中，蜗杆头数 z_1 一定，如提高蜗杆特性系数 q，将使传动的效率 η _____。
   A. 降低   B. 提高   C. 不变   D. 可能提高，也可能降低

7. 蜗杆传动的失效形式与_____因素关系不大。
   A. 蜗杆传动副的材料   B. 蜗杆传动的载荷性质
   C. 蜗杆传动的滑动速度   D. 蜗杆传动副的加工方法

8. 传递动力时，蜗杆传动的传动比的范围通常为_____。
   A. <1   B. 1～5   C. 5～80   D. >80～120

9. 在蜗杆传动设计中，蜗杆头数选多一些，则_____。
   A. 有利于蜗杆加工   B. 有利于提高传动的承载能力
   C. 有利于提高蜗杆刚度   D. 有利于提高传动效率

10. 将蜗杆分度圆直径标准化，是为了_____。
    A. 保证蜗杆有足够的刚度   B. 提高蜗杆传动的效率
    C. 减少加工蜗轮时的滚刀数目   D. 减少加工蜗杆时的滚刀数目

四、计算题

1. 如图7-15（a）、（b）所示，试分析蜗杆传动中（蜗杆主动），蜗杆、蜗轮的转动方向和它们所受到的各分力的方向。

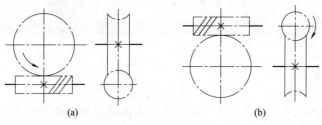

图7-15 题四-1图

2. 图7-16所示为蜗杆传动和锥齿轮传动的组合，已知输出轴上的锥齿轮4的转向n。(1) 欲使中间轴上的轴向力能部分抵消，试确定蜗杆传动的螺旋线方向和蜗杆的转向；(2) 在图中标出各轮轴向力的方向。

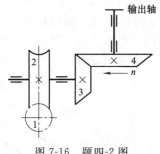

图7-16 题四-2图

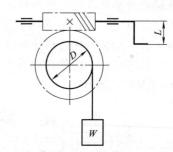

图7-17 题四-3图

3. 手动绞车采用圆柱蜗杆传动，如图7-17所示，已知$m=8$mm，$z_1=1$，$d_1=80$mm，$z_2=4$，卷筒直径$D=200$mm。问：(1) 欲使重物W上升1米，蜗杆应转多少转？(2) 蜗杆与蜗轮间的当量摩擦系数$f_v=0.18$，该机构能否自锁？(3) 若重物$W=5$kN，手摇时施加的力$F=100$N，手柄转臂的长度L应是多少？

4. 已知一标准普通圆柱蜗杆传动的模数$m=8$mm，蜗杆头数$z_1=2$，传动比$i=25$，蜗杆分度圆直径$d_1=50$mm。试计算该蜗杆传动的主要几何尺寸。

5. 已知由电动机驱动的单级蜗杆传动中，电动机功率$P_1=7$kW，转速$n_1=1500$r/min，蜗轮转速$n_2=80$r/min，载荷平稳，单向转动，要求使用寿命5年（一年按300天算），单班制工作。试设计蜗杆传动。

6. 一开式蜗杆传动，传递功率$P_1=5$kW，蜗杆转速$n_1=1460$r/min，传动比$i=21$，载荷平稳，单向传动，试选择蜗杆、蜗轮材料并确定其主要尺寸参数。

项目八　挠性传动

【任务驱动】

挠性传动指的是利用中间挠性件（带或链）来传递运动和动力。无论是在精密机械还是在工程机械、矿山机械、化工机械、交通运输、农业机械等，它都得到广泛的使用。

带传动是由主动带轮、从动带轮和传动带组成。带传动是一种使用广泛的机械传动。如图 8-1 所示为车床中的皮带传动。电动机通过皮带传动装置带动齿轮箱的齿轮，通过对齿轮箱的变速，得到主轴（卡盘）转动的不同转速。

链传动是通过链条将具有特殊齿形的主动链轮的运动和动力传递到具有特殊齿形的从动链轮的一种传动方式。链传动多用在不宜采用带传动与齿轮传动，而两轴平行、且距离较远、功率较大、平均传动比较准确的场合。图 8-2 所示的自行车采用了链传动来传动动力。

因此，掌握带传动、链传动的类型、特点和设计方法是必要的。

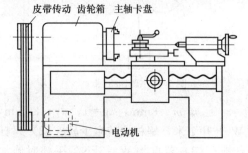

图 8-1　车床中的带传动

图 8-2　自行车中的链传动

【学习目标】

要掌握挠性传动的设计，需要学习以下内容：
① 带传动的类型、特点和应用；
② 链传动的类型、特点和应用；
③ 带传动的工作情况分析；
④ 普通 V 带传动的设计计算；
⑤ 链传动的运动分析和受力分析；
⑥ 滚子链传动的计算。

【知识解读】

知识点一　带传动的类型、特点及应用

1. 带传动的组成

带传动是由固联在主动轴上的带轮 1（主动轮）、固联在从动轴上的带轮 3（从动轮）和紧套在两轮上环状的传动带 2 以及机架 4 组成的（图 8-3）。带是挠性件，通过传动带与带轮之间的摩擦力，将主动带轮的运动和动力传递给从动轮。

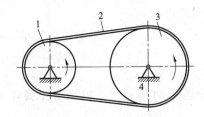

图 8-3 摩擦型带传动

1—带轮（主动轮）；2—传动带；3—带轮（从动轮）；4—机架

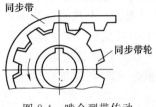

图 8-4 啮合型带传动

2. 带传动的类型

（1）按传动原理分

① 摩擦型带传动。如图 8-3 所示，摩擦型带传动安装时带被张紧在带轮上，由于张紧作用，带已经受到初拉力，它使带与带轮的接触面间产生压力。当主动轮回转时，依靠带与带轮接触面间的摩擦力带动从动轮回转，从而传递运动和动力，如 V 带传动等。

② 啮合型带传动。啮合型带传动即为同步带传动，如图 8-4 所示，它是由主动同步带轮、从动同步带轮和套在两轮上的环形同步带组成的。其特点是：传动比恒定，结构紧凑，带速可达 40m/s，传动比 i 可达 10，传递功率可达 200kW，效率高，约为 $\eta=0.98$。但结构复杂，价格高，对制造和安装精度要求高。适用于高速、高精度仪器装置中带比较薄、比较轻的场合。

（2）按传动带的截面形状分

① 平带　如图 8-5（a）所示，平带的截面为扁平矩形，工作面为皮带与轮面相接触的内表面。平带传动结构简单，带轮也容易制造，在传动中心距较大的情况下应用较多。

② V 带　V 带的横截面呈等腰梯形，带轮上也做出相应的轮槽。传动时，V 带只和轮槽的两个侧面接触，即以两侧面为工作面，如图 8-5（b）所示。

 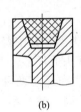 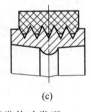 

(a)　　　　(b)　　　　(c)　　　　(d)

图 8-5 摩擦型带传动类型

V 带传动较平带传动能产生更大的摩擦力。如图 8-6 所示。当平带和 V 带受到同样的压紧力 F_N 时，它们的法向力 F'_N 却不相同。平带与带轮接触面上的摩擦力为 $F_N f = F'_N f$，而 V 带与带轮接触面上的摩擦力为

$$F'_N f = \frac{F_N f}{\sin(\varphi/2)} = F_N f' \qquad (8-1)$$

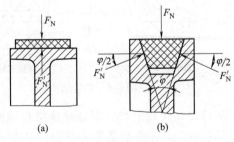

图 8-6 平带与 V 带传动的比较

式中，φ 为 V 带轮槽角；$f' = f/\sin(\varphi/2)$ 为当量摩擦系数。显然 $f' > f$，因此在相同条件下，V 带能传递较大的功率，且传动平稳，因此在一般机械中，多采用 V 带传动。

③ 多楔带　如图 8-5（c）所示，多楔带兼有平带和 V 带的优点，柔性好，摩擦力大，能传递的功率大，并解决了当使用多根 V 带长短不一而使各带受力不均的问题。故适于传

递功率较大而结构紧凑的场合；传动比可达 10，带速可达 40m/s。

④ 圆形带 其横截面为圆形，如图 8-5（d）所示，圆带传动的传动能力较小，一般用于轻型和小型机械，如缝纫机等。

(3) 按带传动的用途分

其可分为传动带和输送带。传动带主要用来传递运动和动力，输送带主要用来输送物品。

3. 带传动的特点和应用

(1) 带传动的优点

① 适用于中心距较大的传动；

② 带具有良好的挠性，可缓和冲击、吸收振动；

③ 过载时带与带轮间会出现打滑，打滑虽使传动失效，但可防止损坏其他零件；

④ 结构简单、成本低廉。

(2) 带传动的缺点：

① 由于有弹性滑动，使传动比不恒定；

② 张紧力较大（与啮合传动相比），从而使轴上压力较大；

③ 结构尺寸较大、不紧凑；

④ 由于打滑，使带寿命较短；

⑤ 带与带轮间会产生摩擦放电现象，不适用于高温、易燃、易爆的场合。

(3) 带传动的应用

通常，摩擦带带传动用于中小功率电动机与工作机械之间的动力传递。目前 V 带传动应用最广，一般带速为 $v=5\sim25$m/s，传动比 $i\leqslant7$，传动效率可达 90% 以上。近年来平带传动的应用已大为减少。但在多轴传动或高速情况下，平带传动仍然很有效。

知识点二　V 带和 V 带轮

1. V 带的类型与结构

V 带有普通 V 带、窄 V 带、宽 V 带等多种类型。其中普通 V 带应用最广，近年来窄 V 带也得到广泛的应用。标准普通 V 带都制成无接头的环形。其结构（见图 8-7）由顶胶、抗拉体、底胶和包布四部分组成。抗拉体有帘布芯和绳芯两种。帘布芯 V 带，制造较方便。绳芯 V 带柔韧性好，抗弯强度高，适用于转速较高，载荷不大和带轮直径较小的场合。

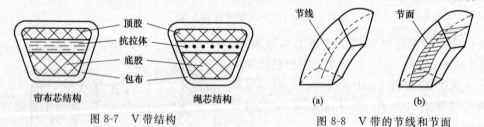

图 8-7　V 带结构　　　　　图 8-8　V 带的节线和节面

V 带绕在带轮上产生弯曲时外层受拉伸变长，内层受压缩变短，两层之间存在一长度不变的中性层。中性层面称为节面，见图 8-8。带的节面宽度称为节宽（b_p）。普通 V 带两侧锲角 φ 为 $40°$，截面高度 h 和节宽 b_p 的比值约为 0.7，见图 8-9。普通 V 带已经标准化，按截面尺寸由小到大的顺序其型号分为 Y、Z、A、B、C、D、E 七种，见表 8-1。

在 V 带轮上，与所配用 V 带的节宽 b_p 相对应的带轮直径称为基准直径 d_d（图 8-10）。V 带在规定的张紧力下，位于带轮基准直径上的周线长度称为基准长度 L_d。V 带基准长度已经标准化，基准长度系列见表 8-2。

表 8-1 普通 V 带截面尺寸（GB/T 11544—1997）

型号	Y	Z	A	B	C	D	E
顶宽 b/mm	6.0	10.0	13.0	17.0	22.0	32.0	38.0
节宽 b_p/mm	5.3	8.5	11.0	14.0	19.0	27.0	32.0
高度 h/mm	4.0	6.0	8.0	11.0	14.0	19.0	25.0
楔角 θ				40°			
每米质量 q/(kg/m)	0.04	0.06	0.10	0.17	0.30	0.60	0.87

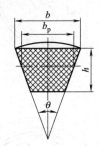

图 8-9　V 带截面尺寸

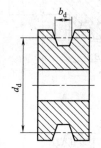

图 8-10　带轮基准直径

表 8-2　普通 V 带的基准长度系列和带长修正系数 K_L（GB/T 13575.1—2008）

基准长度 L_d/mm	K_L					基准长度 L_d/mm	K_L			
	Y	Z	A	B	C		Z	A	B	C
200	0.81					1600	1.04	0.99	0.92	0.83
224	0.82					1800	1.06	1.01	0.95	0.86
250	0.84					2000	1.08	1.03	0.98	0.88
280	0.87					2240	1.10	1.06	1.00	0.91
315	0.89					2500	1.30	1.09	1.03	0.93
355	0.92					2800		1.11	1.05	0.95
400	0.96	0.79				3150		1.13	1.07	0.97
450	1.00	0.80				3550		1.17	1.09	0.99
500	1.02	0.81				4000		1.19	1.13	1.02
560		0.82				4500			1.15	1.04
630		0.84	0.81			5000			1.18	1.07
710		0.86	0.83			5600				1.09
800		0.90	0.85			6300				1.12
900		0.92	0.87	0.82		7100				1.15
1000		0.94	0.89	0.84		8000				1.18
1120		0.95	0.91	0.86		9000				1.21
1250		0.98	0.93	0.88		10000				1.23
1400		1.01	0.96	0.90						

带的截面高度 h 与其节宽 b_p 之比约等于 0.9 的 V 带称为窄 V 带。窄 V 带是用合成纤维绳作抗拉体，与普通 V 带相比，当高度相同时，窄 V 带的宽度约缩小 1/3，而承载能力可提高 1.5～2.5 倍，适用于传递动力大而又要求传动装置紧凑的场合。

2. V 带轮的结构与材料

（1）V 带轮的结构

V 带轮由轮缘（用以安装传动带）、轮毂（用以安装在轴上）、轮辐或腹板（用以连接轮缘与轮毂）三部分组成。典型带轮结构有：①实心式［图 8-11（a）］；②腹板式［图 8-11

(b)]；③孔板式［图 8-11（c）］；④椭圆轮辐式［图 8-11（d）］。

带轮基准直径 $d_d\leqslant 2.5d$（d 为轴的直径，mm）时，可采用实心式；$d_d\leqslant 300$mm 时，可采用腹板式；当 $(D_1-d_1)\geqslant 100$mm 时，可采用孔板式；$d_d>300$mm 时，可采用轮辐式。

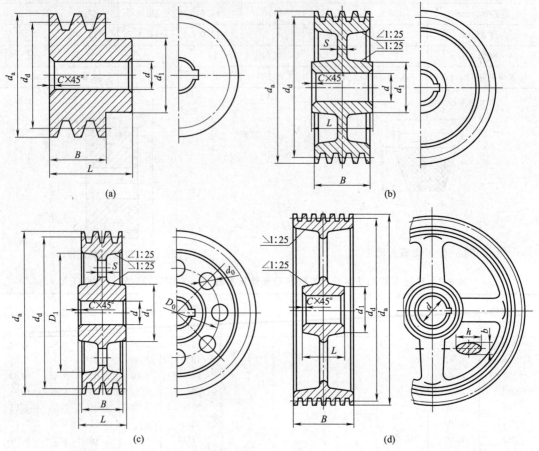

图 8-11 V 带轮的结构

普通 V 带轮轮缘部分尺寸见表 8-3 所示。其中，d_d 称为带轮基准直径，指的是带的节面和带轮接触部位所对应的带轮直径，是带轮的公称直径。φ 是轮槽角，由于 V 带绕于带轮上受到弯曲，其楔角变小，且带轮直径越小，带的弯曲程度越大，楔角变得越小，为保证带的两侧工作面和带轮槽两侧面充分接触，带轮槽角 φ 应小于 40°，并按带轮基准直径 d_d 不同分别为 32°、34°、36°和 38°。另外，考虑带与轮槽接触处应有足够的摩擦系数但带又不能过度磨损，轮槽的两侧面应具有合理的粗糙度参数。

（2）V 带轮的材料

带轮的常用材料为铸铁和铸钢（或用钢板冲压后焊接而成），有时也采用铝合金或非金属材料（如工程塑料等）。铸铁带轮（如 HT150、HT200）适用于带轮圆周速度 $v\leqslant 15$m/s 的场合；铸钢带轮（如 ZG45）适用于 $v\leqslant 45$m/s 的场合；高速、轻载时可采用铸造铝合金或工程塑料制造的带轮。

带传动一般安装在传动系统的高速级，带轮的转速较高，采用 V 带轮时应满足的要求有：足够的强度和刚度；重量轻；结构工艺性好；无过大的铸造内应力；质量分布均匀，转速高时要经过动平衡；轮槽工作面要精细加工，以减少带的磨损；各槽的尺寸和角度应保持一定的精度，以使载荷分布较为均匀等。

表 8-3 普通 V 带轮轮缘尺寸（GB/T 11544—1997） mm

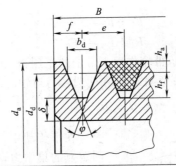

项目		符号	槽型			
			A	B	C	D
基准宽度（＝节宽）		b_d	11.0	14.0	19.0	27.0
基准线上槽深		h_{amin}	2.75	3.5	4.8	8.1
基准线下槽深		h_{fmin}	8.7	10.8	14.3	19.9
槽间距		e	15±0.3	19±0.4	25.5±0.5	37±0.6
槽边距		f_{min}	9	11.5	16	23
最小轮缘厚		δ_{min}	6	7.5	10	12
带轮宽		B	$B=(z-1)e+2f$　z 为轮槽数			
外径		d_a	$d_a=d_d+2h_a$			
轮槽角 φ	34°	相应的基准直径 d_d	≤118	≤190	≤315	—
	36°		—	—	—	≤475
	38°		>118	>190	>475	>600
偏差			±30′			

知识点三　带传动的工作情况分析

1. 带传动的受力分析

为使带和带轮接触面上产生足够的摩擦力，在安装时带就必须有一定的初拉力 F_0 作用在两带轮上。静止时，带在带轮两边的拉力相等，均为初拉力 F_0，如图 8-12（a）所示。传动时，由于带与带轮之间产生摩擦力 F_f，带两边的拉力不再相等。绕入主动轮一边的带（按转向 n_1 判别）被拉紧，称为紧边，拉力由 F_0 增加到 F_1；绕入从动轮一边的带（按转向 n_2 判别）则相应地松弛，称为松边，拉力由 F_0 减小到 F_2，如图 8-12（b）所示。

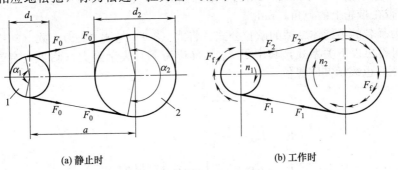

(a) 静止时　　　　(b) 工作时

图 8-12　带传动的工作情况

项目八　挠性传动

如果近似地认为带工作时的总长度不变,则带的紧边拉力的增加量,应等于松边拉力的减少量,即有:

$$\left.\begin{array}{l}F_1-F_0=F_0-F_2\\F_1+F_2=2F_0\end{array}\right\} \quad (8\text{-}2)$$

如图 8-13 中(径向箭头表示带轮作用于带上的正压力),将带在两带轮之间截开,取主动轮一端的带为分离体时,则总摩擦力 F_f 和两边拉力对轴心的力矩的代数和 $\sum T=0$,即有:$F_f\dfrac{d_{d1}}{2}-F_1\dfrac{d_{d1}}{2}+F_2\dfrac{d_{d1}}{2}=0$,亦是 $F_f=F_1-F_2$。

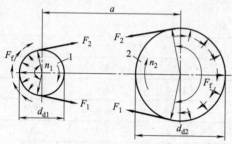

图 8-13 带与带轮的受力

在带传动中,有效拉力 F_e 并不是作用于某固定点的集中力,而是带和带轮接触面上各点摩擦力的总和,故整个接触面上的总摩擦力 F_f 即等于带所传递的有效拉力,即:

$$F_e=F_f=F_1-F_2 \quad (8\text{-}3)$$

有效拉力 F_e(N)、带速 v(m/s)和带传动传递的功率 P 之间的关系为:

$$P=\dfrac{F_e v}{1000} \quad (\text{kW}) \quad (8\text{-}4)$$

将式(8-3)代入式(8-2)可得:

$$\left.\begin{array}{l}F_1=F_0+F_e/2\\F_2=F_0-F_e/2\end{array}\right\} \quad (8\text{-}5)$$

由式(8-5)可知,带的两边的拉力 F_1 和 F_2 的大小,取决于初拉力 F_0 和带传动的有效拉力 F_e。

2. 带传动的最大有效拉力及其影响因素

由式(8-4)可知,在带传动的传动能力范围内,F_e 的大小和传动的功率 P 及带的速度有关。当传动的功率增大时,带的两边拉力的差值 $F_e=F_1-F_2$ 也要相应地增大。带的两边拉力的这种变化,实际上反映了带和带轮接触面上摩擦力的变化。显然,当其他条件不变且初拉力 F_0 一定时,这个摩擦力有一极限值(临界值)。当带所传递的有效圆周力超过这个极限值时,带与带轮之间将发生显著的相对滑动,这种现象称为打滑。打滑将使带的磨损加剧,传动效率降低,以致使带传动丧失工作能力。

带传动中,当带有打滑趋势时,摩擦力即达到极限值,亦即带传动的有效拉力达到最大值。这时,带的紧边拉力与松边拉力二者的临界值间的关系为:

$$F_1/F_2=e^{f\alpha} \quad (8\text{-}6)$$

式中　e——自然对数的底($e=2.718281828459045...$);

　　　f——摩擦系数(对于 V 带,用当量摩擦系数 f_V 代替 f);

　　　α——带在带轮上的包角,rad。

此式即为著名的柔韧体摩擦的欧拉公式。将式(8-6)与式(8-5)、式(8-3)、式(8-2)联立求解后可得出以下关系式,其中用 F_{ec}(单位为 N)表示最大(临界)有效拉力,F_1、F_2(单位为 N)也表示其临界值。

$$\left.\begin{array}{l}F_1=F_{ec}\dfrac{e^{f\alpha}}{e^{f\alpha}-1}\\[2mm]F_2=F_{ec}\dfrac{1}{e^{f\alpha}-1}\\[2mm]F_{ec}=2F_0\dfrac{e^{f\alpha}-1}{e^{f\alpha}+1}=2F_0\dfrac{1-1/e^{f\alpha}}{1+1/e^{f\alpha}}\end{array}\right\} \quad (8\text{-}7)$$

由式（8-7）可知，最大有效拉力 F_{ec} 与下列几个因素有关。

① 初拉力 F_0。最大有效拉力 F_{ec} 与 F_0 成正比；F_0 越大，带与带轮间的正压力越大，传动时的摩擦力就越大，最大有效拉力 F_{ec} 也就越大；但 F_0 过大时，将使带的磨损加剧，以致过快松弛，缩短带的工作寿命；如 F_0 过小，则带传动的工作能力不能充分发挥，运转时容易发生打滑。

② 包角 α。最大有效拉力 F_{ec} 随包角 α 的增大而增大；这是因为 α 越大，带和带轮的接触面上所产生的总摩擦力就越大，传动能力也就越强。

③ 摩擦系数 f。最大有效拉力 F_{ec} 随摩擦系数 f 的增大而增大；这是因为摩擦系数越大，则摩擦力就越大，传动能力也就越高。而摩擦系数 f 与带及带轮的材料和表面状况、工作环境条件等有关。

3. 带传动的弹性滑动和打滑

（1）弹性滑动

带为弹性体，受拉后必然产生弹性变形。由于紧边拉力和松边拉力不同，因此弹性变形也不同。

如图 8-14 所示，当紧边在 A_1 点绕进主动轮时，其所受的拉力为 F_1，此时带的线速度 v 和主动轮的圆周速度 v_1 相等。在带由 A_1 点转到 B_1 点的过程中，带所受的拉力由 F_1 逐渐降低到 F_2，带的弹性变形也随之逐渐减小，因而带沿带轮的运动是一面绕进，一面向后收缩，带的速度便逐渐低于主动轮的圆周速度 v_1，说明带与带轮之间产生了相对微小的滑动。在从动

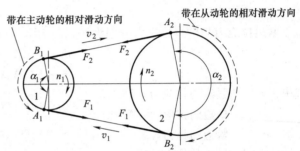

图 8-14　带传动的弹性滑动

轮上与之相反，带绕过从动轮时拉力由 F_2 逐渐增大到 F_1，弹性变形逐渐增加，因而带沿带轮运动时一面绕进，一面向前伸长，使带的速度逐渐地高于从动轮圆周速度 v_2，即带与从动轮间也发生相对滑动。

这种由于带的弹性变形不一致而引起的带与带轮之间的相对滑动，称为带的弹性滑动。弹性滑动现象是摩擦型带传动正常工作时固有的特性，是不可避免的。传递载荷越大，紧边拉力和松边拉力的差也越大，弹性滑动也越明显；传动带的弹性模量越小，弹性滑动也越明显。

弹性滑动使带传动的传动比不准确，使从动轮的圆周速度低于主动轮，造成速度损失；引起带的磨损，使带的温度升高，缩短带的寿命；降低传动的效率。

弹性滑动现象使从动轮圆周速度 v_2 低于主动轮圆周速度 v_1，其差值与主动轮圆周速度之比称为滑动率 ε：

$$\varepsilon = \frac{v_1 - v_2}{v_1} = \frac{d_{d1} n_1 - d_{d2} n_2}{d_{d1} n_1} \tag{8-8}$$

式中　n_1——主动轮转速，r/min；

n_2——从动轮转速，r/min；

d_{d1}——主动带轮基准直径，mm；

d_{d2}——从动带轮基准直径，mm。

带传动的实际传动比 i 为：

$$i=\frac{n_1}{n_2}=\frac{d_{d_2}}{d_{d1}(1-\varepsilon)} \tag{8-9}$$

由于滑动率随所传递载荷的大小而变化，不是一个定值，故带传动的传动比依然不能保持准确值。带传动正常工作时，其滑动率 $\varepsilon \approx 1\% \sim 2\%$，一般计算时可不考虑，而取传动比为：

$$i=\frac{n_1}{n_2}\approx\frac{d_{d_2}}{d_{d1}} \tag{8-10}$$

（2）打滑

当带传动的工作载荷超过了带与带轮之间摩擦力的极限值，带与带轮之间发生剧烈的相对滑动（一般发生在较小的主动轮上），从动轮转速急速下降，甚至停转，带传动失效，这种现象称为打滑。打滑对其他机件有过载保护作用，但应尽快采取措施克服，以免带磨损发热使带损坏。

4. 带的工作应力分析

带传动工作时，带中应力由以下三方面组成。

（1）拉应力

紧边拉应力与松边拉应力分别为：

$$\left.\begin{array}{l}\sigma_1=F_1/A\\ \sigma_2=F_2/A\end{array}\right\} \tag{8-11}$$

式中　σ_1——紧边的拉应力，MPa；
　　　σ_2——松边的拉应力，MPa；
　　　F_1——紧边的拉力，N；
　　　F_2——松边的拉力，N；
　　　A——带的横截面面积，mm^2，具体尺寸参见表 8-1。

（2）弯曲应力

带绕在带轮上由于弯曲必然引起弯曲应力，带的弯曲应力 σ_b（MPa）：

$$\sigma_b \approx E\frac{h}{d_d} \tag{8-12}$$

式中　h——带的高度，mm，具体尺寸参见表 8-1；
　　　E——带的弹性模量，MPa。

注意，弯曲应力仅出现在带绕过带轮的弧段。显然，带绕过带轮时会产生弯曲应力，且小带轮上所产生的弯曲应力大于大带轮上的。实践证明，弯曲应力是影响带疲劳寿命的最主要因素。因此，为了保证一定的疲劳寿命，必须限制小带轮的最小直径。最小带轮直径见表 8-4。

表 8-4　V 带轮的最小基准直径及基准直径系列

V带轮槽型	Y	Z	A	B	C	D	E
d_{min}	20	50	75	125	200	355	500
基准直径系列	25　28　31.5　35.5　40　45　50　56　63　71　75　80　85　90　95　100　106　112　118　125　132　140　150　160　170　180　200　212　224　236　250　265　280　300　315　335　355　375　400　425　450　475　500　530　560　600　630　670							

（3）离心应力

当带以切线速度 v 沿带轮轮缘作圆周运动时，带本身的质量将引起离心力。由于离心力

的作用,带中产生的离心拉力在带的横截面上就要产生离心应力 σ_c(MPa),这个应力可用下式计算:

$$\sigma_c = \frac{qv^2}{A} \tag{8-13}$$

式中　q——传动带单位长度的质量,kg/m(表8-1);
　　　A——带的横截面面积,mm²;
　　　v——带的线速度,m/s。

通过上述分析,带传动工作时,带上的应力分布如图8-15所示。各截面的应力大小用相对径向线的长度来表示。由图8-15可知:

①带在工作时,受到周期性变应力作用;②最大应力出现在带的紧边刚绕入主动带轮处;③最大应力为:

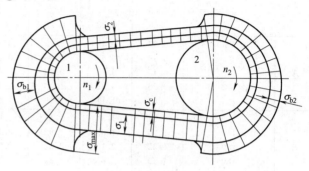

图 8-15　带传动的应力分布

$$\sigma_{\max} = \sigma_c + \sigma_1 + \sigma_{b1} \quad (\text{MPa}) \tag{8-14}$$

知识点四　普通 V 带传动设计计算

1. 带传动的失效形式和设计准则

根据前面对带传动工作情况的分析可知,带传动的主要失效形式有:①带在带轮上打滑,不能传递运动和动力;②带的疲劳破坏,产生脱层、撕裂或拉断等。

因此,带传动的设计准则是:在保证带传动不打滑的条件下,具有一定的疲劳强度和寿命。

2. 单根 V 带的基本额定功率 P_0 和许用功率 $[P_0]$

(1) 单根 V 带所能传递的功率 P_0

为保证带传动在正常工作时不出现打滑,必须限制带所需传递的有效圆周力,使其不超过带传动的最大有效拉力,最大有效拉力为:

$$F_{e\max} = F_1 - F_2 = F_1(1 - 1/e^{f\alpha}) = \sigma_1 A(1 - 1/e^{f\alpha}) \tag{8-15}$$

由式(8-4)得到带传动不发生打滑所能传递的功率 P_0 为:

$$P_0 = \frac{F_{e\max} v}{1000} = \frac{\sigma_1 A(1 - 1/e^{f\alpha})v}{1000} \quad (\text{kW}) \tag{8-16}$$

再由式(8-14)可知,V 带的疲劳强度条件为:$\sigma_{\max} = \sigma_c + \sigma_1 + \sigma_{b1} \leqslant [\sigma]$,即:

$$\sigma_1 \leqslant [\sigma] - \sigma_{b1} - \sigma_c \tag{8-17}$$

式中,$[\sigma]$ 为在一定条件下,由带的疲劳强度所决定的许用应力。

将上式代入式(8-16),单根 V 带处于临界状态(既不打滑又具有一定的疲劳强度和寿命)所能传递的功率为:

$$P_0 = \frac{([\sigma] - \sigma_{b1} - \sigma_c)A(1 - 1/e^{f\alpha})v}{1000} \quad (\text{kW}) \tag{8-18}$$

(2) 单根普通 V 带的许用功率 $[P_0]$

单根 V 带所能传递的最大功率 P_0 称为基本额定功率,它是通过实验得到的。实验条件为:包角 $\alpha = 180°$、特定带长、平稳工作条件。单根普通 V 带的基本额定功率 P_0 参见表8-5。

表 8-5 单根普通 V 带的基本额定功率 P_0（摘自 GB/T 13575.1—2008） kW

带型	小带轮基准直径 d_1/mm	小带轮转速 n_1/(r/min)							
		400	730	800	980	1200	1460	2800	3200
Z	50	0.06	0.09	0.10	0.12	0.14	0.16	0.26	0.28
	63	0.08	0.13	0.15	0.18	0.22	0.25	0.41	0.45
	71	0.09	0.17	0.20	0.23	0.27	0.31	0.50	0.54
	80	0.14	0.20	0.22	0.26	0.30	0.36	0.56	0.61
A	75	0.27	0.42	0.45	0.52	0.60	0.68	1.00	1.04
	90	0.39	0.63	0.68	0.79	0.93	1.07	1.64	1.75
	100	0.47	0.77	0.83	0.97	1.14	1.32	2.05	2.19
	112	0.56	0.93	1.00	1.18	1.39	1.62	2.51	2.68
	125	0.67	1.11	1.19	1.40	1.66	1.93	2.98	3.16
B	125	0.84	1.34	1.44	1.67	1.93	2.20	2.96	2.94
	140	1.05	1.69	1.82	2.13	2.47	2.83	3.85	3.83
	160	1.32	2.16	2.32	2.72	3.17	3.64	4.89	4.80
	180	1.59	2.61	2.81	3.30	3.85	4.41	5.76	5.52
	200	1.85	3.05	3.30	3.86	4.50	5.15	6.43	5.95
C	200	2.41	3.80	4.07	4.66	5.29	5.86	5.01	
	224	2.99	4.78	5.12	5.89	6.71	7.47	6.08	
	250	3.62	5.82	6.23	7.18	8.21	9.06	6.56	
	280	4.32	6.99	7.52	8.65	9.81	10.74	6.13	
	315	5.14	8.34	8.92	10.23	11.53	12.48	4.16	
	400	7.06	11.52	12.10	13.67	15.04	15.51	—	

注：为了精简篇幅，表中未列出 Y 型、D 型和 E 型的数据，表中分档也较粗。

当实际工作条件与上述特定条件不同时，应对查得的单根 V 带的基本额定功率 P_0 值加以修正。修正后即得实际工作条件下单根普通 V 带所能传递的功率，称该功率为许用功率 $[P_0]$。

$$[P_0]=(P_0+\Delta P_0)K_\alpha K_L \tag{8-19}$$

式中 ΔP_0——功率增量，考虑传动比 $i\neq 1$ 时，带在大轮上的弯曲应力较小，故在寿命相同的条件下，可传递的功率比基本额定功率 P_0 大，ΔP_0 的值见表 8-7；

K_α——包角修正系数，考虑 $\alpha\neq 180°$ 时对传动能力的影响，其值见表 8-6；

K_L——带长修正系数，考虑带为非特定长度时带长对传递功率的影响，其值见表 8-2。

表 8-6 包角修正系数 K_α

包角 α_1	180°	170°	160°	150°	140°	130°	120°	110°	100°	90°
K_α	1.00	0.98	0.95	0.92	0.89	0.86	0.82	0.78	0.74	0.69

表 8-7 单根普通 V 带额定功率的增量 ΔP_0

（在包角 $\alpha=180°$、特定长度、平稳工作条件下） kW

带型	小带轮转速 n_1 /(r/min)	传动比 i								
		1.00~1.01	1.02~1.04	1.05~1.08	1.09~1.12	1.13~1.18	1.19~1.24	1.25~1.34	1.35~1.51	1.52~1.99	≥2.0
Z	400	0.00	0.00	0.00	0.00	0.00	0.00	0.00	0.00	0.01	0.01
	730	0.00	0.00	0.00	0.00	0.00	0.00	0.01	0.01	0.01	0.02
	800	0.00	0.00	0.00	0.00	0.00	0.01	0.01	0.01	0.02	0.02
	980	0.00	0.00	0.00	0.00	0.01	0.01	0.01	0.02	0.02	0.02
	1200	0.00	0.00	0.01	0.01	0.01	0.01	0.02	0.02	0.02	0.03
	1460	0.00	0.00	0.01	0.01	0.01	0.02	0.02	0.02	0.02	0.03
	2800	0.00	0.01	0.02	0.02	0.03	0.03	0.03	0.04	0.04	0.04

续表

带型	小带轮转速 n_1 /(r/min)	传动比 i									
		1.00~1.01	1.02~1.04	1.05~1.08	1.09~1.12	1.13~1.18	1.19~1.24	1.25~1.34	1.35~1.51	1.52~1.99	≥2.0
A	400	0.00	0.01	0.01	0.02	0.02	0.03	0.03	0.04	0.04	0.05
	730	0.00	0.01	0.02	0.03	0.04	0.05	0.06	0.07	0.08	0.09
	800	0.00	0.01	0.02	0.03	0.04	0.05	0.06	0.07	0.09	0.10
	980	0.00	0.01	0.03	0.04	0.05	0.06	0.07	0.08	0.10	0.11
	1200	0.00	0.02	0.03	0.05	0.07	0.08	0.10	0.11	0.13	0.15
	1460	0.00	0.02	0.04	0.06	0.08	0.09	0.11	0.13	0.15	0.17
	2800	0.00	0.04	0.08	0.11	0.15	0.19	0.23	0.26	0.30	0.34
B	400	0.00	0.01	0.03	0.04	0.06	0.07	0.08	0.10	0.11	0.13
	730	0.00	0.02	0.05	0.07	0.10	0.12	0.15	0.17	0.20	0.22
	800	0.00	0.03	0.06	0.08	0.11	0.14	0.17	0.20	0.23	0.25
	980	0.00	0.03	0.07	0.10	0.13	0.17	0.20	0.23	0.26	0.30
	1200	0.00	0.04	0.08	0.13	0.17	0.21	0.25	0.30	0.34	0.38
	1460	0.00	0.05	0.10	0.15	0.20	0.25	0.31	0.36	0.40	0.46
	2800	0.00	0.10	0.20	0.29	0.39	0.49	0.59	0.69	0.79	0.89
C	400	0.00	0.04	0.08	0.12	0.16	0.20	0.23	0.27	0.31	0.35
	730	0.00	0.07	0.14	0.21	0.27	0.34	0.41	0.48	0.55	0.62
	800	0.00	0.08	0.16	0.23	0.31	0.39	0.47	0.55	0.63	0.71
	980	0.00	0.09	0.19	0.27	0.37	0.47	0.56	0.65	0.74	0.83
	1200	0.00	0.12	0.24	0.35	0.47	0.59	0.70	0.82	0.94	1.06
	1460	0.00	0.14	0.28	0.42	0.58	0.71	0.85	0.99	1.14	1.27
	2800	0.00	0.27	0.55	0.82	1.10	1.37	1.64	1.92	2.19	2.47

3. 普通 V 带的设计步骤与方法

普通 V 带一般传动设计的已知条件为：传递的功率 P，转速 n_1、n_2（或传动比 i），传动位置要求及工作条件等。设计内容包括：确定带的型号、长度、根数、传动中心距、带轮基准直径及结构尺寸、初拉力和压轴力、张紧装置等。

（1）确定计算功率 P_{ca}

计算功率 P_{ca} 是根据传递的功率 P，并且考虑到载荷的性质、原动机的种类和连续工作时间的长短等条件，利用下式求得：

$$P_{ca} = K_A P \tag{8-20}$$

式中 K_A——工况系数，可查表 8-8；

P——所需传递的额定功率，如电动机的额定功率或名义负载功率。

表 8-8 工作情况系数 K_A

载荷性质	工作机	原动机					
		空、轻载启动			重载启动		
		每天工作小时数/h					
		<10	10~16	>16	<10	10~16	>16
载荷平稳	离心式水泵、通风机(≤7.5kW)、轻型输送机、离心式压缩机	1.0	1.1	1.2	1.1	1.2	1.3
载荷变动小	带式运输机、通风机(>7.5kW)、发电机、旋转式水泵、机床、木工机械、压力机、印刷机、振动筛	1.1	1.2	1.3	1.2	1.3	1.4
载荷变动较大	螺旋式输送机、斗式提升机、往复式水泵和压缩机、锻锤、磨粉机、制砖机、纺织机械	1.2	1.3	1.4	1.4	1.5	1.6
载荷变动很大	破碎机(旋转式、颚式等)、球磨机、起重机、挖掘机、辊压机	1.3	1.4	1.5	1.5	1.6	1.8

注：空、轻载启动—普通鼠笼式交流电动机、同步电动机、直流电动机（并机）、$n \geq 600$r/min 的内燃机。
重载启动—交流电动机（双鼠笼式、滑环式、单相、大转差率）、直流电动机、$n \leq 600$r/min 的内燃机。

(2) 选择 V 带型号

根据计算功率 P_{ca} 和小带轮转速 n_1，从图 8-16 选取普通 V 带的型号。如果有两种带型可以选用，则应按两种方案分别计算，最后对计算结果作综合分析，以确定用哪种型号较适宜。

(3) 确定带轮基准直径 d_{d1} 和 d_{d2}

带轮直径愈小，带在带轮上的弯曲程度愈大，带上的弯曲应力也就愈大，导致带的寿命降低。表 8-3 给出了普通 V 带传动的带轮最小基准直径 d_{dmin} 的荐用值。小带轮的基准直径 d_{d1} 应大于或等于 d_{dmin}。再根据 $d_{d2}=id_{d1}$ 确定大带轮直径，d_{d1} 和 d_{d2} 宜取标准值（查表 8-3）。

(4) 验算带速 v

$$v=\frac{\pi d_{d1} n_1}{60\times 1000} \tag{8-21}$$

对于普通 V 带，带速一般控制在 $5\text{m/s}\leqslant v\leqslant 30\text{m/s}$；如 $v>v_{max}$，则离心力过大，带与轮的正压力减小，摩擦力下降，传递载荷能力下降，传递同样载荷时所需张紧力增加，导致带的疲劳寿命下降，即应减小 d_{d1}；如 v 过小（例如 $v<5\text{m/s}$），表示所选 d_{d1} 过小，则传递同样功率 P 时，所需的有效拉力 F_e 过大，即所需带的根数 z 过多，于是带轮的宽度、轴径及轴承的尺寸都要随之增大。一般以 $v=15\sim 20\text{m/s}$ 为宜。

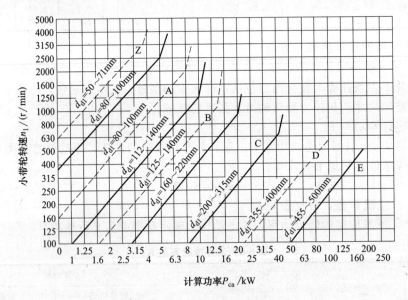

图 8-16　普通 V 带选型图

(5) 确定中心距 a 和带的基准长度 L_d

如果中心距未给出，可根据传动的结构需要初定中心距 a_0，取

$$0.7(d_{d1}+d_{d2})<a_0<2(d_{d1}+d_{d2})$$

a_0 取定后，根据带传动的几何关系，按下式计算所需带的基准长度 L_d'：

$$L_d'\approx 2a_0+\frac{\pi}{2}(d_{d1}+d_{d2})+\frac{(d_{d2}-d_{d1})^2}{4a_0} \tag{8-22}$$

根据 L_d' 由表 8-2 中选取和其相近的 V 带的基准长度 L_d，再根据 L_d 来计算实际中心距。由于 V 带传动的中心距一般是可以调整的，故可采用下式作近似计算，即：

$$a = a_0 + \frac{L_d - L_d'}{2} \tag{8-23}$$

考虑安装调整和补偿预紧力（如带伸长而松弛后的张紧）的需要，中心距的变动范围为：

$$(a - 0.015L_d) \sim (a + 0.03L_d)$$

（6）验算小轮包角 α_1

按下式可计算小带轮包角 α_1。由于 $\alpha_1 < \alpha_2$，打滑首先发生在小轮上，所以小轮包角的大小反映了带的承载能力。

$$\alpha_1 \approx 180° - (d_{d2} - d_{d1})\frac{57.3°}{a} \geq 120° \tag{8-24}$$

通常要求 $\alpha_1 \geq 120°$，特殊情况下允许 $\alpha_1 \geq 90°$。如 α_1 较小而不满足上述条件时，可增大中心距 a（在传动比 i 一定时）或加张紧轮装置。

（7）计算带的根数

所需 V 带根数 z 可按下式计算：

$$z = \frac{P_{ca}}{(P_0 + \Delta P_0) K_\alpha K_L} \tag{8-25}$$

在确定 V 带的根数 z 时，为了使各根 V 带受力均匀，根数不宜太多（通常 $z < 10$），否则应改选带的型号，重新计算；同时注意带的根数应取整数。

（8）确定带的初拉力 F_0

F_0 的大小是保证带传动正常工作的重要参数。初拉力过小，摩擦力小，容易发生打滑；初拉力过大，则带的寿命降低，轴和轴承的受力增大。对于 V 带传动，既能保证传动功率又不出现打滑时的单根传动带最合适的初拉力 F_0 为：

$$F_0 = \frac{500 P_{ca}}{zv}\left(\frac{2.5}{K_\alpha} - 1\right) + qv^2 \tag{8-26}$$

由于新带容易松弛，所以对非自动张紧的带传动，安装新带时的初拉力应为上述初拉力的 1.5 倍。

（9）带传动作用在轴上的力（简称压轴力）F_Q

为了设计带轮的轴和选择轴承，需先知道带传动作用在轴上的载荷 F_Q，为简化其运算，一般按静止状态下带的两边的初拉力 F_Q 的合力来计算（图 8-17），即：

$$F_Q = 2zF_0 \cos\frac{\beta}{2} = 2zF_0 \cos\left(\frac{\pi}{2} - \frac{\alpha_1}{2}\right) = 2zF_0 \sin\frac{\alpha_1}{2} \tag{8-27}$$

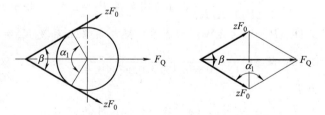

图 8-17 带传动作用在轴上的力

（10）带轮结构设计（略）

项目训练 8-1 设计一通风机用普通 V 带传动。选用 Y 系列三相异步电动机驱动，电动机转速 $n_1 = 1460$ r/min，通风机转速 $n_2 = 640$ r/min，通风机功率 $P = 9$ kW，每天两班制工作。

解：（一）确定计算功率 P_{ca}

由表8-8查得工作情况系数 $K_A=1.2$，$P_{ca}=K_A P=1.2\times 9\text{kW}=10.8\text{kW}$

（二）选取V带型号

根据 $P_{ca}=10.8\text{kW}$ 和 $n_1=1460\text{r/min}$，由图8-16选取带的型号：以上二数据的交点位于A型与B型之间，本例选用B型计算（读者可按A型计算，并对两种方案进行比较）。

（三）确定带轮直径 d_{d1}、d_{d2}

由表8-4选取最小直径，即取 $d_{d1}=125\text{mm}$，按公式计算大带轮直径 d_{d2}：

$d_{d2}\approx \dfrac{n_1}{n_2}d_{d1}=\dfrac{1460}{640}\times 125=285\text{mm}$，由表8-4选取最接近的标准直径系列值：$d_{d2}=280\text{mm}$。

（四）验算带速 v

$v=\dfrac{\pi d_{d1} n_1}{60\times 1000}=\dfrac{\pi\times 125\times 1460}{60000}=9.56\text{m/s}$，带速在 $5\sim 25\text{m/s}$ 范围内，合适。

（五）检验转速误差

$n_2'=\dfrac{n_1 d_{d1}}{d_{d2}}=\dfrac{1460\times 125}{280}=651.8\text{r/min}$，其转速误差为 $\left|\dfrac{n_2'-n_2}{n_2}\right|=\dfrac{651.8-640}{640}=1.8\%<5\%$，转速误差满足要求。

（六）确定带长和中心距 a

初步选取中心距：$a_0=1.5(d_{d1}+d_{d2})=1.5\times(125+280)=607.5\text{mm}$，取 $a_0=620\text{mm}$，符合 $0.7(d_{d1}+d_{d2})<a_0<2(d_{d1}+d_{d2})$。

由式（8-22）得带长 $L_d'\approx 2a_0+\dfrac{\pi}{2}(d_{d1}+d_{d2})+\dfrac{(d_{d2}-d_{d1})^2}{4a_0}$

$=2\times 620+\dfrac{\pi}{2}(125+280)+\dfrac{(280-125)^2}{4\times 620}=1886\text{mm}$，查表8-2，对B型带选用 $L_d=2000\text{mm}$。再由式（8-23）计算实际中心距：$a=a_0+\dfrac{L_d-L_d'}{2}=620+\dfrac{2000-1886}{2}=677\text{mm}$。

（七）验算小带轮包角 α_1

由式（8-24），$\alpha_1\approx 180°-(d_{d2}-d_{d1})\dfrac{57.3°}{a}=180°-(280-125)\times\dfrac{57.3°}{687}=167.1°\geqslant 120°$，合适。

（八）求V带根数 z

由式（8-25），$z=\dfrac{P_{ca}}{(P_0+\Delta P_0)K_\alpha K_L}$；由表8-5得 $P_0=2.20$；用 $n_1=1460\text{r/min}$ 和 $i\approx d_{d2}/d=2.24$ 查表8-7得 $\Delta P_0=0.46\text{kW}$；由表8-6得包角修正系数 $K_\alpha=0.97$；由表8-2得带长修正系数 $K_L=0.98$；故 $z=\dfrac{10.8}{(2.20+0.46)\times 0.97\times 0.98}=4.3$ 根，取 $z=5$ 根。

（九）计算初拉力 F_0

由表8-1得 $q=0.17\text{kg/m}$，初拉力 F_0 按式（8-26）计算：

$F_0=\dfrac{500P_{ca}}{zv}\left(\dfrac{2.5}{K_\alpha}-1\right)+qv^2=\dfrac{500\times 10.8}{5\times 9.56}\times\left(\dfrac{2.5}{0.97}-1\right)+0.17\times 9.56^2=193.7\text{N}$

（十）计算压轴力 F_Q

由式（8-27），$F_Q=2zF_0\sin\dfrac{\alpha_1}{2}=2\times 5\times 193.7\times\sin\dfrac{167.1°}{2}=1925\text{N}$

（十一）带轮结构设计

带轮结构设计可参阅本项目有关内容,最后应绘出带轮零件图(略)。

知识点五　带传动的张紧、安装与维护

1. 带传动的张紧

带传动工作前必须预先张紧,张紧的目的是:

① 根据带的摩擦传动原理,带在预张紧后才能正常工作;

② 运转一定时间后,带会松弛,为了保证带传动的能力,必须重新张紧,才能正常工作。

常见的张紧装置有定期张紧装置、自动张紧装置、张紧轮张紧装置。

(1) 定期张紧装置

采用定期改变中心距的方法来调节带的预紧力,使带重新张紧。在水平或倾斜不大的传动中,可用图 8-18(a)所示滑道式方法,将装有带轮的电动机安装在制有滑道的基板 3 上,要调节预紧力时,松开基板上各螺栓的螺母 2,旋动调节螺钉 1,将电动机向右推移到所需的位置,然后拧紧螺母 2。在垂直的或接近垂直的传动中,可用图 8-18(b)所示摆架式方法,将装有带轮的电动机安装在可调的摆架 1 上,通过调节螺栓 2 使摆架摆动,以增大中心距达到张紧目的。

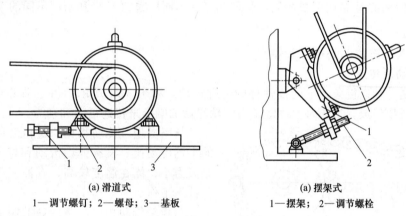

(a) 滑道式　　　　　　　　　　　(a) 摆架式
1—调节螺钉；2—螺母；3—基板　　1—摆架；2—调节螺栓

图 8-18　带的定期张紧装置

(2) 自动张紧装置

如图 8-19 所示,将装有带轮的电动机安装在浮动的摆架上,利用电动机的自重,使带轮随同电动机绕固定轴摆动,以自动保持张紧力。

(3) 采用张紧轮的装置

当中心距不能调节时,可采用张紧轮将带张紧(图 8-20)。张紧轮一般应放在松边的内侧,使带只受单向弯曲。同时张紧轮还应尽量靠近大轮,以免过分影响带在小轮上的包角。

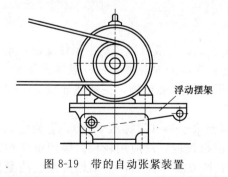

图 8-19　带的自动张紧装置

图 8-20　用张紧轮的张紧装置

项目八　挠性传动

张紧轮的轮槽尺寸与带轮的相同,且直径小于小带轮的直径。

2. 带传动的安装和维护

正确安装和维护,是保证带传动正常工作、延长带工作寿命的前提。

(1) 一般安装时应注意的问题

① 平行轴传动时,各带轮的轴线必须保持规定的平行度。

② 应保证两轮槽对正。两轮槽中心平面的对称度误差不得超过 $20'$,否则将加剧带的磨损,甚至使带从带轮上脱落。

③ 安装皮带时,应通过调整中心距使皮带张紧,严禁强行撬入和撬出,以免损伤皮带。

④ 安装时带的松紧应适当。一般应按式(8-26)计算的初拉力张紧,可用测量力装置检测,也可用经验法估计。经验法又称为大拇指下压法,即用大拇指下压带的中部,以使带的挠度 y 在 $0.016a$ 左右为宜。

(2) 使用时应注意的问题

① 加防护罩以保护安全,防止带与酸、碱、油等腐蚀物接触。

② 带传动一般不在 $60°$ 以上的环境下工作。

③ 定期对 V 带进行检查,以便及时调整中心距和更换 V 带。

④ 同组使用的 V 带应型号相同,长度相等,不同厂家的 V 带和新旧不同的 V 带,不能同组使用。

知识点六 链传动的类型和特点

1. 链传动及特点

链传动是一种以链条作中间挠性件的啮合传动,如图 8-21 所示,由主动链轮、从动链轮、链条及机架组成。工作时,靠链条与链轮轮齿的啮合来传递运动和动力。

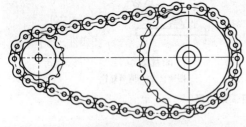

图 8-21 链传动

与摩擦型带传动相比,链传动能保持准确的平均传动比;没有弹性滑动和打滑;需要的张紧力小;能在温度较高、有油污等恶劣环境条件下工作。

与齿轮传动相比,链传动的制造和安装精度要求较低;成本低廉;能实现远距离传动;但瞬时速度不均匀,瞬时传动比不恒定;传动中有一定的冲击和噪声。

链传动结构简单,耐用,维护容易,主要运用于中心距较大、要求平均传动比准确、不宜采用齿轮传动的场合。链传动可以用于环境条件较恶劣的场合,广泛用于矿山机械、农业机械、石油机械、机床及摩托车中。链传动适用的工作参数一般为:传动比 $i \leqslant 8$,中心距 $a \leqslant (5 \sim 6)$m,传递功率 $P \leqslant 100$kW,圆周速度 $v \leqslant 15$m/s,传动效率 $\eta = 0.92 \sim 0.98$,在多级传动中链传动一般放在低速级。

2. 链传动的类型

按用途不同,链传动分为传动链、起重链和牵引链。一般机械传动中用传动链,主要用来传递动力,通常在 $v \leqslant 20$m/s 以下工作;起重链主要用来提升重物,一般链速很低($v < 0.25$m/s);牵引链又称输送链,主要用于在运输机械中移动重物,一般线速度 $v \leqslant (2 \sim 4)$m/s。

根据结构的不同,常用的传动链又分短节距精密滚子链(简称滚子链)、套筒链、弯板链和齿形链,如图 8-22 所示。滚子链结构简单,磨损较轻,故应用较广。齿形链又称无声链,它有传动平稳,噪声小,承受冲击性能好,工作可靠等优点,但结构复杂、质量价格高、制造较困难，故多用于高速（链速 v 可达 40m/s）或运动精度要求较高的传动装置中。

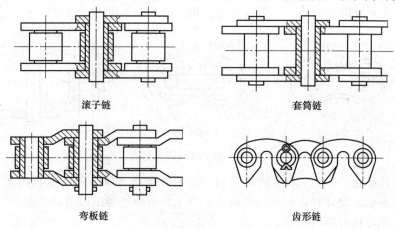

图 8-22 链传动的类型

知识点七　滚子链与链轮

1. 滚子链的结构

滚子链的结构如图 8-23（a）所示，每个链节由滚子 1、套筒 2、销轴 3、内链板 4 和外链板 5 组成。内链板与套筒、外链板与销轴之间均为过盈配合；而套筒与销轴、滚子与套筒之间均为间隙配合。当链条进入啮合和脱开啮合时，内外链板作相对转动，同时滚子沿链轮轮齿滚动，可以减少链条与轮齿的磨损。内、外链板一般均制成"8"字形，以使它的各个横截面具有接近相等的抗拉强度，同时也减轻链条的重量。组成链条的各零件，由碳钢或合金钢制成，并进行热处理，以提高强度和耐磨性。

滚子链相邻两滚子中心的距离称为链节距，用 p 表示，它是链条的主要参数。节距 p 越大，链条各零件的尺寸越大，所能承受的载荷越大。

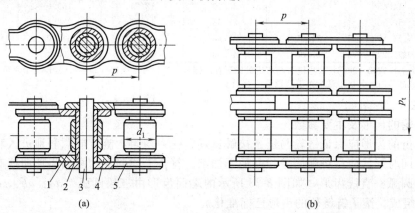

1—滚子；2—套筒；3—销轴；4—内链板；5—外链板

图 8-23 滚子链的结构

当传递大功率时，滚子链可采用双排链或多排链，如图 8-23（b），图中 p_t 为排距。多排链是把单排链并列布置，用长销轴连接而成。由于排数愈多，各排链受力愈不均匀，故一般不超过 3 排或 4 排。

滚子链的长度以链节数 L_p 表示。链节数最好取偶数，以便链条联成环形时正好是内、外链板相接，此时滚子链的接头处可用开口销 [图 8-24（a）] 或弹簧卡片 [图 8-24（b）]

项目八　挠性传动

来固定；当链节数为奇数时，需采用一个过渡链节，如图 8-24（c）所示，由于过渡链节的链板在工作时要承受附加弯矩，一般应避免使用，即最好不用奇数链节。

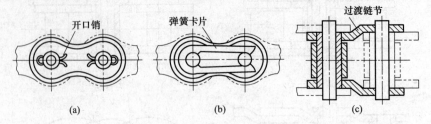

图 8-24 滚子链的接头形式

滚子链已标准化，分为 A、B 两个系列，常用的是 A 系列。表 8-9 列出了几种 A 系列滚子链的主要参数。设计时，要根据载荷大小及工作条件等选用适当的链条型号；确定链传动的几何尺寸及链轮的结构尺寸。

滚子链的标记方法为：   链号—排数—链节数—标准号

例如，10A—2—87 GB/T 1243—2006 表示：链号为 10A、双排、链长为 87 节、节距为 15.875mm（节距=链号×25.4/16）的 A 系列滚子链。

表 8-9 A 系列滚子链的主要参数

链号	节距 p/mm	排距 p_t/mm	滚子直径 d_{1max}/mm	销轴直径 d_{2max}/mm	单排极限载荷 F_{lim}/kN	单排每米质量 q/(kg/m)
08A	12.70	14.38	7.92	3.98	13.8	0.60
10A	15.875	18.11	10.16	5.09	21.8	1.00
12A	19.05	22.78	11.91	5.96	31.1	1.50
16A	25.40	29.29	15.88	7.94	55.6	2.60
20A	31.75	35.76	19.05	9.53	86.7	3.80
24A	38.10	45.44	22.23	11.11	124.6	5.60
28A	44.45	48.87	25.40	12.71	169.0	7.50
32A	50.80	58.55	28.58	14.29	222.4	10.10
40A	63.50	71.55	39.68	19.85	347.0	16.10
48A	76.20	87.83	47.63	23.81	500.4	22.60

注：1. 摘自 GB 1243—2006，表中链号与相应的国际标准链号一致，链号乘以（25.4/16）即为节距值（mm）。
2. 使用过渡链节时，其极限载荷按表列数值 80% 计算。

2. 链轮

（1）链轮的齿形及主要参数

链轮轮齿的齿形应保证链轮与链条接触良好、受力均匀，链节能顺利地进入和退出与轮齿的啮合，同时形状应尽可能简单，并便于加工。符合上述要求的端面齿形曲线有多种，最常用的是三圆弧一直线齿形，如图 8-25 所示的端面齿形由三段圆弧（aa、ab、cd）和一段直线（bc）组成。滚子链链轮的齿形已标准化。

链轮的主要参数是：节距 p、齿数 z 和链轮的分度圆直径 d。链轮用标准刀具加工，链轮齿形在工作图上不画出，只需给出主要参数并注明"齿形按 GB/T 1234—2006 规定制造"即可。但为了车削轮坯，需将轴向齿形画出，轴向齿形的具体尺寸可参见机械设计手册。链轮的轴面齿形如图 8-26 所示，图 8-26（a）所示用于单排链，图 8-26（b）所示用于多排链。

链轮上销轴中心所处的被链条节距等分的圆称为分度圆，其直径用 d 表示，若已知节距 p 和齿数 z 时，链轮的主要尺寸计算式为：

分度圆直径 $$d=\frac{p}{\sin(180°/z)}$$ (8-28)

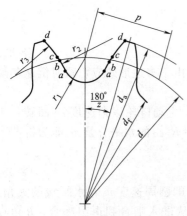

图 8-25 滚子链链轮的端面齿形

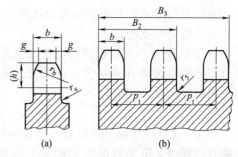

图 8-26 滚子链链轮的轴面齿形

齿顶圆直径
$$\left.\begin{array}{l}d_{a\max}=d+1.25p-d_1\\d_{a\min}=d+(1-1.6/z)p-d_1\end{array}\right\} \quad (8-29)$$

齿根圆直径 $\quad d_f=d-d_1(d_1\text{为滚子直径}) \quad (8-30)$

(2) 链轮的结构

链轮的结构如图 8-27 所示。一般小直径链轮可制作成实心式 [图 8-27 (a)]；中等直径的链轮可制作成孔板式 [图 8-27 (b)]；直径较大的链轮，可采用焊接式 [图 8-27 (c)]，或设计成组合式结构 [图 8-27 (d)]。链轮具体结构尺寸可参考有关手册。

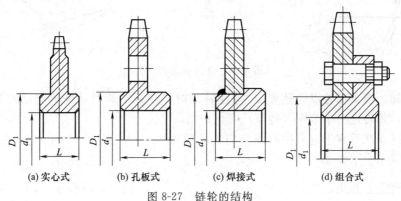

图 8-27 链轮的结构

(3) 链轮的材料

链轮的轮齿应有足够的接触强度、耐磨性和耐腐蚀性，故链轮材料多采用中碳钢和中碳合金钢，如 45、40Cr、35SiMo 等，经淬火处理，硬度达到 40～45HRC；高速重载时采用低碳钢和低碳合金钢，如 15、20、15Cr、20Cr，经表面渗碳淬火，硬度达到 55～60HRC；低速轻载、齿数较多时也可采用铸铁制造，如 HT200。

因工作时小链轮的啮合次数比大链轮多，所受冲击力也大，故所用材料一般优于大链轮。

知识点八 链传动运动特性及受力分析

1. 链传动运动特性

由于链条是由刚性链板用销轴铰接而成，当链条绕上链轮后形成折线，因此链传动相当于一对多边形轮子之间的传动（图 8-28）。设 z_1、z_2 为两链轮的齿数，p 为节距（mm），n_1、n_2 为两链轮的转速（r/min），则链条线速度 v（简称链速）为：

$$v = \frac{z_1 p n_1}{60 \times 1000} = \frac{z_2 p n_2}{60 \times 1000} \quad (\text{m/s}) \tag{8-31}$$

由上式可得链传动的传动比为: $\quad i = n_1/n_2 = z_2/z_1 \tag{8-32}$

由以上两式求得的链速和传动比均为平均值。实际上,由于多边形效应,瞬时链速和瞬时传动比都是变化的。

如图 8-28 所示,设链的主动边(紧边)处于水平位置,主动链轮以角速度 ω_1 回转,当链节与链轮轮齿在 A 点啮合时,链轮上该点的圆周速度 $v_1 = R_1 \omega_1$ 的水平分量 v_x 即为链节上该点的瞬时速度,其值为:

$$v = v_x = v_1 \cos\beta = R_1 \omega_1 \cos\beta \tag{8-33}$$

式中,β 为主动轮上最后进入啮合的链节铰链的销轴 A 的圆周速度 v_1 与水平线的夹角,即啮合过程中,链节铰链在主动轮上的相位角。任一链节从进入啮合到退出啮合,β 角在 $-180°/z$ 到 $+180°/z$ 的范围内变化。当 $\beta = 0$,链速最大,当 $\beta = \pm 180°/z$ 时,链速最小。

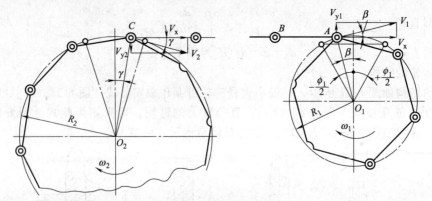

图 8-28 链传动运动分析

由此可知,当主动轮以角速度 ω_1 等速转动时,链条的瞬时速度 v 周期性地由小变大,又由大变小,每转过一个节距(链节)变化一次。

同时,链条在垂直于链节中心线方向的分速度 $v_{y1} = v_1 \sin\beta = R_1 \omega_1 \sin\beta$,也作周期性变化,从而使链条上下抖动。

对从动链轮,其角速度为 $\omega_2 = \dfrac{v_x}{R_2 \cos\gamma} = \dfrac{R_1 \omega_1 \cos\beta}{R_2 \cos\gamma}$,在传动过程中,因 γ 在 $\pm 180/z_2$ 内不断变化,加上 β 也在变化,故 ω_2 也是周期性变化的。链传动的瞬时传动比为:

$$i = \frac{\omega_1}{\omega_2} = \frac{R_2 \cos\gamma}{R_1 \cos\beta} \tag{8-34}$$

可见链传动的瞬时传动比也是变化的,这种特性称为链传动的多边形效应。由于从动轮角速度 ω_2 的速度波动将引起链条与链轮轮齿的冲击,产生振动和噪声,并加剧磨损,随着链轮齿数的增加,β 和 γ 相应减小,传动中的速度波动、冲击、振动和噪声也都减小。因此,在设计链传动时,为了减轻振动和动载荷,应尽量减小链节距,增加链轮齿数,限制链速。

2. 链传动的受力分析

安装链传动时,只需不大的张紧力,主要是使链的松边的垂度不致过大,以防止产生显著振动、跳齿和脱链。链传动工作时,若不考虑动载荷,则作用在链条上的力主要有:

(1)工作拉力(圆周力)F

$$F = 1000P/v \quad (\text{N}) \tag{8-35}$$

式中　P——链传动传递的功率，kW；
　　　v——链速，m/s。

(2) 离心拉力 F_c

$$F_c = qv^2 \quad (N) \tag{8-36}$$

式中　q——每米链的质量，kg/m，其值见表 8-9。

(3) 悬垂拉力 F_y

$$F_y = K_y q g a \quad (N) \tag{8-37}$$

式中　a——链传动的中心距，m；
　　　g——重力加速度，$g = 9.81 \text{m/s}^2$；
　　　K_y——下垂量 $y = 0.02a$ 时的垂度系数，其值和链轮中心连线与水平线的夹角 β（图 8-29）有关：垂直布置时 $K_y = 1$，水平布置时 $K_y = 6$；倾斜布置时，$K_y = 1.2$（当 $\beta = 75°$），$K_y = 2.8$（当 $\beta = 60°$），$K_y = 5$（当 $\beta = 30°$）。

链传动工作时，紧边拉力 F_1 和松边拉力 F_2 不相等，其值分别为：

$$F_1 = F + F_c + F_y \tag{8-38}$$
$$F_2 = F_c + F_y \tag{8-39}$$

链作用在轴上的压力 F_Q 可近似取值为：

$$F_Q = (1.2 \sim 1.3) F \tag{8-40}$$

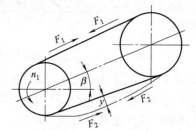

图 8-29　作用在链上的力

知识点九　滚子链传动的设计计算

1. 滚子链传动的失效形式

链传动的失效多为链条失效，其主要失效形式有以下几种。

(1) 链板疲劳破坏

由于链条受变应力的作用，经过一定的循环次数后，链板会发生疲劳断裂，所以链板的疲劳强度是决定链传动承载能力的主要因素。

(2) 滚子、套筒的冲击疲劳破坏

链传动在反复启动、制动或反转时会产生巨大的惯性冲击，使套筒与滚子表面发生冲击疲劳破坏。

(3) 销轴与套筒的胶合

当润滑不良或速度过高时，销轴与套筒的工作表面摩擦发热较大，而使两表面发生黏附磨损，严重时则产生胶合。胶合限制了链传动的极限转速。

(4) 链条铰链磨损

链在工作过程中，链的各元件均会磨损，但主要发生在销轴与套筒的承压表面，磨损导致链节的伸长，容易引起跳齿和脱链。

(5) 过载拉断

在低速（$v < 6$m/s）重载或瞬时严重过载时，当载荷超过链条静强度，链条可能被拉断。

2. 额定功率曲线图

链传动的各种失效形式都在一定条件下限制了它的承载能力。为使链传动的设计有可靠的依据，对各种规格的链条进行试验，可得出链传动不失效时所能传递的功率。

图 8-30 所示是部分 A 系列滚子链的额定功率曲线。它是在特定试验条件下制定的，即 ①两轮共面；②小轮齿数 $z_1 = 19$；③链长 $L_p = 120$ 节；④载荷平稳；⑤按推荐的方式润滑

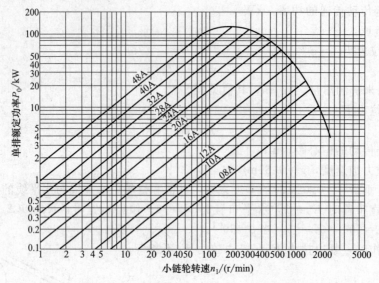

图 8-30 A 系列滚子链的额定功率曲线

(图 8-33);⑥工作寿命为 15000h;⑦链条因磨损而引起的相对伸长量不超过 3%;⑧工作环境温度在 $-5°\sim+70°$ 之间。若链传动的实际工作条件与上述特定条件不同,则需要引入一系列相应的修正系数对图中额定功率 P_0 进行修正。修正时考虑的主要方面是:①工作情况;②主动链轮齿数;③链传动排数。

3. 链传动设计计算准则

(1) 中、高速链传动 ($v>0.6\text{m/s}$)

对于一般链速 $v>0.6\text{m/s}$ 的传动,其主要失效形式为疲劳破坏,故设计计算通常以疲劳强度为主并综合考虑其他失效形式的影响。计算准则为传递的功率(计算功率)小于许用功率值,即:$P_{ca} \leqslant [P]$。

由图 8-30 查得的 P_0 值是在规定的条件下得到的,与实际工作情况往往不一致,所以 P_0 值不能作为 $[P]$,而必须对其进行修正,故有 $P_{ca} = K_A P \leqslant K_z K_L K_p P_0$,即:

$$P_0 \geqslant \frac{K_A P}{K_z K_L K_p} \tag{8-41}$$

式中 K_A——工作情况系数,由表 8-10 确定;

       P_0——单排链的额定功率,kW;

       P——链传动传递的功率,kW;

       K_z——小链轮的齿数系数,由表 8-11 确定,当工作点落在图 8-30 的曲线顶点左侧时(属于链板疲劳),查表中 K_z;当工作点落在图 8-30 的曲线右侧时(属于套筒、滚子冲击疲劳),查表中 K_z';

       K_L——链长系数(图 8-31),图中曲线 1 为链板疲劳计算用,曲线 2 为套筒、滚子冲击疲劳计算用;当失效形式无法预先估计时,取曲线中小值代入计算;

       K_p——多排链系数(表 8-12)。

(2) 低速链传动 ($v<0.6\text{m/s}$)

低速链传动 $v<0.6\text{m/s}$,链条常因静强度不够而破坏,除了进行以上步骤的设计计算,还需进行静强度计算。

$$S_{ca} = \frac{F_{\lim} n}{K_A F_1} \geqslant (4\sim 8) \tag{8-42}$$

式中 S_{ca}——链的静强度计算安全系数；
F_{lim}——单排链的极限拉伸载荷，kN，查表 8-9；
n——链的排数；
K_A——工作情况系数，查表 8-10；
F_1——链的紧边工作拉力，kN。

表 8-10 工作情况系数 K_A

载荷性质	原动机	
	电动机或汽轮机	内燃机
载荷平稳	1.0	1.2
中等冲击	1.3	1.4
较大冲击	1.5	1.7

表 8-11 小链轮齿数系数 K_z 和 K_z'

z_1	9	10	11	12	13	14	15	16	17
K_z	0.446	0.500	0.554	0.609	0.664	0.719	0.775	0.831	0.887
K_z'	0.326	0.382	0.441	0.502	0.566	0.633	0.701	0.773	0.846
z_1	19	21	23	25	27	29	31	33	35
K_z	1.00	1.11	1.23	1.34	1.46	1.58	1.70	1.82	1.93
K_z'	1.00	1.16	1.33	1.51	1.69	1.89	2.08	2.29	2.50

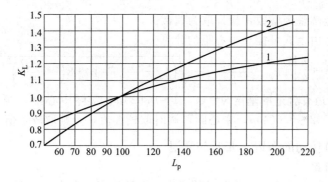

图 8-31 链长系数
1—链板疲劳；2—滚子套筒冲击疲劳

表 8-12 多排链系数 K_P

排数	1	2	3	4	5	6
K_P	1	1.7	2.5	3.3	4.0	4.6

4. 滚子链传动的设计内容与参数选择

链传动的设计一般已知条件包括：传动的用途和工作条件，原动机的种类，传递的功率 P，主动链轮转速 n_1，从动链轮转速 n_2（或传动比 i）等。

链传动的设计内容包括：选择链轮的齿数、确定链节数、链型号，确定中心距，确定链轮的材料、结构，确定润滑方式，确定链轮轴的压力。

（1）链轮齿数 z_1，z_2 和传动比

由链传动的运动特性得知，齿数越少，瞬时链速变化越大，而且链轮直径也较小，当传

递功率一定时,链和链轮轮齿的受力也会增加。为使传动平稳,小链轮齿数不宜过少,但如齿数过多,又会造成链轮尺寸过大,而且当链条磨损后,也容易从链轮上脱落。滚子链传动的小链轮齿数 z_1 应根据链速 v 和传动比 i,由表 8-13 进行选取,然后按 $z_2=iz_1$,选取大链轮的齿数;并控制 $z_2 \leqslant 120$。

表 8-13 小链轮齿数

链速 $v/(m/s)$	0.6~3	3~8	>8
z_1	≥15~17	≥19~21	≥23~25

因链节数常取偶数,故链轮齿数最好取奇数,以使磨损均匀。

传动比一般不大于 7,一般推荐 $i=2\sim3.5$,传动比过大时,小链轮上的包角 α_1 减小,啮合的轮齿数减少,将加速轮齿的磨损,因此通常要求包角 α_1 不小于 $120°$。

(2) 链的节距 p

链的节距越大,承载能力越高,但其运动不均匀性和冲击就越严重。因此,在满足传递功率的情况下,应尽可能选用较小的节距,高速重载时可选用小节距多排链。

(3) 中心距 a 和链节数 L_p

若链传动中心距过小,则小链轮上的包角也小,同时啮合的链轮齿数也减少;若中心距过大,则易使链条抖动。一般可取中心距 $a=(30\sim50)p$,最大中心距 $a_{max} \leqslant 80p$。

链的长度以链节数 L_p(节距 p 的倍数)来表示。与带传动相似,链节数 L_p 与中心距 a 之间的关系为:

$$L_p = \frac{2a}{p} + \frac{z_1+z_2}{2} + \left(\frac{z_2-z_1}{2\pi}\right)^2 \times \frac{p}{a} \tag{8-43}$$

计算出的 L_p 应圆整为整数,最好取为偶数。

如已知 L_p 时,由上式可推导中心距的计算公式

$$a = \frac{p}{4}\left[\left(L_p - \frac{z_1+z_2}{2}\right) + \sqrt{\left(L_p - \frac{z_1+z_2}{2}\right)^2 - 8\left(\frac{z_2-z_1}{2\pi}\right)^2}\right] \tag{8-44}$$

为保证链条松边有合适的垂度 $y=(0.01\sim0.02)a$,实际中心距 a' 要比 a 小,$\Delta a = a - a'$。通常 $\Delta a = (0.002\sim0.004)a$,中心距可调时取较大值,否则取较小值。

知识点十 链传动的布置、张紧与润滑

1. 链传动的布置

链传动的布置和传动的工作状况对其工作能力和使用寿命影响较大,链传动的两轴线必须平行布置,两链轮的转动平面应在同一平面内,否则易引起脱链和不正常磨损。两链轮中心连线最好成水平布置,如需倾斜布置时,两链轮中心连线与水平线的夹角 φ 应小于 $45°$,同时链传动应使紧边(即主动边)在上,松边在下,以便链节和链轮轮齿可以顺利地进入和退出啮合。如果松边在上,可能会因松边垂度过大而出现链条与轮齿的干扰,甚至会引起松边与紧边的碰撞。

表 8-14 列出了在不同中心距和传动比条件下,链传动的布置简图,供设计时选用。

2. 链传动的张紧

链传动张紧的目的与带传动不同。链传动张紧主要是为了避免因链条的垂度过大而产生啮合不良和链条松边的颤动现象,同时也是为了增加链条与链轮的啮合包角。链传动的张紧可采用如下方法。

① 通过调节两链轮中心距来控制张紧程度。

② 如中心距不可调节时,可采用张紧轮。张紧轮一般安装在松边外侧靠近主动轮〔图

表 8-14　链传动的布置

传动参数	正确布置方式	不正确布置方式	说　　明
$i=2\sim3$ $a=(30\sim50)p$			两轮轴线在同一水平面，紧边在上、在下都可以，但在上方好些
$i>2$ $a<30p$			两轮轴线不在同一水平面，松边应在下方，否则松边下垂量增大后，链条易与链轮卡死
$i<1.5$ $a>60p$			两轮轴线在同一水平面，松边应在下方，否则下垂量增大后，松边会与紧边相碰。需经常调整中心距
i,a 为任意值			两轮轴线在同一铅垂面内，下垂量增大，会减小下链轮的有效啮合齿数，降低传动能力。为此应采用以下方式：①中心距可调；②设张紧装置；③上、下两轮错开，使两轮的轴线不在同一铅垂面内

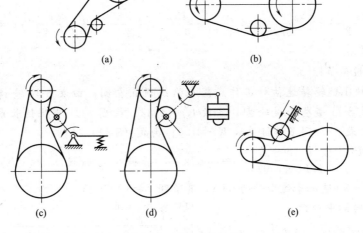

图 8-32　链传动的张紧

8-32（a）］；也可位于松边内侧靠近大轮［图 8-32（b）］；其形状可以是链轮，也可以是无齿的滚轮。张紧轮有采用弹簧、吊重等的自动张紧［图 8-32（c）、（d）］，也有采用螺旋等的定期张紧［图 8-32（e）］。

③ 从链条中拆除 1~2 个链节，缩短链长使链条张紧。

3. 链传动的润滑

链传动的润滑十分重要，对高速、重载的链传动更为重要。良好的润滑可以缓和冲击、减轻磨损，延长链条的使用寿命，因此链传动应合理地确定润滑方式和润滑剂种类。具体的润滑方式应根据链速和链节距从图 8-33 中选择。

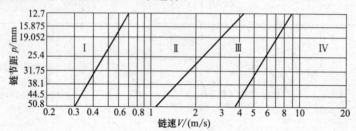

图 8-33　推荐的润滑方式
Ⅰ—人工润滑；Ⅱ—滴油润滑；Ⅲ—油浴或飞溅润滑；Ⅳ—压力喷油润滑

润滑油推荐采用牌号为 L-AN32、L-AN46、L-AN68 的全损耗系统用油，温度低时，黏度宜低；功率大时，黏度宜高。润滑油应在松边加入，因松边链节处于松弛状态，润滑油容易进入各摩擦面间。

对于不便使用润滑油的场合，允许使用润滑脂，但应定期清洗和更换润滑脂。

项目训练 8-2　设计一驱动液体搅拌机用的滚子链传动。已知电动机功率 $P=5.5\text{kW}$，转速 $n_1=1450\text{r/min}$，链传动比 $i=3.2$，载荷平稳，中心距不小于 500mm，要求中心距可调整。

解：（一）选择链轮齿数 z_1、z_2

假定链速 $v=3\sim 8\text{m/s}$，由表 8-13 取小链轮齿数 $z_1=21$，则大链轮齿数 $z_2=iz_1=3.2\times 21=67.2$，取 $z_2=67$；实际传动比 $i=67/21=3.19$，误差远小于 $\pm 5\%$，可行。

（二）确定链节数 L_p

初定中心距 $a=40p$，则由式（8-43）得链节数为：

$$L_\text{p}=\frac{2a}{p}+\frac{z_1+z_2}{2}+\left(\frac{z_2-z_1}{2\pi}\right)^2\times\frac{p}{a}=\frac{2\times 40p}{p}+\frac{21+67}{2}+\frac{p}{40p}\left(\frac{67-21}{2\pi}\right)^2=125.33$$，取链节数 $L_\text{p}=126$ 节。

（三）确定链条节距 p

由图 8-30 按小链轮转速估计工作点落在曲线顶点左侧；由表 8-10 查得工作情况系数 $K_\text{A}=1.0$；由表 8-11 查得小链轮齿数系数 $K_z=1.11$；由图 8-31 查得链长系数 $K_\text{L}=1.07$；采用单排链，由表 8-12 得多排链系数 $K_\text{p}=1.0$；由式（8-41）得：

$$P_0\geqslant\frac{K_\text{A}P}{K_zK_\text{L}K_\text{p}}=\frac{1\times 5.5}{1.11\times 1.07\times 1}=4.63\text{kW}$$，根据小轮转速 $n_1=1450\text{r/min}$ 和 $P_0=4.63\text{kW}$，查图 8-30 选滚子链型号为 08A，其节距 $p=12.7\text{mm}$。

（四）确定实际中心距 a

由式（8-44）得 $a=\dfrac{p}{4}\left[\left(L_\text{p}-\dfrac{z_1+z_2}{2}\right)+\sqrt{\left(L_\text{p}-\dfrac{z_1+z_2}{2}\right)^2-8\left(\dfrac{z_2-z_1}{2\pi}\right)^2}\right]=\dfrac{12.7}{4}\times$

$$\left[\left(126-\frac{21+67}{2}\right)+\sqrt{\left(126-\frac{21+67}{2}\right)^2-8\times\left(\frac{67-21}{2\pi}\right)^2}\right]=512.26\text{mm}$$

中心距减小量 $\Delta a = (0.002\sim 0.004)a = (0.002\sim 0.004)\times 512.26 = 1.02\sim 2.05\text{mm}$

设计中心距 $a' = a - \Delta a = 512.26 - (1.02\sim 2.05) = 511.24\sim 510.21\text{mm}$，取 $a' = 511\text{mm}$；

由于 $a' = 511 > 500\text{mm}$，符合设计要求。

（五）验算链速 v，确定润滑方式

$$v = \frac{z_1 n_1 p}{60\times 1000} = \frac{21\times 1450\times 12.7}{60\times 1000} = 6.45\text{m/s}，符合初始假定。$$

由 $v = 6.45\text{m/s}$ 和链节距 $p = 12.7\text{mm}$ 查图 8-33，可知应采用油浴或飞溅润滑。

（六）计算压轴力 F_Q

工作拉力 $F = 1000P/v = 1000\times 5.5/6.45 = 852.7\text{N}$

因工作平稳，取压轴力系数 $K_Q = 1.2$，由式（8-40），$F_Q = 1.2F = 1023.2\text{N}$

（七）链轮结构设计（略）

【知识拓展】 同步带传动介绍

1. 同步带传动及其特点

同步带传动是一种啮合传动，兼有带传动和齿轮传动的特点。同步带（曾称为同步齿形带）以钢丝绳为抗拉层，外面包覆聚氨酯或氯丁橡胶而组成。它是横截面为矩形，带面具有等距横向齿的环形传动带（图 8-34），带轮轮面也制成相应的齿形，工作时靠带齿与轮齿啮合传动。由于带与带轮无相对滑动，能保持两轮的圆周速度同步，故称为同步带传动。

与 V 带传动相比，同步带传动具有下列特点：

① 工作时齿形带与带轮间不会产生滑动，能保证两轮同步转动，传动比准确；
② 结构紧凑，传动比可达 12~20；
③ 带的初拉力较小，轴和轴承所受载荷较小；
④ 传动效率较高，$\eta = 0.98$；
⑤ 安装精度要求高、中心距要求严格。

同步带传动主要用于要求传动比准确的中、小功率传动中，如电子计算机、录音机、数控机床、纺织机械等。

2. 同步带的基本参数及其传动设计

如图 8-34 所示，当同步带在纵截面内弯曲时，在带中保持原长度不变的任意一条周线称为节线，节线长度为同步带的公称长度。在规定的张紧力下，带的纵截面上相邻两齿对称中心线的直线距离称为带节距 P_b，它是同步带的一个最基本参数。

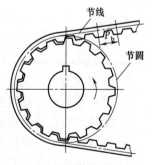

图 8-34 同步带

同步带轮的齿形一般推荐采用渐开线，并用与齿轮加工相似的范成法加工，也可采用直边齿形。为了防止同步带从带轮上脱落，带轮的侧边应装挡圈。

同步带传动主要失效形式是带的疲劳断裂、带齿的切断和压溃以及齿侧边或带侧边的磨损。

同步带传动设计主要是限制单位齿宽上的拉力。设计计算步骤与 V 带相似，具体设计可查阅有关资料。

练习与思考

一、思考题

1. 普通 V 带传动和平带传动相比，有什么优缺点？
2. 带传动的类型有哪些？各有何特点？试分析摩擦带传动的工作原理。
3. 带传动允许的最大有效圆周力与哪些因素有关？
4. 带在工作时受到哪些应力？这些应力如何分布？从应力分布情况说明了哪些问题？
5. 为什么要规定带传动的最小基准直径？为什么要规定带传动的最大速度？速度太低对传动有何影响？
6. V 带轮槽角 φ 为何要设计的比 V 带楔角 θ 小些？
7. 带传动中弹性滑动与打滑有何区别？它们对于带传动各有什么影响？
8. 带传动的主要失效形式是什么？带传动的设计准则是什么？
9. 试说明：在设计普通 V 带传动时，若出现 $v > v_{max}$ 或 $v < 5m/s$、$\alpha < 120°$、z 太大等问题，应如何解决？
10. 带传动为什么必须张紧？常用的张紧装置有哪些？
11. 在机械传动系统中，为何常将 V 带传动布置在高速级？为什么要控制带速？
12. 与带传动相比，链传动有哪些优缺点？链传动主要适用哪些场合？为什么链传动宜布置在传动系统的低速级？
13. 试述短节距精密滚子链的结构。为什么链片要制成"8"字形？
14. 为什么链节数一般选偶数，而链轮齿数多取奇数？
15. 链传动中为什么小链轮的齿数不宜过少，而大链轮的齿数又不宜过多？
16. 链传动的额定功率曲线是在什么条件下得到的？当所设计的链传动与上述条件不符合时，要进行哪些项目的修正？
17. 何谓链传动的多边形效应？如何减轻多边形效应的影响？
18. 链传动的主要失效形式有哪几种？链传动的设计计算准则是什么？
19. 试述链传动布置的一般原则。
20. 链传动为什么要适当张紧？与带传动张紧的目的有何不同？链传动常用哪些张紧方法？

二、填空题

1. 带传动工作时，带中的应力有_____、_____和_____，其中最大应力发生_____处。
2. 普通 V 带传动的主要失效形式是_____和_____。
3. 带传动的型号是根据_____和_____选定的。
4. 常见的带传动的张紧装置有_____、_____和_____等几种。
5. 在带传动中，弹性滑动是_____避免的，打滑是_____避免的。
6. 在传动比不变的条件下，V 带传动的中心距增大，则小轮的包角_____，因而承载能力_____。
7. V 带传动是靠带与带轮接触面间的_____工作的；V 带的工作面是_____面。
8. 当中心距不能调节时，可采用张紧轮将带张紧，张紧轮一般应放在_____的内侧且靠近_____带轮处。
9. 链传动中，链的节距越大，承载能力越_____，链传动的多边形效应就要

_____，于是振动、噪声、冲击也越_____。

10. 与带传动相比，链传动的承载能力_____，传动效率_____，作用在轴上的径向压力_____。

11. 按照用途不同，链可分为_____链、起重链和_____链三大类。

12. 在滚子链的结构中，内链板与套筒之间、外链板与销轴之间采用_____配合，滚子与套筒之间、套筒与销轴之间采用_____配合。

13. 链轮的转速_____，节距_____，齿数_____，则链传动的动载荷就越大。

14. 若不计链传动中的动载荷，则链的紧边受到的拉力由_____、_____和_____三部分组成。

15. 链传动一般应布置在_____平面内，尽可能避免布置在_____平面或_____平面内。

三、选择题

1. 平带、V带传动主要依靠____传递运动和动力。
   A. 带的紧边拉力　　　　　　B. 带和带轮接触面间的摩擦力
   C. 带的预紧力　　　　　　　D. 带的松边拉力

2. 带传动工作中产生弹性滑动的原因是____。
   A. 带的预紧力不够　　　　　B. 带的松边和紧边拉力不等
   C. 带绕过带轮时有离心力　　D. 带和带轮间摩擦力不够

3. 带张紧的目的是____。
   A. 减轻带的弹性滑动　　　　B. 提高带的寿命
   C. 改变带的运动方向　　　　D. 使带具有一定的初拉力

4. V带传动中，选取小带轮的基准直径的依据是____。
   A. 带的型号　　B. 带的速度　　C. 主动轮转速　　D. 传动比

5. 设计中限制小带轮的直径 $d_1 \geqslant d_{1\min}$ 是为了____。
   A. 限制带的弯曲应力　　　　B. 限制相对滑移量
   C. 保证带与轮面间的摩擦力　D. 带轮在轴上安装需要

6. 带传动的设计准则是____。
   A. 保证带具有一定寿命
   B. 保证不发生滑动情况下，带又不被拉断
   C. 保证传动不打滑条件下，带具有一定的疲劳强度
   D. 保证带不被拉断

7. 带传动在工作时，假定小带轮为主动轮，则带内应力的最大值发生在带____。
   A. 进入大带轮处　　　　　　B. 紧边进入小带轮处
   C. 离开大带轮处　　　　　　D. 离开小带轮处

8. 两带轮直径一定时，减小中心距将引起____。
   A. 带的弹性滑动加剧　　　　B. 带传动效率降低
   C. 带工作噪声增大　　　　　D. 小带轮上的包角减小

9. 与带传动相比较，链传动的优点是____。
   A. 工作平稳，无噪声　　　　B. 寿命长
   C. 制造费用低　　　　　　　D. 能保持准确的瞬时传动比

10. 链传动中，链节数最好取为____。
    A. 奇数　　　　B. 偶数　　　　C. 质数　　　　D. 链轮齿数的整数倍

11. 链传动张紧的目的主要是____。
   A. 同带传动一样
   B. 提高链传动工作能力
   C. 增大包角
   D. 避免松边垂度过大而引起啮合不良和链条振动
12. 链传动设计中，一般链轮最多齿数限制为 120 个，是为了____。
   A. 减小链传动的不均匀性
   B. 限制传动比
   C. 保证轮齿的强度
   D. 减小链节磨损后链从链轮上脱落的可能
13. 链传动设计中，当载荷大，中心距小，传动比大时，宜选用____。
   A. 大节距单排链   B. 小节距多排链
   C. 小节距单排链   D. 大节距多排链
14. 链传动的张紧轮应装在____。
   A. 松边内侧靠近主动轮   B. 紧边外侧靠近从动轮
   C. 紧边内侧靠近从动轮   D. 松边外侧靠近主动轮
15. 链传动中当其他条件不变的情况下，传动的平稳性随链条节距 p 的____。
   A. 减小而提高   B. 减小而降低   C. 增大而提高   D. 增大而不变
16. 链条由于静强度不够而被拉断的现象，多发生在____情况下。
   A. 低速重载   B. 高速重载   C. 高速轻载   D. 低速轻载

四、计算题

1. 如图 8-35 所示，采用张紧轮将带张紧，小带轮为主动轮。在图中所示的张紧轮的布置方式中，指出哪些是合理的，哪些是不合理的，为什么？

2. V 带带轮轮槽与带的三种安装情况如图 8-36 所示，其中哪种情况是正确的，为什么？

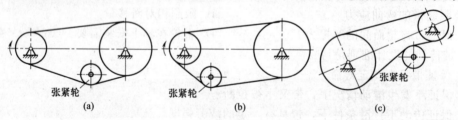

图 8-35 题四-1 图

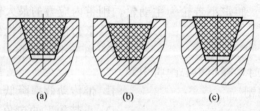

图 8-36 题四-2 图

3. V 带传动传递的功率 $P=7.5$ kW，平均带速 $v=10$ m/s，紧边拉力是松边拉力的两倍 ($F_1=2F_2$)。试求紧边拉力 F_1、有效圆周力 F_e 和预紧力 F_0。

4. 平带传动，已知两带轮直径分别为 150mm 和 400mm，中心距为 1000mm，小轮主动、转速为 1460r/min。试求：(1) 小轮包角；(2) 带的几何长度；(3) 不考虑带传动的弹性滑动时大轮的转速；（4）滑动率 $\varepsilon=0.015$ 时大轮的实际转速。

5. 已知某普通 V 带传动由电动机驱动，电动机转速 $n_1=1450\text{r/min}$，小带轮基准直径 $d_{d1}=100\text{mm}$，大带轮基准直径 $d_{d2}=280\text{mm}$，中心距 $a=350\text{mm}$，用 2 根 A 型 V 带传动，载荷平稳，两班制工作，试求此传动所能传递的最大功率。

6. 设计一破碎机用普通 V 带传动。已知电动机额定功率为 $P=5.5\text{kW}$，转速 $n_1=1460\text{r/min}$，从动轮为 $n_2=600\text{r/min}$，允许误差 $\pm5\%$，两班制工作，希望中心距不超过 650mm。

7. 一链传动，链轮齿数 $z_1=21$、$z_2=53$，链条型号为 10A，链节数 $L_p=100$ 节。问题一：若采用三圆弧一直线齿形，试求两链轮的分度圆、齿顶圆和齿根圆直径以及传动的中心距。问题二：小链轮为主动轮，$n_1=600\text{r/min}$，载荷平稳，试求：（1）此链传动能传递的最大功率；（2）工作中可能出现的失效形式；（3）应采用何种润滑方式。

8. 设计一往复式压气机上的滚子链传动。已知电动机转速 $n_1=960\text{r/min}$，$P=3\text{kW}$，压气机转速 $n_2=330\text{r/min}$，试确定大、小链轮齿数，链条节距，中心距和链节数。

9. 一滚子链传动，已知主动链轮齿数 $z_1=19$、采用 10A 滚子链、中心距 $a=500\text{mm}$、水平布置、传递功率 $P=2.8\text{kW}$、主动轮转速 $n_1=130\text{r/min}$。设工作情况系数 $K_A=1.2$，静力强度安全系数 $S=6$，试验算此链传动。

10. 调查一种机械设备的链传动，记录节距 p、排数 m、中心距 a、链节数 L_p、链轮齿数 z_1 和 z_2、张紧方法和润滑油品种等。

项目九　机件连接

【任务驱动】

机器中广泛使用着各种各样的连接，以满足工作的需要。如图 9-1 所示的单级圆柱齿轮减速器，其上的轴承盖与箱体之间的螺钉连接、减速器箱盖与箱座的螺栓连接、减速器箱座与基座的地脚螺栓连接等是螺纹连接；而齿轮与轴、轴与联轴器之间的连接是键连接。

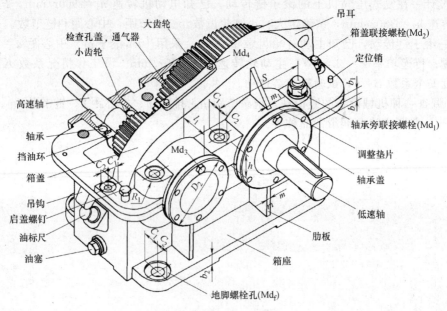

图 9-1　齿轮减速器

连接是指由连接件与被连接件一起组成的一个连接系统（结构）。起连接作用的零件称为连接件，如螺栓、螺母、键、销、铆钉等；需要连接起来的零件称为被连接件，如齿轮与轴等。

按被连接件之间是否存在相对运动，连接分为静连接和动连接两类。机器工作时，被连接件之间无相对运动的连接称为静连接，如减速器中箱盖与箱体的连接；具有一定相对运动的连接称为动连接，如变速箱中滑移齿轮与轴的连接。

静连接又可分为可拆连接和不可拆连接两种。可拆连接是指不需要破坏连接中的零件就可拆开的连接，如螺纹连接、键连接、花键连接、销连接等；不可拆连接是至少损坏连接中的某一部分才能拆开的连接，如铆接、焊接和胶接等。

【学习目标】

由任务驱动的案例，要能够完成机械中的各种连接设计和选用，需要掌握以下内容。
① 螺纹连接的基本类型及特点。
② 螺纹连接的强度计算和结构设计。

③ 键连接与花键连接的选用。
④ 销连接的应用。

【知识解读】

知识点一 螺纹连接的基本类型及特点

1. 螺纹的形成、类型及主要参数

（1）螺纹的形成原理

如图 9-2 所示，将一直角三角形（底边边长为 πd_2、倾斜角为 λ）绕在一直径为 d_2 圆柱体上，使三角形底边圆柱体底面重合，则此三角形的斜边在圆柱体表面即形成一条螺旋线。如果用一个平面图形 K（如三角形）的一边贴在圆柱体的母线上，并沿着螺旋线移动，移动时始终保持此平面图形在通过圆柱体轴线的平面内，则此平面图形的轮廓在空间的轨迹便形成螺纹。这平面图形即是螺纹的牙型，改变平面图形 K，可得到矩形、梯形、锯齿形、圆弧形（管螺纹）的牙型。

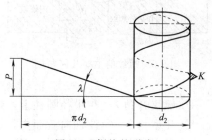

图 9-2 螺纹的形成

（2）螺纹的类型

① 根据螺纹牙的剖面形状不同，螺纹可分为矩形螺纹 [图 9-3（a）]、三角形螺纹 [图 9-3（b）]、梯形螺纹 [图 9-3（c）] 和锯齿形螺纹 [图 9-3（d）] 等。三角形螺纹多用于连接，其余螺纹多用于传动。

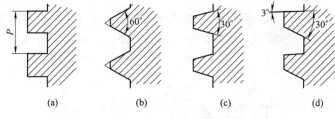

图 9-3 螺纹的牙型

② 根据螺旋线的绕行方向，螺纹可分为右旋螺纹 [图 9-4（a）] 和左旋螺纹 [图 9-4（b）]。

③ 根据螺纹线的数目，螺纹可分为单线螺纹 [图 9-4（a）] 和双线 [图 9-4（b）] 或多线螺纹。

④ 根据螺纹所在表面，螺纹可分为内螺纹和外螺纹。

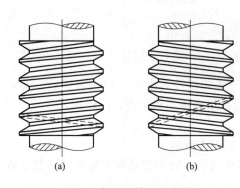

图 9-4 螺纹的旋向与线数

另外，螺纹还有米制和英制之分，我国除管螺纹外都采用米制螺纹。

（3）螺纹的主要几何参数

现以普通圆柱螺纹为例介绍螺纹的主要几何参数。如图 9-5 所示。

① 大径 d，D——螺纹的最大直径，即与螺纹牙顶相重合的假想圆柱面的直径，在标准中称为公称直径。

② 小径 d_1，D_1——螺纹的最小直径，即与螺纹牙底相重合的假想圆柱面的直径，在强度计算中

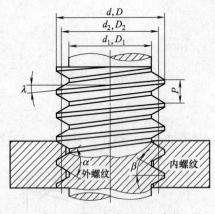

图 9-5　螺纹的主要几何参数

常作为螺杆危险截面的计算直径。

③ 中径 d_2、D_2——即处于大径和小径之间的一个假想圆柱面的直径，在该圆柱面的母线上，螺纹的沟槽和突起宽度相等。中径是确定螺纹几何参数和配合性质的直径。

④ 线数 n——螺纹的螺旋线数目。常用的连接螺纹要求自锁性，多用单线螺纹；传动螺纹要求传动效率高，多采用双线或多线螺纹，为了便于制造，一般螺纹线数 $n<4$。

⑤ 螺距 P——螺纹相邻两牙上相对应两点间的轴向距离。

⑥ 导程 S——同一螺旋线上相邻两牙相对应两点间的轴向距离，$S=nP$。

⑦ 螺纹升角 λ——在中径圆柱上，螺旋线的切线与垂直于螺纹轴线的平面间的夹角。

⑧ 牙型角 α——螺纹轴向截面内，螺纹牙型两侧边间的夹角。

⑨ 牙型斜角 β——牙型侧边与螺纹轴线的垂线间的夹角；对牙型对称螺纹，其 $\beta=\alpha/2$。

2. 螺纹连接的基本类型

螺纹连接的类型很多，常用的有以下四种基本类型。

（1）螺栓连接

螺栓连接由螺栓、螺母和垫圈组成，螺栓连接有普通螺栓连接和铰制孔用螺栓连接两种。

普通螺栓连接如图 9-6（a）所示，在螺栓与被连接件通孔之间留有间隙，被连接件上只需钻出通孔，而不必加工出螺纹，结构简单，装拆方便，一般用于被连接件不太厚并能从两边装配的场合。

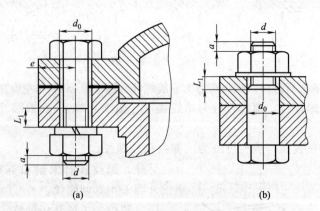

图 9-6　螺栓连接

铰制孔用螺栓连接如图 9-6（b）所示，螺栓杆与被连接件孔之间采用过渡配合（H7/m6 或 H7/n6），对孔的加工精度要求较高，所以铰制孔用螺栓连接兼有定位作用。

（2）双头螺柱连接

双头螺柱连接由双头螺柱、螺母和垫圈组成，如图 9-7 所示。

双头螺柱连接多用于被连接件之一较厚，不宜制成通孔，或为使结构紧凑不允许制成通孔；且需经常拆卸的场合。

（3）螺钉连接

螺钉连接不使用螺母，而是直接将螺栓或螺钉穿过被连接件之一的通孔，拧入另一被连接件的螺纹孔中实现连接，如图9-8所示。在结构上比螺栓连接简单、紧凑，但若经常拆卸易损坏螺纹孔，所以这种连接使用于被连接件之一较厚，不宜制成通孔，受力不大且不需经常拆卸的场合。

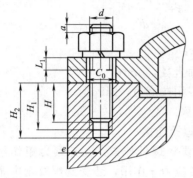

图9-7 双头螺柱连接

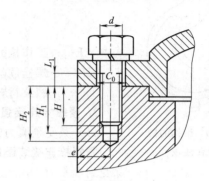

图9-8 螺钉连接

（4）紧定螺钉连接

紧定螺钉连接是利用紧定螺钉拧入被连接件的螺纹孔中，螺钉的末端压紧另一零件的表面，如图9-9（a）所示，或压入相应的凹坑中，如图9-9（b）所示，以固定两个零件的相对位置，并可传递不大的力或转矩。在工程上多用于轴与轴上零件的固定。

普通螺栓连接、双头螺柱连接、螺钉连接，既可以用于承受轴向载荷也可以承受横向载荷，当用来承受横向载荷时，主要靠被连接件接合面间的摩擦力传递载荷。无论承受轴向载荷还是承受横向载荷，这些螺栓都只受到轴向的拉力作用。

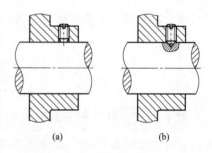

图9-9 紧定螺钉连接

铰制孔用螺栓连接只用于承受横向载荷，主要靠螺栓与孔间的相互挤压和螺栓杆上受剪切作用来承受载荷。铰制孔用螺栓连接虽承受横向载荷的能力强，但孔的加工精度要求高且安装困难。因此，若无特殊需要，常采用普通螺栓、双头螺柱、螺钉连接来传递横向载荷。

机械制造中常见的螺纹连接件有螺栓、双头螺柱、螺钉、螺母和垫圈等，这类零件的结构和尺寸均已标准化，设计时可根据有关标准来选用。

知识点二　螺纹连接的强度计算和结构设计

1. 螺纹连接的失效形式和设计准则

工程中多数螺纹连接常常同时采用若干个螺栓（称为螺栓组），螺纹连接的强度取决于每个螺栓连接的强度。本知识点以单个螺栓连接为例讨论螺栓强度的计算方法。所得设计准则对双头螺柱连接和螺钉连接也同样适用。

对螺栓组来说，所受的载荷有轴向载荷、横向载荷、弯矩和转矩，而对单个螺栓连接而言，其受力的形式不外乎是受轴向力（受拉螺栓）或横向力（受剪螺栓）。在轴向力（包括预紧力）下，螺栓杆和螺纹部分可能发生塑性变形或断裂，其设计准则是保证螺栓的静力或者疲劳拉伸强度；而在横向力作用下，当采用铰制孔螺栓时，螺栓杆和孔壁的贴合面上可能发生压溃或螺栓杆被剪断等，其设计计算准则是保证连接的挤压强度或螺栓的剪切强度。

2. 松螺栓连接强度计算

松螺栓连接是指连接在装配时不需要拧紧螺母，在承受工作载荷之前，螺栓不受力。如图9-10起重吊钩的连接属于这种类型。

当承受工作载荷 F 时，螺栓所受的工作拉力为 F，则螺栓危险截面（一般为螺纹牙根圆柱的横截面）的拉伸强度条件为

$$\sigma = \frac{F}{\frac{\pi}{4}d_1^2} \leqslant [\sigma] \quad (9\text{-}1)$$

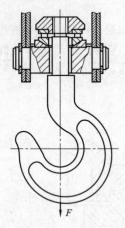

图 9-10 吊钩的松螺栓连接

式中　F——工作拉力，N；
　　　d_1——螺栓危险截面直径，mm；
　　　$[\sigma]$——螺纹材料的许用拉应力，MPa。

3. 紧螺栓连接强度计算

(1) 只受预紧力的紧螺栓连接

紧螺栓连接装配时需要将螺母拧紧，在拧紧力矩作用下，螺栓除受到预紧力 F_0 产生的拉应力 σ 作用，还受到螺纹副中摩擦阻力矩 T_1 的作用而产生的扭转剪应力 τ，使螺栓处于拉伸和扭转的复合应力状态。

螺栓危险截面的拉伸应力为：

$$\sigma = \frac{F_0}{\frac{\pi}{4}d_1^2} \quad (9\text{-}2)$$

螺栓危险截面的扭转剪应力为：

$$\tau = \frac{T_1}{\frac{\pi d_1^3}{16}} = \frac{F_0 \tan(\lambda + \varphi_v)\frac{d_2}{2}}{\frac{\pi d_1^3}{16}} \quad (9\text{-}3)$$

对于 M10～M68 的普通螺纹钢制螺栓，可取 $\tan\varphi_v \approx 0.17$，$\frac{d_2}{d_1} = 1.04 \sim 1.08$，$\tan\lambda \approx 0.05$，由此化简得 $\tau \approx 0.5\sigma$，根据第四强度理论，可求出计算应力为

$$\sigma_{ca} = \sqrt{\sigma^2 + 3\tau^2} = \sqrt{\sigma^2 + 3(0.5\sigma)^2} \approx 1.3\sigma \quad (9\text{-}4)$$

因此螺栓危险截面的强度条件为

$$\frac{1.3F_0}{\frac{\pi}{4}d_1^2} \leqslant [\sigma] \quad (9\text{-}5)$$

式中　F_0——螺栓所受的预紧力，N；
　　　d_1——螺栓危险截面直径，mm；
　　　$[\sigma]$——螺纹材料的许用拉应力，MPa。

(2) 受预紧力和横向工作载荷的紧螺栓连接

如图9-11所示的普通螺栓连接，被连接件承受垂直于螺杆轴线的横向工作载荷 R。处于拧紧状态时，螺栓仅受预紧力的作用，而且预紧力不受工作载荷的影响。由于预紧力的作用，将在被连接件的接合面间产生摩擦力 $F_0 f$（f 为接合面间的摩擦系数），来抵抗横向工作载荷 R。预紧力 F_0 的大小，将根据接合面不产生滑移的条件确定，即

$$F_0 f \geqslant R \quad (9\text{-}6)$$

若考虑连接的可靠性及接合面的数目 m，则上式可写成

$$F_0 fm = K_f R \quad 即 \quad F_0 = \frac{K_f R}{fm} \quad (9\text{-}7)$$

式中　F_0——螺栓所受的预紧力，N；
　　　R——横向工作载荷，N；
　　　f——接合面间的摩擦系数，对于钢和铸铁，$f=0.15\sim 0.2$；
　　　m——摩擦接合面数目；
　　　K_f——可靠性系数或防滑系数，通常 $K_f=1.1\sim 1.3$。

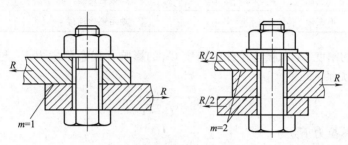

图 9-11　受横向载荷的普通螺栓连接

(3) 受剪切力的螺栓连接

如图 9-12 所示，这种连接是利用铰制孔用螺栓抗剪切来承受载荷 R，螺栓杆与孔壁间无间隙（螺栓与孔之间多采用过盈配合或过渡配合），接触表面受挤压，而螺栓杆受剪切。因此，分别按挤压和剪切条件计算。

计算时，假设螺栓杆与孔壁表面上的压力分布是均匀的，又因为这种连接所受的预紧力很小，所以不考虑预紧力和螺纹摩擦力矩的影响。

螺栓杆与孔壁间的挤压强度条件为

$$\sigma_p = \frac{R}{d_0 L_{min}} \leqslant [\sigma_p] \tag{9-8}$$

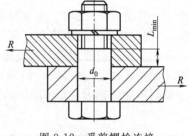

图 9-12　受剪螺栓连接

螺栓杆的剪切强度条件为

$$\tau = \frac{R}{\frac{\pi}{4}d_0^2} \leqslant [\tau] \tag{9-9}$$

式中　R——螺栓所受的工作剪力，N；
　　　d_0——螺栓剪切面处的直径，mm；
　　　L_{min}——螺栓杆与孔壁挤压面的最小轴向长度，mm；
　　　$[\sigma_p]$——螺栓或孔壁材料的许用挤压应力，MPa；
　　　$[\tau]$——螺栓材料的许用切应力，MPa。

(4) 受预紧力和轴向工作载荷的紧螺栓连接

这种受力形式的紧螺栓连接应用广泛，也是最重要的一种（如汽缸盖与汽缸体之间的螺栓连接）。这种紧螺栓连接承受轴向工作载荷后，由于螺栓和被连接件的弹性变形，螺栓所受到的总拉力 F_Σ 并不等于预紧力 F_0 与工作载荷 F 之和，还与螺栓的刚度 C_1 和被连接件的刚度 C_2 有关。

根据螺栓和被连接件的受力与变形关系，在轴向载荷 F 作用下，被连接件间的压力由 F_0 减小至 F_1，F_1 称为残余预紧力。此时，螺栓所受到的总拉力 F_Σ 等于工作载荷 F 与残余预紧力 F_1 之和，即

$$F_\Sigma = F + F_1 \tag{9-10}$$

为保证连接的紧密性，防止连接受载后接合面间出现缝隙，应使 $F_1 > 0$。表 9-1 所示为残余预紧力 F_1 的推荐值。

表 9-1 残余预紧力 F_1 推荐值

连 接 性 质		残余预紧力推荐值	连 接 性 质	残余预紧力推荐值
一般连接	F 无变化	$(0.2 \sim 0.6)F$	紧密连接	$(1.5 \sim 1.8)F$
	F 有变化	$(0.6 \sim 1.0)F$	地角螺栓连接	$\geqslant F$

考虑到螺栓的刚度 C_1 和被连接件的刚度 C_2 的影响，残余预紧力 F_1 与预紧力 F_0 和工作载荷 F 之间的关系为

$$F_1 = F_0 - \frac{C_2}{C_1+C_2}F \tag{9-11}$$

螺栓受到的总拉力 F_Σ 为

$$F_\Sigma = F_0 + \frac{C_1}{C_1+C_2}F = F_0 + K_C F \tag{9-12}$$

式中，$K_C = \dfrac{C_1}{C_1+C_2}$ 称为螺栓的相对刚度，与螺栓及被连接件的材料、结构、尺寸和垫片有关，其值 $0 \sim 1$ 之间。若被连接件的刚度 C_2 很大，螺栓的刚度 C_1 很小（如细长或中空螺栓），则螺栓的相对刚度趋于零，螺栓所受的总拉力增加很少；反之螺栓的相对刚度较大时，则在工作载荷作用后，将使螺栓所受的总拉力有较大的增加。为了降低螺栓的受力，提高螺栓的承载能力，应使 K_C 值尽可能小些，可通过计算或实验测定。一般设计时，可根据垫片材料不同使用表 9-2 所示中的推荐值。

表 9-2 K_C 推荐值

被连接件钢板间的垫片材料	K_C	被连接件钢板间的垫片材料	K_C
金属软垫片（或无垫片）	$0.2 \sim 0.3$	铜皮石棉垫片	0.8
皮革垫片	0.7	橡胶垫片	0.9

设计时，一般可先求出工作载荷 F，再根据连接的工作要求确定残余预紧力 F_1，然后按式（9-12）计算出总拉力 F_Σ；考虑到螺栓在总拉力作用下需要补充拧紧，因此将总拉力增大 30% 以考虑扭转剪应力的影响，故螺栓危险截面的强度条件为

$$\frac{1.3F_\Sigma}{\frac{\pi}{4}d_1^2} \leqslant [\sigma] \tag{9-13}$$

式中，各符号的意义和单位同前。

4. 螺栓的材料和许用应力

螺栓材料一般采用碳素钢；对于承受冲击、振动或者变载荷的螺纹连接，可采用合金钢；对于特殊用途（如防锈、导电或耐高温）的螺栓连接，采用特种钢或铜合金、铝合金等。

如表 9-3 所示，国家标准规定螺纹连接件按材料的力学性能分级。螺母的材料一般与相配合的螺栓相近而硬度略低。

螺栓连接的许用应力与材料、制造、结构尺寸及载荷性质等因素有关。普通螺栓连接的许用拉应力按表 9-4 选取，许用剪应力和许用挤压应力按表 9-5 选取。

表 9-3 螺栓、螺钉和双头螺柱的力学性能等级（GB3098.1—82）

力学性能等级	3.6	4.6	4.8	5.6	5.8	6.8	8.8		9.8	10.9	12.9
							≤M16	>M16			
最小抗拉强度极限 σ_{bmin}/MPa	330	400	420	500	520	600	800	830	900	1040	1220
最小屈服极限 σ_{smin} 或 $\sigma_{0.2min}$/MPa	190	240	300	340	420	480	640	660	720	940	1100
最低硬度 HBW_{min}	90	109	113	134	140	181	232	248	269	312	365

注：1. 8.8 级中≤M16、>M16 一栏，对钢结构的螺栓分别改为≤M12 和>M12。
2. 紧定螺钉的性能等级与螺钉不同，此表未列入。

由表 9-4 可知，不严格控制预紧力的紧螺栓连接的许用拉应力与螺栓直径有关。在设计时，通常螺栓直径是未知的，因此要用试算法：先假定一个公称直径 d，根据此直径查出螺栓连接的许用拉应力，按式（9-1）或式（9-2）计算出螺栓小径 d_1，由 d_1 查取公称直径 d，若该公称直径与原先假定的公称直径相差较大时，应进行重算，直到两者相近。

表 9-4 螺栓连接的许用拉应力 $[\sigma]$　　　　　MPa

松连接，$0.6\sigma_s$						
不严格控制预紧力的紧连接载荷性质	严格控制预紧力的紧连接，$(0.6\sim0.8)\sigma_s$					
	载荷性质	静 载 荷			变 载 荷	
	类型	M6~M16	M16~M30	M30~M60	M6~M16	M16~M30
	碳钢	$(0.25\sim0.33)\sigma_s$	$(0.33\sim0.50)\sigma_s$	$(0.50\sim0.77)\sigma_s$	$(0.10\sim0.15)\sigma_s$	$0.15\sigma_s$
	合金钢	$(0.20\sim0.25)\sigma_s$	$(0.25\sim0.40)\sigma_s$	$0.4\sigma_s$	$(0.13\sim0.20)\sigma_s$	$0.20\sigma_s$

注：σ_s 为螺栓材料的屈服极限，MPa。

表 9-5 螺栓连接的许用剪应力 $[\tau]$ 和许用挤压应力 $[\sigma_p]$　　　　　MPa

项 目	许用剪应力 $[\tau]$	许用挤压应力 $[\sigma_p]$	
		被连接件为钢	被连接件为铸铁
静载荷	$0.4\sigma_s$	$0.8\sigma_s$	$(0.4\sim0.5)\sigma_b$
变载荷	$(0.2\sim0.3)\sigma_s$	$(0.5\sim0.6)\sigma_s$	$(0.3\sim0.4)\sigma_b$

注：σ_s 为钢材的屈服极限，MPa；σ_b 为铸铁的抗拉强度极限，MPa。

项目训练 9-1 如图 9-13 所示，一钢制液压油缸，已知油压 $p=1.6$MPa，$D=160$mm，采用 8 个 5.6 级螺栓，试计算其缸盖连接螺栓的直径和螺栓分布圆直径 D_0。

解 （一）决定螺栓工作载荷 F

每个螺栓承受的平均轴向工作载荷 F 为

$$F = \frac{p\pi D^2/4}{z} = 1.6 \times \frac{\pi \times (160)^2}{4 \times 8} = 4.0 \text{kN}$$

（二）决定螺栓总拉伸载荷 F_Σ

根据密封性要求，对于压力容器取残余预紧力 $F_1=1.8F$，由式（9-10）可得

$$F_\Sigma = F + F_1 = 2.8F = 11.3 \text{kN}$$

（三）求螺栓直径

选取螺栓材料为 45 钢，$\sigma_s=340$MPa（表 9-3），装配时不

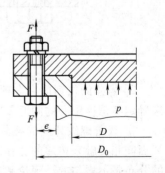

图 9-13 项目训练 9-1 图

严格控制预紧力，按表 9-4，螺栓许用拉应力为 $[\sigma]=0.3\sigma_s=0.3\times340=102\text{MPa}$，由式 (9-13) 得螺纹的小径为

$$d_1=\sqrt{\frac{4\times1.3F_\Sigma}{\pi[\sigma]}}=\sqrt{\frac{4\times1.3\times11.3\times10^3}{\pi\times102}}=13.5\text{mm}$$

查 GB 196—81，取 M16 螺栓（小径 $d_1=13.835\text{mm}$）。

（四）决定螺栓分布圆直径

设油缸壁厚为 10mm，从图 9-13 可以决定螺栓分布圆直径 D_0 为

$D_0=D+2e+2\times10=160+2[16+(3\sim6)]+2\times10=218\sim224\text{mm}$，取 $D_0=220\text{mm}$。

5. 螺纹连接的结构设计

由若干个螺栓一起与被连接件一起构成的连接形式称为螺栓组连接。

螺栓组连接的结构设计的原则是：①力求各螺栓和连接件间的接合面受力均匀；②使连接牢固可靠；③便于加工和装配。

为此，螺栓组连接结构设计时应综合考虑以下几方面问题。

① 合理地确定连接接合面的几何形状和螺栓的布置方式，连接接合面的几何形状通常设计成轴对称的简单几何形状，尽量使螺栓组的中心和连接接合面的形心重合；同一螺栓组中各螺栓的材料、直径和长度均应一致。如图 9-14 所示。

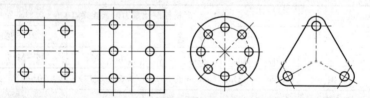

图 9-14 螺栓组连接接合面的形状

② 螺栓的布置应使各螺栓受力均匀。对于铰制孔用螺栓，不要在平行于工作载荷的方向上成排地布置八个以上的螺栓，以免载荷分布过于不均。当螺栓承受弯矩或转矩时，应使螺栓的位置适当靠近连接接合面的边缘，以减小螺栓的受力。同时承受轴向和较大横向载荷的螺栓连接，应采用减载零件来承受横向载荷（图 9-15），以减小螺栓的预紧力及其结构尺寸。

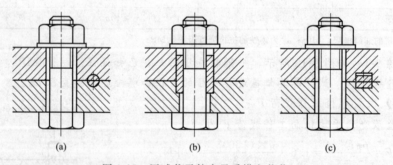

图 9-15 用减载零件来承受横向载荷

③ 螺栓的排列应有合理的间距、边距，应根据扳手的活动空间尺寸（可查阅有关标准）来确定各螺栓中心的间距及螺栓轴线到机体壁面间的最小距离。

④ 改善螺纹牙间的载荷分布。受拉的普通螺栓连接，其螺栓所受的总拉力是通过螺纹牙面间相接触来传递的。如图 9-16（a）所示，当连接受载时，轴向载荷在旋合螺纹各圈间的分布是不均匀的。理论和实验表明，靠近支撑面的第一圈螺纹受到的载荷最大，以后各圈

递减，到第 8~10 圈以后，螺纹几乎不受载荷，各圈螺纹的载荷分布见图 9-16（b），因此采用圈数过多的厚螺母并不能提高螺栓连接强度。为改善旋合螺纹上的载荷分布不均匀程度，可采用悬置螺母 [图 9-16（c）] 或环槽螺母 [图 9-16（d）]。

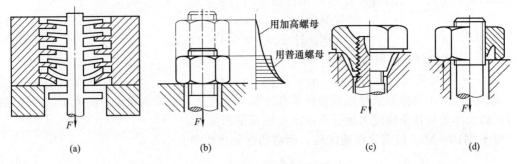

图 9-16　螺纹受力与均载螺母

⑤避免或减小螺栓中的附加弯曲应力。当被连接件、螺母或螺栓头部的支撑面粗糙 [图 9-17（a）]、被连接件因刚性不够而弯曲 [图 9-17（b）]、钩头螺栓 [图 9-17（c）] 以及装配不良等，都会使螺栓中产生附加弯曲应力。为此，应在工艺上采取措施，例如被连接件、螺母和螺栓头部的支承面应平整，并与螺栓轴线相垂直；在铸、锻件等的粗糙表面上安装螺栓时，应制成凸台 [图 9-18（a）] 或沉头座 [图 9-18（b）]；还可采用球面垫圈 [图 9-18（c）]；当支承面为倾斜表面时，应采用斜面垫圈 [图 9-18（d）]。

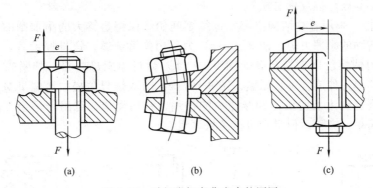

图 9-17　引起附加弯曲应力的原因

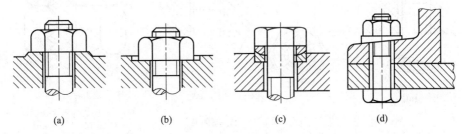

图 9-18　避免减小附加应力的措施

6. 螺纹连接的预紧

螺纹连接在装配时，一般都必须拧紧，以保证连接的可靠性、紧密性和防松能力。连接件在承受工作载荷之前就承受力的作用，这个预加作用力称为预紧力 F_0，如果预加力不足，则连接不可靠；但如果预加力过大，又会使连接过载而被拉断。

对于一般的连接,可凭经验来控制预紧力 F_0 的大小;但对于重要的连接(如汽缸盖、管路凸缘、齿轮箱、轴承盖等螺纹连接),就要严格控制其预紧力。

通常规定,拧紧后螺纹连接件的预紧力不得超过其材料屈服极限值的80%。对于一般连接用的钢制螺栓连接的预紧力 F_0,推荐按下列关系确定:

$$碳素钢螺栓 \quad F_0 \leqslant (0.6 \sim 0.7)\sigma_s A_1 \tag{9-14}$$

$$合金钢螺栓 \quad F_0 \leqslant (0.5 \sim 0.6)\sigma_s A_1 \tag{9-15}$$

式中 σ_s ——螺栓材料的屈服极限,MPa;

A_1 ——螺栓危险剖面的面积(mm²),$A_1 = \pi d^2/4$。

预紧力的大小与拧紧螺母或螺栓所需的拧紧力矩有关,要控制预紧力的大小就要控制拧紧力矩的大小,通常采用定力矩扳手或测力矩扳手来实现。

对于 M10～M68 的粗牙普通螺栓,所需的拧紧力矩的大小为

$$T \approx 0.2 F_0 d \tag{9-16}$$

式中 d——螺栓的公称直径,mm。

若不能严格控制预紧力的大小,而只靠经验来拧紧时,不宜采用小于 M12 的螺栓。

7. 螺纹连接的防松

连接中常用的单线普通螺纹和管螺纹都能满足自锁要求,在静载荷或冲击振动不大、温度变化不大时不会自行松脱。但在较大的冲击、振动或变载荷作用下,或当温度变化较大时,螺纹连接就会产生自动松脱现象。因此,设计螺纹连接时必须考虑防松问题。

螺纹连接防松的实质是防止螺纹副的相对转动。防松的方法,按其工作原理可分为摩擦防松、机械防松和破坏螺纹副防松等。

① 摩擦防松 采用各种结构措施使螺纹副间始终保持足够大的附加摩擦力,以形成阻止螺纹副相对转动的摩擦力矩。图 9-19(a)为采用弹簧垫圈,螺母拧紧后,靠垫圈压平而产生的弹性反力使螺纹间保持压紧。图 9-19(b)为自锁螺母防松,拧紧螺母后,收口胀开,利用收口的弹力使旋合螺纹压紧。图 9-19(c)为双螺母防松,两螺母对顶拧紧后,使旋合螺纹间始终受到附加的压力和摩擦力的作用,结构简单,可用于平稳、低速和重载场合。摩擦防松简单、方便,但没有机械防松可靠。

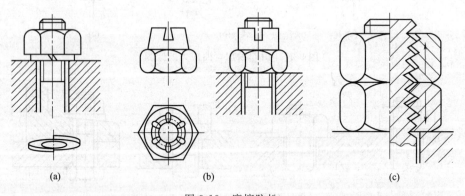

图 9-19 摩擦防松

② 机械防松 采用专门的防松元件,防止螺纹副间的相对转动。对于重要的连接,特别是在机械内部而不易检查的连接,应采用机械防松。例如,用开口销和槽型螺母防松:螺母拧紧后,将开口销插入螺栓尾部的小孔和螺母的槽内,并将开口销尾部侧开与螺母侧面贴紧。适用于较大冲击、振动的高速机械中运动部件的连接。又如,采用止动垫圈防松:螺母拧紧后,将止动垫圈分别向螺母和被连接件的侧面折弯贴紧,即可将螺母锁紧。结构简单,

使用方便，防松可靠。

③ 破坏螺纹副防松 如用焊接的方法将螺纹结合处焊死；或将螺母与螺杆在端部的螺纹结合处打冲点，使螺纹乱牙。这种方法防松效果好，但不可拆卸。

知识点三　键连接和花键连接

1. 键连接的类型、特点与应用

键连接由键、轴和轮毂组成。键连接主要用来实现轴与轴上零件（如齿轮、凸轮、带轮等）的周向固定，并传递运动和转矩；有些键连接还可以实现轴上零件的轴向固定或轴向移动。键连接具有结构简单、连接可靠、装拆方便及成本低等特点。

键连接的类型主要有平键连接、半圆键连接、楔键连接和切向键连接等。它们均已标准化，可根据需要选用。

（1）平键连接

如图9-20（a）所示，平键的两侧面为工作面，键的上表面与轮毂槽底之间留有间隙，工作时靠键与键槽侧面的剪切挤压来传递运动和转矩。平键连接除具有键连接的优点外，还具有结构紧凑、对中性好等优点，因而很广泛。但这种连接只能用于轴向零件的周向固定。按用途的不同，平键分为普通平键、导向平键和滑键三种类型。

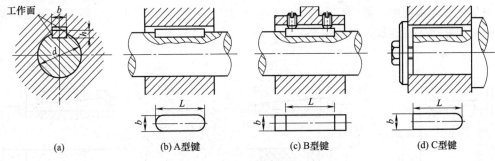

图9-20　普通平键连接

① 普通平键　普通平键用于静连接。按其端部形状的不同分为A型（圆头）、B型（平头）和C型（半圆头），如图9-20（b）、（c）、（d）所示。A型和B型键一般用于轴的中部，C型键用于轴端。使用A型和C型键时，相对应的轴上键槽采用指状铣刀加工，因此，键在槽中的轴向固定好，应用较广，但键槽两端的应力集中较大。使用B型键时，相对应的轴上键槽采用盘铣刀加工，因此轴的应力集中较小。

② 导向平键　导向平键［图9-21（a）］用于轴上零件轴向移动量不大的动连接，如变速箱中的滑移齿轮与轴的连接。它是加长的普通平键，用螺钉固定在轴上的键槽中。为装拆方便，在导向平键中制有起键螺孔。

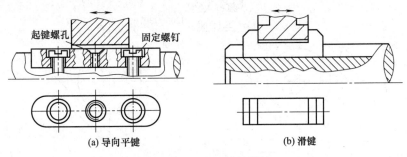

图9-21　导向平键与滑键

③ 滑键　滑键［图 9-21（b）］固定在轮毂上，与轮毂一起可沿轴上键槽滑移。适用于轴上零件轴向移动量较大的动连接。

（2）半圆键连接

半圆键连接如图 9-22 所示，同平键一样，半圆键的工作面也是两侧面，工作时，靠键的侧面来传递扭矩。轴上键槽用半径与半圆键相同的盘铣刀铣出，半圆键可在槽中绕其几何中心摆动以适应轮毂键槽的倾斜。这种键连接对中性好，装配方便，但轴上键槽较深，对轴的削弱作用大。一般用于轻载静连接，尤其适用于锥形轴端与轮毂的连接。当需用两个半圆键时，两键槽应位于轴的同一母线上。

（3）楔键连接

楔键连接如图 9-23 所示，楔键的上、下面是工作面，键的上表面与轮毂键槽的底面均有 1∶100 的斜度；装配后，键的上、下表面分别与轮毂和轴的槽底面压紧。工作时，靠键、轮毂、轴之间接触面的摩擦力传递扭矩，同时还可承受单向的轴向载荷，对轮毂起到单向的轴向定位作用。由于装配时破坏了轴与轮毂的对中性，又是靠摩擦力工作，故轴与轮毂孔易产生偏心和偏斜，且在冲击、振动或变载荷作用时键易松动，因此楔键连接主要用于对中性要求不高、载荷平稳和低速场合，如农用、建筑机械等。

楔键分为普通楔键和钩头楔键，普通楔键有圆头、平头和半圆头三种形式。装配时，圆头楔键要先放入轴槽中，然后打紧轮毂，如图 9-23（a）所示；平头、半圆头和钩头楔键则在轮毂装配好后才将键放入键槽中并打紧，如图 9-23（b）所示。

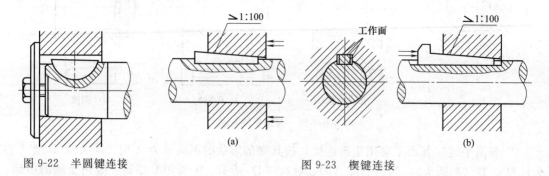

图 9-22　半圆键连接　　　　图 9-23　楔键连接

（4）切向键连接

切向键连接如图 9-24 所示，切向键由两个普通楔键组成。切向键的工作面是两个楔键沿斜面拼合后相互平行的两个窄面，被连接的轴和轮毂上都制有相应的键槽。装配时，把一对楔键分别从轮毂两端打入，拼合而成的切向键就沿轴的切线方向楔紧在轴与轮毂之间。工

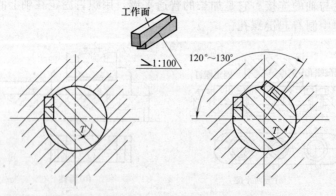

图 9-24　切向键连接

作时，靠工作面上的挤压力和轴与轮毂间的摩擦力来传递扭矩。用一个切向键时，只能传递单向扭矩；当要传递双向扭矩时，必须用两个切向键，两者间的夹角为120°～130°。

由于切向键对轴的强度削弱较大，故主要用于轴径大于100mm，对中性要求不高而载荷很大的场合，如大型带轮、大型飞轮、矿山用大型绞车的卷筒及齿轮等与轴的连接等。

2. 平键连接的选择与强度计算

(1) 平键的选择

平键的类型根据传递转矩的大小及工作要求来选择。工作要求是指对中性要求、是否轴向固定或轴向移动及移动的距离等。

平键的主要尺寸为宽度b、高度h和长度L，键的剖面尺寸$b \times h$按装键处的轴径d从有关标准中选定，键长L应略小于轮毂宽度B，一般$L=B-(5～10)$mm；而导向平键的长度则按轮毂的宽度及其滑动距离而定；一般键长$L \leqslant (1.6～1.8)d$，且应符合标准规定的长度系列。普通平键的主要尺寸见表9-6。

表9-6 普通平键和键槽的尺寸（参看图9-20） mm

轴的直径 d	键的尺寸			键槽		轴的直径 d	键的尺寸			键槽	
	b	h	L	t	t_1		b	h	L	t	t_1
>8～10	3	3	6～36	1.8	1.4	>38～44	12	8	28～140	5.0	3.3
>10～12	4	4	8～45	2.5	1.8	>44～50	14	9	36～160	5.5	3.8
>12～17	5	5	10～56	3.0	2.3	>50～58	16	10	45～180	6.0	4.3
>17～22	6	6	14～70	3.5	2.8	>58～65	18	11	50～200	7.0	4.4
>22～30	8	7	18～90	4.0	3.3	>65～75	20	12	56～220	7.5	4.9
>30～38	10	8	22～110	5.0	3.3	>75～85	22	14	63～250	9.0	5.4

L系列　6、8、10、12、14、16、18、20、22、25、28、32、36、40、45、50、56、63、70、80、90、100、110、125、140、160、180、200、250……

注：在工作图中，轴槽深用$(d-t)$或t标注，毂槽深用$(d+t_1)$或t_1标注。

(2) 平键连接的强度计算

采用平键连接传递转矩时，连接中各零件的受力如图9-25所示。普通平键的主要失效形式是工作面被压溃，严重过载才会出现键被剪断现象。通常只需进行工作面上的挤压强度校核计算。对于导向平键连接和滑键连接，其主要失效形式是工作面的过度磨损。则通常按工作面上的压力进行条件性的强度校核计算。

假定载荷沿键的工作面均匀分布，并假设$k \approx h/2$，普通平键的强度条件为

$$\sigma_p = \frac{F}{hl/2} = \frac{4T}{dhl} \leqslant [\sigma_p] \qquad (9-17)$$

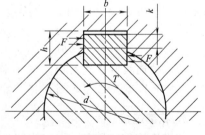

图9-25 平键连接受力分析

导向平键连接和滑键连接的强度条件为

$$p = \frac{4T}{dhl} \leqslant [p] \qquad (9-18)$$

式中　T——传递的转矩，N·mm；

　　　h——键的高度，mm；

　　　l——键的工作长度，mm，圆头平键$l=L-b$；平头平键$l=L$，半圆头平键$L=L-$

$0.5b$；L 为键的公称长度（mm），b 为键的宽度（mm）；

d——安装键处的轴径，mm；

$[\sigma_p]$——键、轴和轮毂三者中最弱材料的许用挤压应力，MPa，见表 9-7；

$[p]$——键、轴和轮毂三者中最弱材料的许用压力，MPa，见表 9-7。

表 9-7 键连接的许用挤压应力和许用压强　　　　　　　　　　　MPa

许用值	轮毂材料	载荷性质		
		静载荷	轻微冲击	冲击
$[\sigma_p]$	钢	125～150	100～120	60～90
	铸铁	70～80	50～60	30～45
$[p]$	钢	50	40	30

键的材料采用抗拉强度不小于 600MPa 的钢，通常为 45 钢。

进行强度校核后，若强度不够，在结构允许的情况下可增加键的长度，但不能超过 $2.5d$；强度不够还可采用双键按 $180°$ 对称布置，考虑载荷分布不均匀性，在强度校核中应按 1.5 个键进行计算。

项目训练 9-2 已知减速器中某直齿圆柱齿轮安装在轴的两个支承点间，齿轮和轴用键连接，材料均为锻钢，齿轮精度为 7 级，安装齿轮处的轴径 $d=70$mm，齿轮轮毂宽为 100mm，需传递的转矩为 $T=2200$N·m，载荷有轻微冲击；试设计此键连接。

解：（一）选择键连接的类型和尺寸。一般 8 级以上精度的齿轮有定心精度要求，应选用平键连接。由于齿轮不在轴端，故选用圆头普通平键（A 型）。

根据轴径 $d=70$mm 从表 9-6 中查得键的截面尺寸为 $b\times h=20\times 12$。由轮毂宽度并参考键的长度系列，取键长 $L=90$mm。

（二）校核键连接的强度。键、轴和轮毂的材料均为钢，由表 9-7 查得许用挤压应力 $[\sigma_p]=100\sim 120$MPa，取其平均值 $[\sigma_p]=110$MPa。键的工作长度 $l=L-b=90-20=70$mm，由式（9-17）可得

$$\sigma_p=\frac{4T}{dhl}=\frac{4\times 2200\times 10^3}{70\times 12\times 70}=149.7\text{MPa}>[\sigma_p]=110\text{MPa}$$

可见，连接的挤压强度不够。考虑到相差较大，因此改用双键，相隔 $180°$ 布置。双键的工作长度为 $l=1.5\times 70=105$mm，由式（9-17）得：

$$\sigma_p=\frac{4T}{dhl}=\frac{4\times 2200\times 10^3}{70\times 12\times 105}=99.8\text{MPa}<[\sigma_p]=110\text{MPa}$$

故双键连接时强度足够。键的标记为键 20×90 GB/T 1096—2003（一般 A 型可不标"A"，对于 B 型和 C 型，则须将"键"标为"键 B"或"键 C"）。

3. 花键连接

花键连接是由具有沿周向均匀分布的多个键齿的轴（外花键）和具有同样键齿槽的轮毂（内花键）构成的连接，齿的侧面为工作面。由于是多齿传递扭矩，因此它承载能力大，且定心性和导向性好。由于键齿浅，对轴的削弱少，故它适用于载荷较大、定心精度要求较高的静连接和动连接中，如飞机、汽车和机床中的连接。但花键连接零件的加工需用专门的工具，故加工成本较高。

花键连接按齿形的不同，可分为一般常用的矩形花键和强度高的渐开线花键两类。

矩形花键[图 9-26（a）]：常采用小径 d 定心，即花键轴和轮毂键齿槽的小径为配合面。其特点是定心精度高，定心的稳定性好，应用广泛。

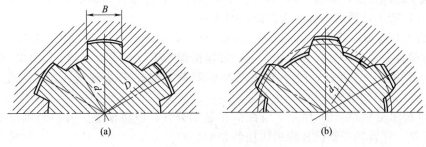

图 9-26 花键连接

渐开线花键 [图 9-26 (b)]：两侧齿曲线为渐开线，图中 d_1 为分度圆直径，其压力角有 30°、45°两种。前者常用于传递较大扭矩且轴径也较大时的场合；后者又称为三角形花键，适用于轻载、小直径或薄壁零件的静连接。渐开线花键的定心方式为齿形定心。

花键连接可做成静连接，也可做成动连接。花键连接已经标准化，例如矩形花键的齿数 z、小径 d、大径 D、键宽 B 等可以根据轴径查标准选定，其强度计算方法与平键相似。

知识点四　销连接

销连接是将销置于轴与轮毂（或两被连接件）的销孔中而形成的一种可拆连接。销是标准件，按其作用的不同，可分为定位销、连接销和安全销三类，如图 9-27 所示。

① 定位销 [图 9-27 (a)、(b)]：用于固定零件间的相对位置，不承受或只承受很小的载荷，故不作强度校核。定位销一般成对使用，并使销距尽可能远些，以提高定位精度。

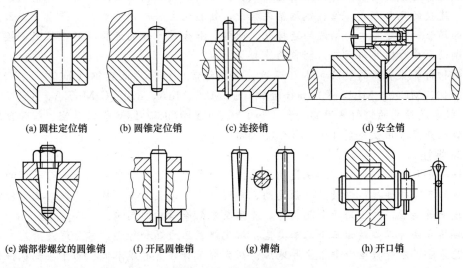

(a) 圆柱定位销　(b) 圆锥定位销　(c) 连接销　(d) 安全销

(e) 端部带螺纹的圆锥销　(f) 开尾圆锥销　(g) 槽销　(h) 开口销

图 9-27 销连接类型

② 连接销 [图 9-27 (c)]：用于零件间的连接，并可传递不大的载荷。

③ 安全销 [图 9-27 (d)]：用于安全装置中的过载剪断元件。这种销的直径按过载时被剪断的条件确定。

按销的结构形状的不同，销可分为圆柱销、圆锥销、槽销和开口销等。

① 圆柱销主要用于定位，也可用于连接。销与销孔间采用过盈配合，为保证定位精度及连接的可靠性，不宜经常拆卸。

② 圆锥销具有 1∶50 的锥度，具有自锁性，装拆方便，定位精度高，主要用于定位。

端部带有螺纹的圆锥销，如图 9-27（e）所示，可用于盲孔或拆卸困难的场合。开尾圆锥销，如图 9-27（f）所示，适用于有冲击、振动的场合。

③ 槽销上开有碾压或模锻出的三条纵向沟槽，如图 9-27（g）所示，槽销压入销孔后，由于材料的弹性，使销挤紧在销孔中，它的凹沟槽即产生收缩变形，借助材料的弹性而固定在销孔中，不易松脱，因此，能承受振动和变载荷。销孔无需铰制，加工方便，可多次装拆。

④ 开口销如图 9-27（h）所示，装配后将尾部分开，以防松脱。开口销可与销轴配合，构成铰链连接，还常用于螺纹连接的防松装置中。

销的材料为 35、45 钢（开口销为低碳钢），许用切应力为 80MPa。

【知识拓展】 不可拆连接

1. 铆接

铆接也称为铆钉连接，是一种较早应用的简单的机械连接，它是将铆钉穿过被铆接件上的预制孔，使两个或两个以上的被铆接件连接在一起，从而构成不可拆连接。铆接主要由铆钉与被铆接件组成，有的还有辅助连接盖板。铆接的工艺过程称为铆合，分热铆和冷铆两种。直径大于 12 mm 的钢铆钉，铆合时常将其全部或局部加热，称为热铆；直径小于 12 mm 的钢铆钉，铆合时可不加热，称为冷铆；铝合金、铜合金铆钉一般均采用冷铆。

铆接的应用历史已较久，但由于铆接操作时噪声一般很大，随着近十多年来焊接和高强度螺栓连接的发展，其应用已逐渐减少。目前，铆接虽然仍是轻金属结构（如飞机结构）连接的主要形式，但在钢结构连接中，铆接则主要应用于少数受严重冲击或振动载荷的场合，如起重机的构架的连接等。此外，非金属元件的连接有时也采用铆接，如带式制动器中摩擦片与闸带、闸靴的连接等。

铆钉材料应有高的塑性和不可淬性。钢铆钉常用材料为低碳钢（如 Q215、Q235、ML2、10、ML10、ML15 等）和合金钢（如 ML20MnA、ML30CrMnSiA、ICfiSNi9Ti 等）；轻金属结构的铆钉多用铝合金，如 LY1、LY10，L3、LC3 等；航空、航天器结构的铆钉已开始采用钛合金 TA2、TA3、TB2-1 等。

2. 焊接

焊接是利用局部加热、加压使两个以上的金属件在连接处形成原子或分子间的结合而构成的不可拆连接；焊接具有强度高、紧密性好、工艺简单、操作方便、重量轻和劳动强度低等优点，广泛用于金属构架、壳体及机架等结构的制造。

焊接方法可以归纳为三个基本类型：熔化焊、压力焊和钎焊。熔化焊是最基本的焊接工艺方法，在焊接生产中占主导地位。压力焊及钎焊具有成本低、易于实现机械化自动化操作等特点。

熔化焊又分为电弧焊、电渣焊、气焊等，在机械制造中最常用的是电弧焊。

3. 胶接

胶接是利用黏结剂使零件胶粘在一起而形成的连接，也是一种不可拆连接。胶接的应用历史很久，早期就用于各种非金属材料元件间的连接；而用于金属材料的元件间、金属与非金属材料元件间的连接，历史并不长。目前，胶接在机床、汽车、造船、化工、仪表、航空以及航天等工业部门中的应用日渐广泛，主要归功于粘接机理研究的不断进展和新型黏结剂的不断出现。

4. 过盈连接

过盈连接是利用零件间的配合过盈来达到连接的目的。这种连接也叫干涉配合连接或紧配合连接。过盈连接主要用于轴与毂的连接、轮圈与轮芯的连接以及滚动轴承与轴或座孔的连接等。这种连接的特点是结构简单、对中性好、承载能力大、承受冲击性能好、对轴削弱少，但配合面加工精度要求高、装拆不便。

过盈连接的装配方法有压入法和胀缩法（温差法）。压入法是利用压力机将被包容件直接压入包容件中。由于过盈量的存在，在压入过程中，配合表面微观不平度的峰尖不可避免地要受到擦伤或压平，因而降低了连接的紧固性。在被包容件和包容件上分别制出导锥，并对配合表面进行润滑，可以减轻上述缺点。但对连接质量要求更高时，应采用胀缩法进行装配。即加热包容件或（和）冷却被包容件，使之既便于装配，又可减少或避免损伤配合表面，而达到在常温下牢固的连接。胀缩法一般是利用电加热，冷却则多采用液态空气（沸点为－194℃）或固态二氧化碳（又名干冰，沸点为－79℃）。

练习与思考

一、思考题

1. 常用螺纹的类型有哪些？各应用于何种场合？
2. 螺纹的主要几何参数有哪些？螺纹导程与螺距有何区别与联系？
3. 连接螺纹和传动螺纹的牙型是否相同？为什么？
4. 螺纹连接的基本形式有哪几种？各应用在何种场合？有何特点？
5. 螺纹连接预紧和防松的目的是什么？常采用哪些措施？
6. 常见螺纹的失效形式有哪几种，失效通常发生在哪些部位？
7. 提高螺栓连接强度的措施有哪些？
8. 键连接的类型有哪几种？各有何特点？
9. 键连接的主要失效形式是什么？普通平键的强度条件是什么？
10. 试比较花键连接与平键连接的相同点和不同点？
11. 平键连接和楔键连接的工作原理有何不同？
12. 为什么采用两个平键时，一般布置在沿周向相隔180°，采用两个切向键时，相隔120°～130°，而采用两个半圆键时，却布置在轴的同一母线上？
13. 单键连接时如果强度不够应采取什么措施？若用双键，对平键和楔键，分别应如何布置？
14. 简述安装圆头、平头、单圆头平键的轴上的键槽的加工方法。
15. 简述销连接的类型、特点和应用。

二、填空题

1. 根据螺纹连接防松原理的不同，它可分为_____防松和_____防松。
2. 对于螺纹连接，当两个被连接件中其一较厚不能使用螺栓时，则应选用_____连接或_____连接，其中经常拆卸时应选用_____连接。
3. 在螺纹连接中，按螺母是否拧紧分为紧螺栓连接和松螺栓连接，前者既能承受_____载荷又能承受_____向载荷，后者只能承受_____向载荷。
4. 常用螺纹连接的形式有_____连接，_____连接，_____连接和_____连接。

5. 螺纹的牙型不同应用场合不同，_____螺纹常用于连接，_____螺纹常用于传动。

6. 在螺纹连接中，被连接件上加工出凸台或沉头座，这主要是为了_____。

7. 键连接主要是用来实现轴与轴上零件的_____向固定并用来传递_____和_____。

8. 按用途不同，平键可分为_____平键、_____平键和滑键三种，其中_____键用于静连接。

9. 齿轮在轴上的周向固定，通常是采用_____连接，其截面尺寸是根据_____查标准而确定的。

10. 平键连接中，_____是工作面；楔键连接中，_____是工作面。

11. 在键连接中，楔键连接的主要缺点是_____。

12. 销连接按照用途可分为三种，它们是：_____、_____和_____。

三、选择题

1. 当两个被连接件之一非常厚时，应采用_____。
   A. 双头螺柱连接   B. 螺栓连接   C. 螺钉连接   D. 紧定螺钉连接

2. 承受横向载荷或旋转力矩的紧螺栓连接，其螺栓受_____。
   A. 剪切作用   B. 拉伸作用
   C. 剪切和拉伸作用   D. 可能剪切，可能拉伸

3. 为了改善螺纹牙上的载荷分布，通常采用_____方法来实现。
   A. 双螺母   B. 加高的螺母
   C. 减薄的螺母   D. 减小螺栓与螺母的螺距变化之差

4. 被连接件承受横向载荷时，若采用一组普通螺栓连接，则载荷靠_____传递。
   A. 接合面间的摩擦力   B. 螺栓的剪切力
   C. 螺栓的挤压力   D. 螺栓的剪切力和挤压力

5. 在螺纹连接的防松装置中，_____属于机械防松，_____属于摩擦防松。（此题可选多项）
   A. 止动垫片   B. 弹簧垫圈   C. 双螺母   D. 槽型螺母与开口销

6. 普通平键连接的主要用途是使轴与轮毂之间_____。
   A. 沿轴向固定并传递轴向力   B. 沿轴向可作相对滑动并具有导向作用
   C. 沿周向固定并传递转矩   D. 安装与拆卸方便

7. 键的剖面尺寸通常是根据_____按标准选择。
   A. 传递转矩的大小   B. 传递功率的大小   C. 轮毂的长度   D. 轴的直径

8. 键的长度主要是根据_____来选择。
   A. 传递转矩的大小   B. 轮毂的长度   C. 轴的直径   D. 传递功率的大小

9. 半圆键连接的主要优点是_____。
   A. 对轴的强度削弱较轻   B. 键槽的应力集中较小
   C. 工艺性好，安装方便   D. 对中性差

10. 平键连接如不能满足强度条件要求时，可在轴上安装一对平键，使它们沿圆周相隔_____。
    A. 90°   B. 120°   C. 135°   D. 180°

11. 通常圆锥销有_____的锥度，在受横向载荷时可以自锁。
    A. 1∶10   B. 1∶20   C. 1∶30   D. 1∶50

12. 盲孔且经常需要拆卸的销连接宜采用_____。
   A. 圆柱销　　　　　　B. 圆锥销　　　　　　C. 内螺纹圆柱销　　D. 内螺纹圆锥销

四、计算题

1. 如图 9-28 所示，拉杆与拉杆头用粗牙普通螺栓连接，已知拉杆所受最大载荷为 $F=56\text{kN}$，载荷平稳。拉杆材料为 Q235 钢，试确定拉杆螺纹的直径 d。

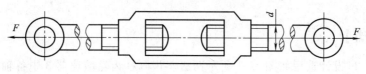

图 9-28　题四-1 图

2. 受轴向载荷的紧螺栓连接，被连接件钢板间采用橡胶垫片。已知螺栓预紧力 15kN，当受轴向载荷 $F=12\text{kN}$ 时，求螺栓所受的总拉力及连接件间的残余预紧力。

3. 如图 9-29 所示的凸缘联轴器需传递 1200N·m（静载荷）的扭矩，材料为 HT200，两半联轴器用 4 个螺栓连接，螺栓分布圆直径 D 为 160mm，螺栓材料为 45 钢。试按照以下两种螺栓连接情况，确定螺栓的直径。
   ① 采用铰制孔用螺栓连接，螺栓杆与孔壁的最小接触长为 15mm。
   ② 采用普通螺栓连接，安装时不控制预紧力，两半联轴器间的摩擦系数为 0.15。

4. 一钢制液压缸，已知缸内油压 $p=2\text{MPa}$，缸内径 $D=125\text{mm}$，缸盖用 6 个 M16 的螺栓连接在缸体上，结构形式如图 9-30 所示，螺栓材料的许用应力 $[\sigma]=100\text{MPa}$。根据螺栓的紧密性要求，取残余预紧力 $F_1=1.6F$（工作载荷）。试校核该螺栓连接的强度。

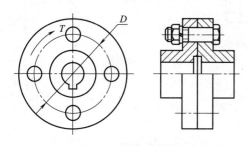

图 9-29　题四-3 图

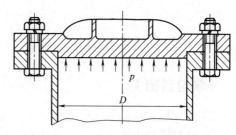

图 9-30　题四-4 图

5. 用四个普通螺栓将钢板 A 固定在钢板 B 上。如图 9-31 中尺寸 $a=70\text{mm}$，$L=400\text{mm}$。钢板间摩擦系数 $\mu=0.10$，连接可靠系数（防滑系数）$K_f=1.2$，螺栓的许用拉应力 $[\sigma]=80\text{MPa}$，$F=500\text{N}$，试计算螺栓的小径 d_1（或计算直径 d_c）的最小值。

6. 某齿轮与轴之间采用平键连接。已知传递的扭矩为 5kN·m，轴径 $d=100\text{mm}$，轮毂宽度为 150mm，轴的材料为 45 钢，轮毂材料为铸铁，承受轻微冲击载荷。试计算选择平键尺寸。若强度不够，可采取何种措施？

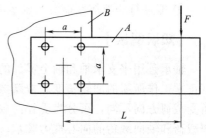

图 9-31　题四-5 图

7. 已知轴和带轮的材料分别为钢和铸铁，带轮与轴配合直径 $d=40\text{mm}$，轮毂长度 $l=80\text{mm}$，传递的功率为 $P=10\text{kW}$，转速 $n=1000\text{r/min}$，载荷性质为轻微冲击。试选择带轮与轴连接用的 A 型普通平键。

项目十 轴 承

【任务驱动】

案例分析：试设计选用如图 10-1 所示两级斜齿圆柱齿轮减速器 3 中各轴系适用的轴承。

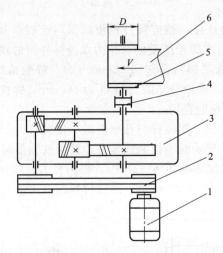

图 10-1 两级减速器示意图

1—电动机；2—皮带传动；3—减速器；4—联轴器；5—滚筒；6—运输带

【学习目标】

① 能分析常用轴承在机器中的基本功用。
② 根据机器中轴的扭矩、转速和轴径及轴承功用初选滚动轴承类型。
③ 滚动轴承均为标准件，根据初选滚动轴承类型查表确定型号，由表中的参数验算是否满足要求。
④ 能进行非液体摩擦滑动轴承的设计计算。

【知识解读】

轴承是用来支承轴和轴上零件的重要部件，轴承能减少轴颈与支承间的摩擦和磨损，保证正常工作所需的回转精度。按摩擦性质，轴承可分为滑动轴承和滚动轴承两大类；按轴承所受载荷方向不同，可分为受径向载荷的向心轴承和受轴向载荷的推力轴承以及同时承受径向载荷和轴向载荷的向心推力轴承。滑动轴承根据润滑状态不同，又可分为非液体摩擦滑动轴承和液体摩擦滑动轴承。

滚动轴承具有摩擦阻力小，启动灵活，易于互换等一系列优点，在一般机器中获得了广泛应用。滑动轴承与滚动轴承相比，滑动轴承具有承载能力大、工作平稳可靠、噪声小、耐冲击、吸振、可以剖分等优点。特别是液体摩擦滑动轴承，可以在高转速下工作，且旋转精度高、摩擦因子小、寿命长。

知识点一　滚动轴承基本知识

1. 滚动轴承的结构

常见的滚动轴承一般由两个套圈（即内圈、外圈）、滚动体和保持架等基本元件组成（图10-2）。通常内圈与轴颈相配合且随轴一起转动，外圈装在机架的轴承座孔内固定不动。当内、外圈相对旋转时，滚动体在内、外圈的滚道上滚动，保持架使滚动体均匀分布并避免相邻滚动体之间的接触和摩擦、磨损。

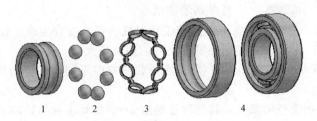

图10-2　滚动轴承的结构
1—内圈；2—滚动体；3—保持架；4—外圈

滚动轴承的内、外圈和滚动体一般采用专用的滚动轴承钢制造，如 GCr9、GCr15、GCr15SiMn 等，保持架则常用较软的材料如低碳钢板经冲压而成，或用铜合金、塑料等制成。

2. 滚动轴承的特性和类型

（1）滚动轴承的4个基本特性

① 接触角：如图10-3所示，滚动轴承中滚动体与外圈接触处的法线和垂直于轴承轴心线的平面的夹角 α，称为接触角。α 越大，轴承承受轴向载荷的能力越大。

② 游隙：滚动体与内、外圈滚道之间的最大间隙称为轴承的游隙。如图10-4所示，将一套圈固定，另一套圈沿径向的最大移动量称为径向游隙，沿轴向的最大移动量称为轴向游隙。游隙的大小对轴承的运转精度、寿命、噪声、温升等有很大影响，应按使用要求进行游隙的选择或调整。

③ 偏位角：如图10-5所示，轴承内、外圈轴线相对倾斜时所夹锐角，称为偏位角。能自动适应偏位角的轴承，称为调心轴承。各类轴承的许用偏位角见表10-1。

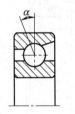 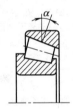

图10-3　滚动轴承的接触角

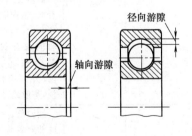 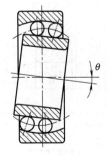

图10-4　滚动轴承的游隙　　图10-5　滚动轴承的偏位角

④ 极限转速：滚动轴承在一定的载荷和润滑的条件下，允许的最高转速称为极限转速，其具体数值见有关手册。

（2）滚动轴承的类型

滚动轴承的类型很多，下面介绍几种常见的分类方法。

① 按滚动体的形状分，可分为球轴承和滚子轴承两大类。

如图10-6所示，球轴承的滚动体是球形，承载能力和承受冲击能力小。滚子轴承的滚动体形状有圆柱滚子、圆锥滚子、鼓形滚子和滚针等，承载能力和承受冲击能力大，但极限转速低。

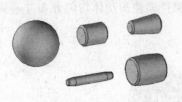

② 按滚动体的列数，滚动轴承又可分为单列、双列及多列滚动轴承。

③ 按工作时能否调心可分为调心轴承和非调心轴承。调心轴承允许的偏位角大。

图10-6 滚动体的形状

④ 按承受载荷方向不同，可分为向心轴承和推力轴承两类。

向心轴承：主要承受径向载荷，其公称接触角 $\alpha=0°$ 的轴承称为径向接触轴承；$0°<\alpha\leqslant 45°$ 的轴承，称为角接触向心轴承。接触角越大，承受轴向载荷的能力也越大。

推力轴承：主要承受轴向载荷，其公称接触角 $45°<\alpha<90°$ 的轴承，称为角接触推力轴承，其中 $\alpha=90°$ 的称为轴向接触轴承，也称推力轴承。接触角越大，承受径向载荷的能力越小，承受轴向载荷的能力也越大，轴向推力轴承只能承受轴向载荷。

常用的各类滚动轴承的性能及特点见表10-1。

表10-1 滚动轴承的主要类型和特性

轴承名称 类型及代号	结构简图	基本额定 动载荷比	极限转速比	允许偏位角	主要特性及应用
调心球轴承 10000		0.6~0.9	中	2°~3°	主要承受径向载荷，也能承受少量的轴向载荷。因为外圈滚道表面是以轴线中点为球心的球面，故能自动调心
调心滚子轴承 20000		1.8~4	低	1°~2.5°	主要承受径向载荷，也可承受一些不大的轴向载荷，承载能力大，能自动调心
圆锥滚子轴承 30000		1.1~2.5	中	2′	能承受以径向载荷为主的径向、轴向联合载荷，当接触角α大时，亦可承受纯单向轴向联合载荷。因系线接触，承载能力大于7类轴承。内、外圈可以分离，装拆方便，一般成对使用
推力球轴承 51000		1	低	不允许	接触角 $\alpha=0°$，只能承受单向轴向载荷。而且载荷作用线必须与轴线相重合，高速时钢球离心力大，磨损、发热严重，极限转速低。所以只用于轴向载荷大、转速不高之处

续表

轴承名称 类型及代号	结构简图	基本额定 动载荷比	极限转速比	允许偏位角	主要特性及应用
双向推力 球轴承 52000		1	低	不允许	能承受双向轴向载荷。其余与推力轴承相同
深沟球轴承 60000		1	高	8′~16′	主要承受径向载荷,同时也能承受少量的轴向载荷。当转速很高而轴向载荷不太大时,可代替推力球轴承承受纯轴向载荷。生产量大,价格低
角接触球轴承 70000		1.0~1.4	较高	2′~10′	能同时承受径向和轴向联合载荷。接触角α越大,承受轴向载荷的能力也越大。接触角α有15°、25°和40°三种。一般成对使用,可以分装为两个支点或同装于一个支点上
圆柱滚子轴承 N0000		1.5~3	较高	2′~4′	外圈(或内圈)可以分离,故不能承受轴向载荷。由于是线接触,所以能承受较大的径向载荷
滚针轴承 NA0000		—	低	不允许	在同样内径条件下,与其他类型轴承相比,其外径最小,外圈(或内圈)可以分离,径向承载能力较大,一般无保持架,摩擦系数大

注:1. 基本额定动载荷比:是指同一尺寸系列(直径及宽度)各种类型和结构形式的轴承的基本额定动载荷与6类深沟球轴承的(推力轴承则与单向推力球轴承)基本额定动载荷之比。

2. 极限转速比:是指同一尺寸系列0级公差的各类轴承脂润滑时的极限转速与6类深沟球轴承脂润滑时的极限转速之比。高、中、低的含义为:高为6类深沟球轴承极限转速的90%~100%;中为6类深沟球轴承极限转速的60%~90%;低为6类深沟球轴承极限转速的60%以下。

3. 滚动轴承的特点

滚动轴承是现代机械中广泛应用的标准零部件,它是依靠主要元件间的滚动接触来支承转动零件的。它具有摩擦阻力小、功率消耗少、效率高、易于启动、润滑方便、互换性好等优点。但其抗冲击能力差,高速时噪声大。所以设计时可根据载荷性质与大小、转速及旋转精度等条件,正确选择轴承类型和尺寸,进行轴承的组合结构设计,并确定润滑及密封方式等。

4. 滚动轴承的代号

滚动轴承的种类和尺寸规格繁多,为了便于组织生产和选用,常用的滚动轴承大多数已经标准化了。国家标准 GB/T 272—93 规定了滚动轴承的代号方法,轴承的代号用字母和数字来表示。一般印或刻在轴承套圈的端面上。

滚动轴承的代号由基本代号、前置代号和后置代号组成。轴承代号的构成见表 10-2。

表 10-2 滚动轴承代号的构成

前置代号	基本代号				后置代号
	类型代号	尺寸系列代号		内径代号	
字母	数字或字母	宽度系列代号	直径系列代号	两位数字	字母(或加数字)
		一位数字	一位数字		

(1) 基本代号(滚针轴承除外)

基本代号表示轴承的类型、结构和尺寸,是轴承代号的基础。基本代号由轴承类型代号、尺寸系列代号和内径代号三部分构成。

① 类型代号 用数字或字母表示,其表示方法见表 10-3。

表 10-3 一般滚动轴承类型代号

代号	原代号	轴 承 类 型	代号	原代号	轴 承 类 型
0	6	双列角接触球轴承	7	6	角接触球轴承
1	1	调心球轴承	8	9	推力圆柱滚子轴承
2	3 和 9	调心滚子轴承和推力调心滚子轴承	N	2	圆柱滚子轴承
3	7	圆锥滚子轴承			双列或多列用字母 NN 表示
4		双列深沟球轴承	U	0	外球面轴承
5	8	推力球轴承	QJ	6	四点接触球轴承
6	0	深沟球轴承			

② 尺寸系列代号 尺寸系列代号由轴承的宽(推力轴承指高)度系列代号和直径系列代号组成。各用一位数字表示。

轴承的宽度系列代号指:内径相同的轴承,对向心轴承,配有不同的宽度尺寸系列。轴承宽度系列代号有 8、0、1、2、3、4、5、6,宽度尺寸依次递增。对推力轴承,配有不同的高度尺寸系列,代号有 7、9、1、2,高度尺寸依次递增。在 GB/T 272—93 规定的有些型号中,宽度系列代号被省略。

轴承的直径系列代号指:内径相同的轴承配有不同的外径尺寸系列。其代号有 7、8、9、0、1、2、3、4、5,外径尺寸依次递增。图 10-7 所示为深沟球轴承的不同直径系列代号的对比。

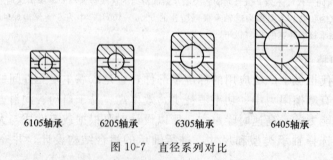

图 10-7 直径系列对比

③ 内径代号 轴承内孔直径用两位数字表示,见表 10-4。

(2) 前置代号

表 10-4　轴承内径代号

内径代号	00	01	02	03	04～99
轴承内径 d/mm	10	12	15	17	数字×5

轴承的前置代号用字母表示。例如：用 L 表示可分离轴承的可分离内圈或外圈；用 K 表示滚子轴承的滚子和保持架组件；用 R 表示不可分离轴承的套圈等。

(3) 后置代号

轴承的后置代号是用字母（或加数字）等表示。后置代号的内容很多，下面介绍几种常用的后置代号。

① 内部结构代号用字母表示，紧跟在基本代号后面。如接触角 $\alpha=15°$、$25°$ 和 $40°$ 的角接触球轴承分别用 C、AC 和 B 表示内部结构的不同。代号示例如 7210C、7210AC 和 7210B。

② 密封、防尘与外部形状变化代号。如"-Z"表示轴承一面带防尘盖；"N"表示轴承外圈上有止动槽。代号示例如 6210-Z、6210N。

③ 轴承的公差等级分为 2、4、5、6、6_x 和 0 级，共 6 个级别，精度依次降低。其代号分别为/P2、/P4、/P5、/P6、/P6$_x$ 和/P0。公差等级中，6_x 级仅适用于圆锥滚子轴承；0 级为普通级，在轴承代号中省略不表示。代号示例如 6203、6203/P6、30210/P6$_x$。

④ 轴承的游隙分为 1、2、0、3、4 和 5 组，共 6 个游隙组别，游隙依次由小到大。常用的游隙组别是 0 游隙组，在轴承代号中省略不表示，其余游隙组别在轴承代号中分别用符号/C1、/C2、/C3、/C4、/C5 表示。代号示例如 6210、6210/C4。

实际应用的滚动轴承类型是很多的，相应的轴承代号也是比较复杂的。以上介绍的代号是轴承代号中最基本、最常用的部分，熟悉了这部分代号，就可以识别和查选常用的轴承。关于滚动轴承详细的代号方法可查阅 GB/T 272—93。

项目训练 10-1　试分析下列滚动轴承代号的含义：30210，LN207/P63，7211C。

解（一）30210—表示圆锥滚子轴承，宽度系列代号为 0，直径系列代号为 2，内径为 50mm，公差等级为 0 级，游隙为 0 组。

（二）LN207/P63—N 表示圆柱滚子轴承，L 表示内外圈可分离，宽度系列代号为 0（0 在代号中省略），直径系列代号为 2，内径为 35mm，公差等级为 6 级，游隙为 3 组。

（三）7211C—表示角接触球轴承；宽度系列代号为 0，直径系列代号为 2，内径为 55mm，公差等级为普通级，C 表示公称接触角 $\alpha=15°$，游隙为 0 组。

5. 滚动轴承类型的选择

选用滚动轴承时，首先是选择轴承类型。选择轴承类型应考虑的因素很多，如轴承所受载荷的大小、方向及性质；转速与工作环境；调心性能要求；经济性及其他特殊要求等。以下几个选型原则可供参考。

① 载荷条件。轴承承受载荷的大小、方向和性质是选择轴承类型的主要依据。如载荷小而又平稳时，可选球轴承；载荷大又有冲击时，宜选滚子轴承；如轴承仅受径向载荷时，选径向接触球轴承或圆柱滚子轴承；只受轴向载荷时，宜选推力轴承。轴承同时受径向和轴向载荷时，选用角接触轴承，轴向载荷越大，应选择接触角越大的轴承，必要时也可选用径向轴承和推力轴承的组合结构。应该注意推力轴承不能承受径向载荷，圆柱滚子轴承不能承受轴向载荷。

② 轴承的转速。若轴承的尺寸和精度相同，则球轴承的极限转速比滚子轴承高，所以当转速较高且旋转精度要求较高时，应选用球轴承。推力轴承的极限转速低。当工作转速较

高，而轴向载荷不大时，可采用角接触球轴承或深沟球轴承。对高速回转的轴承，为减小滚动体施加于外圈滚道的离心力，宜选用外径和滚动体直径较小的轴承。若工作转速超过轴承的极限转速，可通过提高轴承的公差等级、适当加大其径向游隙等措施来满足要求。

③ 调心性能。轴承内、外圈轴线间的偏位角应控制在极限值之内，见表10-1。否则会增加轴承的附加载荷而降低其寿命。对于刚度差或安装精度差的轴系，轴承内、外圈轴线间的偏位角较大，宜选用调心类轴承，如调心球轴承（1类）、调心滚子轴承（2类）等。

④ 允许的空间。当轴向尺寸受到限制时，宜选用窄或特窄的轴承。当径向尺寸受到限制时，宜选用滚动体较小的轴承。如要求径向尺寸小而径向载荷又很大，可选用滚针轴承。

⑤ 装调性能。圆锥滚子轴承（3类）和圆柱滚子轴承（N类）的内外圈可分离，装拆比较方便。

⑥ 经济性。在满足使用要求的情况下应尽量选用价格低廉的轴承。一般情况下球轴承的价格低于滚子轴承。轴承的精度等级越高，其价格也越高。在同尺寸和同精度的轴承中深沟球轴承的价格最低。同型号、尺寸，不同公差等级的深沟球轴承的价格比约为：P0：P6：P5：P4：P2≈1：1.5：2：7：10。如无特殊要求，应尽量选用普通级精度轴承，只有对旋转精度有较高要求时，才选用精度较高的轴承。

除此之外，还可能有其他各种各样的要求，如轴承装置整体设计的要求等，因此设计时要全面分析比较，选出最合适的轴承。

知识点二　滚动轴承的工作能力计算
1. 滚动轴承的失效形式和计算准则
（1）滚动轴承的载荷分析

以深沟球轴承为例进行分析。如图10-8所示，轴承受径向载荷 F_r 作用时，各滚动体承受的载荷是不同的，处于最低位置的滚动体受载荷最大。由理论分析知，受载荷最大的滚动体所受的载荷为 $F_0 \approx (5/z)F_r$，式中 z 为滚动体的数目。

当外圈不动内圈转动时，滚动体既自转又绕轴承的轴线公转，于是内、外圈与滚动体的接触点位置不断发生变化，滚道与滚动体接触表面上某点的接触应力也随着作周期性的变化，滚动体与旋转套圈受周期性变化的脉动循环接触应力作用，固定套圈上 A 点受最大的稳定脉动循环接触应力作用。

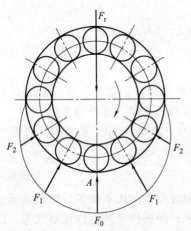

图10-8　滚动轴承的载荷分析

（2）失效形式

滚动轴承的失效形式主要有以下三种。

① 疲劳点蚀　滚动体和套圈滚道在脉动循环的接触应力作用下，当应力值或应力循环次数超过一定数值后，接触表面会出现接触疲劳点蚀。点蚀使轴承在运转中产生振动和噪声，回转精度降低且工作温度升高，使轴承失去正常的工作能力。接触疲劳点蚀是滚动轴承的最主要失效形式。

② 塑性变形　在过大的静载荷或冲击载荷的作用下，套圈滚道或滚动体可能会发生塑性变形，滚道出现凹坑或滚动体被压扁，使运转精度降低，产生振动和噪声，导致轴承不能正常工作。

③ 磨损　在润滑不良，密封不可靠及多尘的情况下，滚动体或套圈滚道易产生磨粒磨

损，高速时会出现热胶合磨损，轴承过热还将导致滚动体回火。

另外，滚动轴承由于配合、安装、拆卸及使用维护不当，还会出现内外圈断裂、保持架损坏、元件锈蚀等失效情况。

（3）计算准则

针对上述的主要失效形式，滚动轴承的计算准则如下。

① 对于一般转速（$n>10\text{r/min}$）的轴承，疲劳点蚀为其主要的失效形式，应进行寿命计算。

② 对于低速（$n\leqslant10\text{r/min}$）重载或大冲击条件下工作的轴承，其主要失效形式为塑性变形，应进行静强度计算。

③ 对于高转速的轴承，除疲劳点蚀外，胶合磨损也是重要的失效形式，因此除应进行寿命计算外还要校验其极限转速。

2. 基本额定寿命和基本额定动载荷

（1）轴承寿命

在一定载荷作用下，滚动轴承运转到任一滚动体或套圈滚道上出现疲劳点蚀前，两套圈相对运转的总转数（圈数）或工作的小时数，称为轴承寿命。这也意味着一个新轴承运转至出现疲劳点蚀就不能再使用了。如同预言一个人的寿命一样，对于一个具体的轴承，我们无法预知其确切的寿命。但借助于人口调查等相关资料，却可以预知某一批人的寿命。同理，引入下面关于基本额定寿命的说法。

（2）基本额定寿命

一批相同的轴承，在同样的受力、转数等常规条件下运转，其中有10%的轴承发生疲劳点蚀破坏（90%的轴承未出现点蚀破坏）时，一个轴承所转过的总转（圈）数或工作的小时数称为轴承的基本额定寿命。用符号 L（10^6r）或 L_h（h）表示。需要说明的是：①轴承运转的条件不同，如受力大小不一样，则其基本额定寿命值不一样；②某一轴承能够达到或超过此寿命值的可能性即可靠度为90%，达不到此寿命值的可能性即破坏率为10%。

（3）基本额定动载荷

基本额定动载荷是指基本额定寿命为 $L=10^6\text{r}$ 时，轴承所能承受的最大载荷，用字母 C 表示。基本额定动载荷越大，其承载能力也越大。不同型号轴承的基本额定动载荷 C 值可查轴承样本或设计手册等资料。

3. 滚动轴承的寿命计算公式

滚动轴承的基本额定寿命（以下简称为寿命）与承受的载荷有关，通过大量试验获得6207轴承寿命 L 与载荷 P 的关系曲线如图10-9所示，也称为轴承的疲劳曲线。其他型号的轴承，也存在类似的关系曲线。

此曲线的方程为：$LP^\varepsilon=$ 常数

式中　ε——轴承的寿命指数，对于球轴承 $\varepsilon=3$，
　　　　对于滚子轴承 $\varepsilon=10/3$。

根据基本额定动载荷的定义，当轴承的基本额定寿命 $L=1$（10^6r）时，它所受的载荷 $P=C$，将其代入上式得

$$LP^\varepsilon=1\times C^\varepsilon=\text{常数}$$

或

$$L=\left(\frac{C}{P}\right)^\varepsilon\quad(10^6\text{r})$$

实际计算中，常用小时数 L_h 表示轴承寿命，

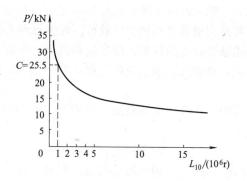

图10-9　滚动轴承的 L-P 曲线

考虑到轴承工作温度的影响,则上式可改写为下面两个实用的轴承基本额定寿命的计算公式,由此可分别确定轴承的基本额定寿命或型号。

$$L_h = \frac{10^6}{60n} \left(\frac{f_T C}{P}\right)^\varepsilon \geqslant [L_h] \quad (10-1)$$

或

$$C \geqslant C' = \frac{P}{f_T} \left(\frac{60n[L_h]}{10^6}\right)^{\frac{1}{\varepsilon}} \quad (10-2)$$

式中 L_h——轴承的基本额定寿命,h;

n——轴承转数,r/min;

ε——轴承寿命指数;

C——基本额定动载荷,N;

C'——所需轴承的基本额定动载荷,N;

P——当量动载荷,N;

f_T——温度系数(表 10-5),是考虑轴承工作温度对 C 的影响而引入的修正系数;

$[L_h]$——轴承的预期使用寿命,h,设计时如果不知道轴承的预期寿命值,表 10-6 的荐用值可供参考。

表 10-5　温度系数 f_T

轴承工作温度/℃	≤100	125	150	200	250	300
温度系数 f_T	1	0.95	0.90	0.80	0.70	0.60

表 10-6　滚动轴承预期使用寿命的荐用值

机 器 类 型	预期寿命/h
不经常使用的仪器或设备,如闸门开闭装置等	300~3000
短期或间断使用的机械,中断使用不致引起严重后果,如手动机械等	3000~8000
间断使用的机械,中断使用后果严重,如发动机辅助设备、流水作业线自动传动装置、升降机、车间吊车、不经常使用的机床等	8000~12000
每日 8h 工作的机械(利用率不高),如一般的齿轮传动、某些固定电动机等	12000~20000
每日 8h 工作的机械(利用率较高)如金属切削机床、连续使用的起重机、木材加工机械等	20000~30000
24h 连续工作的机械,如矿山升降机、泵、电动机等	40000~60000
24h 连续工作的机械,中断使用后果严重,如纤维生产或造纸设备、发电站主电机、矿井水泵、船舶螺旋桨等	100000~200000

4. 滚动轴承的当量动载荷计算

轴承的基本额定动载荷 C 是在一定的试验条件下确定的,对向心轴承是指纯径向载荷,对推力轴承是指纯轴向载荷。在进行寿命计算时,需将作用在轴承上的实际载荷折算成与上述条件相当的载荷,即当量动载荷。在该载荷的作用下,轴承的寿命与实际载荷作用下轴承的寿命相同。当量动载荷用符号 P 表示,计算公式为

$$P = f_P(XF_r + YF_a) \quad (10-3)$$

式中 f_P——载荷系数,是考虑工作中的冲击和振动会使轴承寿命降低而引入的系数,见表 10-7;

F_r——轴承所受的径向载荷,N;

F_a——轴承所受的轴向载荷,N;

X、Y——径向载荷系数和轴向载荷系数,见表 10-8。

表 10-7 载荷系数 f_p

载荷性质	无冲击或轻微冲击	中等冲击	强烈冲击
f_p	1.0～1.2	1.2～1.8	1.8～3.0

表 10-8 径向载荷系数 X 和轴向载荷系数 Y

轴承类型	F_a/C_0	e	$F_a/F_r>e$		$F_a/F_r\leq e$	
			X	Y	X	Y
深沟球轴承	0.014	0.19		2.30		
	0.028	0.22		1.99		
	0.056	0.26		1.71		
	0.084	0.28		1.55		
	0.11	0.30	0.56	1.45	1	0
	0.17	0.34		1.31		
	0.28	0.38		1.15		
	0.42	0.42		1.04		
	0.56	0.44		1.00		
角接触球轴承 $\alpha=15°$	0.015	0.38		1.47		
	0.029	0.40		1.40		
	0.058	0.43		1.30		
	0.087	0.46		1.23		
	0.12	0.47	0.44	1.19	1	0
	0.17	0.50		1.12		
	0.29	0.55		1.02		
	0.44	0.56		1.00		
	0.58	0.56		1.00		
$\alpha=25°$	—	0.68	0.41	0.87	1	0
$\alpha=40°$	—	1.14	0.35	0.57	1	0
圆锥滚子轴承	—	$1.5\tan\alpha$	0.40	$0.4\cot\alpha$	1	0

注：1. 表中均为单列轴承的系数值，双列轴承查《滚动轴承产品样本》。
2. C_0 为轴承的基本额定静载荷；α 为接触角。
3. e 是判别轴向载荷 F_a 对当量动载荷 P 影响程度的参数。查表时，可按 F_a/C_0 查得 e 值，再根据 $F_a/F_r>e$ 或 $F_a/F_r\leq e$ 来确定 X、Y 值。

5. 角接触球轴承和圆锥滚子轴承的轴向载荷

（1）角接触球轴承的内部轴向力

如图 10-10 所示，由于角接触球轴承和圆锥滚子轴承存在着接触角 α，所以载荷作用中心不在轴承的宽度中点，而与轴心线交于 O 点。当受到径向载荷 F_r 作用时，作用在承载区内第 i 个滚动体上的法向力 F_i 可分解为径向分力 F_{Ri} 和轴向分力 F_{Si}。各滚动体上所受轴向分力的总和即为轴承的内部派生轴向力 F_S，其大小可按表 10-9 求得，方向沿轴线由轴承外圈的宽边指向窄边。

（2）角接触轴承轴向力 F_a 的计算

为了使角接触轴承的派生轴向力相互

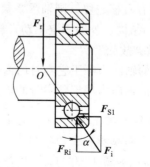
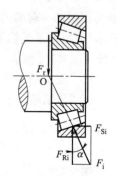

图 10-10 角接触轴承中的内部轴向力分析

表 10-9　角接触轴承的内部轴向力

圆锥滚子轴承	角接触球轴承		
	70000C($\alpha=15°$)	70000AC($\alpha=25°$)	70000B($\alpha=40°$)
$F_S=F_r/(2Y)$	$F_S=eF_r$	$F_S=0.68F_r$	$F_S=1.14F_r$

注：上表中 e 值查表 10-8 确定。

抵消，一般这种轴承都要成对使用，并将两个轴承对称安装。常见有两种安装方式：图 10-11 所示为外圈窄边相对安装，称为正装或面对面安装；图 10-12 所示为两外圈宽边相对安装，称为反装或背靠背安装。

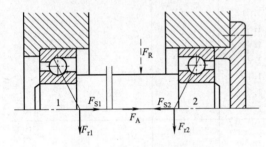

图 10-11　外圈窄边相对安装

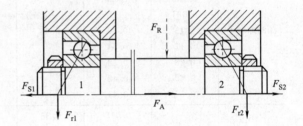

图 10-12　外圈宽边相对安装

下面以图 10-11、图 10-12 所示的角接触球轴承支承的轴系为例，分析轴线方向的受力情况。将图 10-11、图 10-12 抽象成为图 10-13（a）、(b) 所示的受力简图，F_{S1} 及 F_{S2} 分别为两个角接触轴承所受的内部轴向力，作用在轴承外圈宽边的端面上，方向沿轴线由宽边指向窄边（背指向面）。F_A 称为轴向外载荷（力），是轴上除 F_a 之外的轴向外力的合力。在轴线方向，轴系在 F_A、F_{a1} 及 F_{a2} 作用下处于平衡状态。由于 F_A 为已知，F_{a1} 及 F_{a2} 待求，这属于超静定的问题，故引入求解角接触轴承轴向力 F_a 的方法如下。

① 先计算出轴上的轴向外力（合力）F_A 的大小及两支点处轴承的内部轴向力 F_{S1}、F_{S2} 的大小，并在计算简图 10-13（a）、(b) 中绘出这三个力。

② 将轴向外力 F_A 及与之同向的内部轴向力相加，取其之和与另一反向的内部轴向力比较大小。如图 10-13（a）所示，若 $F_{S1}+F_A\geqslant F_{S2}$，根据轴承及轴系的结构，外圈固定不动，轴与固结在一起的内圈有右移趋势，则轴承 2 被"压紧"，轴承 1 被"放松"。若 $F_{S1}+F_A<F_{S2}$，根据轴承及轴系的结构，外圈固定不动，轴与固结在一起的内圈有左移趋势，则轴承 1 被"压紧"，轴承 2 被"放松"。

③ "放松端"轴承的轴向力等于它本身的内部轴向力。

④ "压紧端"轴承的轴向力等于除本身的内部轴向力外其余各轴向力的代数和。

项目训练 10-2　已知一对 7206C 轴承支承的轴系，轴上径向力 $F_R=6000\text{N}$，求以下 (a)、(b)、(c) 三种情况两轴承所受的轴向力。

解：（一）情况 (a)：如图 10-14（a）所示，轴向外力 $F_A=0$，设 $F_a/C_0=0.29$。

1. $F_{r1}=2000\text{N}$，$F_{r2}=4000\text{N}$

2. 由表10-8可得 $e=0.4$；由表10-9中公式，可得内部轴向力
$$F_{S1}=0.4F_{r1}=0.4\times 2000=800\text{N}$$
$$F_{S2}=0.4F_{r2}=0.4\times 4000=1600\text{N}$$

3. 由于 $F_{S1}<F_{S2}$，再根据结构判断轴承1被压紧，轴承2被放松，所以 $F_{a1}=F_{S2}=1600\text{N}$；轴承2仅受内部轴向力，$F_{a2}=F_{S2}=1600\text{N}$。

（二）情况（b）：$F_A=600\text{N}$，$F_{S1}=800\text{N}$，$F_{S2}=1600\text{N}$，方向如图10-14（b）所示。
$F_{S2}>F_A+F_{S1}$，轴承1被压紧，轴承2被放松。
$$F_{a1}=F_{S2}-F_A=1000\text{N}$$
$$F_{a2}=F_{S2}=1600\text{N}$$

（三）情况（c）：两轴承反安装，如图10-14（c）所示，$F_A=1000\text{N}$，$F_{S1}=800\text{N}$，$F_{S2}=1600\text{N}$。
$F_A+F_{S2}>F_{S1}$，轴有向右移动趋势，轴承1被放松，轴承2被压紧。

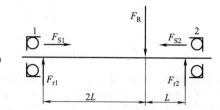

图10-14 项目训练10-2图

$$F_{a1}=F_{S1}=800\text{N}$$
$$F_{a2}=F_A-F_{S1}=200\text{N}$$

（四）讨论：在本例的"情况（b）"中，虽然判断轴承1被压紧，轴承2被放松，但这并不说明轴承1受的轴向力必然大于轴承2所受的轴向力，求出 $F_{a1}=1000\text{N}$，$F_{a2}=1600\text{N}$ 就明显说明了这一点。"情况（c）"也类似。

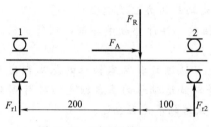

图10-15 项目训练10-3图

项目训练10-3 如图10-15所示，减速器中的轴由一对深沟球轴承支承。已知：轴的两端轴颈直径均为 $d=50\text{mm}$，轴受径向力 $F_R=15000\text{N}$，轴向力 $F_A=2500\text{N}$，工作转速 $n=400\text{r/min}$，载荷系数 $f_P=1.2$，常温下工作，轴承预期寿命 $[L_h]=10000\text{h}$，支承方式采用图10-17（a）所示的双固式结构，试选择轴承型号。

解：（一）求轴承所受的载荷

轴承1：径向载荷 由静力学平衡方程式得
$$(200+100)F_{r1}-100F_R=0$$
$$F_{r1}=\frac{100}{200+100}F_R=\frac{1}{3}\times 15000\text{N}=5000\text{N}$$

轴向载荷 由于两轴承用图10-17（a）所示的双固式支承结构，根据结构图及轴向力 F_A 的方向判断：轴向力 F_A 由轴承2承受，轴承1不受轴向力，即 $F_{a1}=0$。

轴承2：径向载荷 由静力学平衡方程式得
$$F_{r2}=F_R-F_{r1}=15000-5000=10000\text{N}$$
轴向载荷 $F_{a2}=F_A=2500\text{N}$

轴承2承受的载荷大于轴承1所承受的载荷，故应按轴承2计算。

（二）试选 6310 轴承进行计算

依题意 $d=50\text{mm}$，试选 6310 轴承，查机械设计手册得 $C=48400\text{N}$，$C_0=36300\text{N}$，根据表10-8 $F_{a2}/C_0=2500/36300=0.069$，应用线性插值法求 e：

$$e = \frac{0.28-0.26}{0.084-0.056}(0.069-0.056)+0.26 = 0.27$$

$F_{a2}/F_{r2} = 2500/10000 = 0.25 < e$，取 $X=1$，$Y=0$

$$P_2 = f_P(XF_{r2}+YF_{a2}) = 1.1 \times (1 \times 10000 + 0 \times 2500) = 11000\text{N}$$

又有球轴承 $\varepsilon = 3$，取 $f_T = 1$，则由式（10-1）得

$$L_h = \frac{10^6}{60n}\left(\frac{f_T C}{P}\right)^\varepsilon = \frac{10^6}{60 \times 400} \times \left(\frac{1 \times 48400}{11000}\right)^3 = 3549.33\text{h} < 10000\text{h}$$

由此可见轴承的寿命小于预期寿命，所以 6310 轴承不合适。

（三）再试选 6410 轴承进行计算

查机械设计手册：再试选 6410 轴承，得 $C = 71800\text{N}$，$C_0 = 56400\text{N}$。

由表 10-8 $F_{a2}/C_0 = 2500/56400 = 0.044$，求得 $e = 0.24$

$F_{a2}/F_{r2} = 2500/10000 = 0.25 > e$，取 $X = 0.56$，Y 值应用线性插值法求：

$$Y = 1.99 + \frac{1.71-1.99}{0.056-0.028}(0.044-0.028) = 1.83$$

$$P_2 = f_P(XF_{r2}+YF_{a2}) = 1.1 \times (0.56 \times 10000 + 1.83 \times 2500) = 11192.5\text{N}$$

由式（10-1）得

$$L_h = \frac{10^6}{60n}\left(\frac{f_T C}{P}\right)^\varepsilon = \frac{10^6}{60 \times 400} \times \left(\frac{1 \times 71800}{11192.5}\right)^3 = 11000\text{h} > 10000\text{ h}$$

可知所选 6410 轴承合适。

（四）本例题讨论

1. 当试算 6310 滚动轴承不合适后，若允许采用增大轴颈的办法改选轴承型号，则可选用 6312 轴承，再计算轴承寿命，判断该轴承是否合适。

2. 也可通过计算所需轴承的基本额定动载荷 C' 并与试选轴承的基本额定动载荷 C 比较，判定试选轴承是否合适。

项目训练 10-4 如图 10-16 所示为某机械中的主动轴，拟用一对角接触球轴承支承。初选轴承型号为 7211AC。已知轴的转速 $n = 1450\text{r/min}$，两轴承所受的径向载荷分别为 $F_{r1} = 3300\text{N}$，$F_{r2} = 1000\text{N}$，轴向载荷 $F_A = 900\text{N}$，轴承在常温下工作，运转时有中等冲击，要求轴承预期寿命 12000h。试判断该对轴承是否合适。

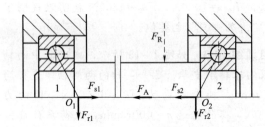

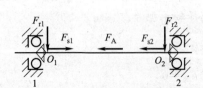

图 10-16 项目训练 10-4 图

解 （一）计算轴承的轴向力 F_{a1}、F_{a2}

由表 10-9 查得 7211AC 轴承内部轴向力的计算公式为 $F_s = 0.68 F_r$，故有：

$$F_{s1} = 0.68 F_{r1} = 0.68 \times 3300\text{N} = 2244\text{N}$$
$$F_{s2} = 0.68 F_{r2} = 0.68 \times 1000\text{N} = 680\text{N}$$

因为

$$F_{s2} + F_A = (680+900)\text{N} = 1580\text{N} < F_{s1} = 2244\text{N}$$

故可判断轴承 2 被压紧，轴承 1 被放松，两轴承的轴向力分别为：

$$F_{a1} = F_{s1} = 2244\text{N}$$
$$F_{a2} = F_{s1} - F_A = (2244-900)\text{N} = 1344\text{N}$$

(二) 计算当量动载荷 P_1、P_2

由表 10-8 查得 $e=0.68$,而

$$\frac{F_{a1}}{F_{r1}}=\frac{2244}{3300}=0.68=e$$

$$\frac{F_{a2}}{F_{r2}}=\frac{1344}{1000}=1.344>e$$

查表 10-8 可得 $X_1=1$,$Y_1=0$;$X_2=0.41$,$Y_2=0.87$。由表 10-7 取 $f_p=1.4$,则轴承的当量动载荷为:

$$P_1=f_p(X_1 F_{r1}+Y_1 F_{a1})=1.4\times(1\times3300+0\times2244)\text{N}=4620\text{N}$$

$$P_2=f_p(X_2 F_{r2}+Y_2 F_{a2})=1.4\times(0.41\times1000+0.87\times1344)\text{N}=2211\text{N}$$

(三) 计算轴承寿命 L_h

因 $P_1>P_2$,且两个轴承的型号相同,所以只需计算轴承 1 的寿命,取 $P=P_1$。
查手册得 7211AC 轴承的 $C_r=50500\text{N}$。又球轴承 $\varepsilon=3$,取 $f_T=1$,则由式 (10-1) 得

$$L_h=\frac{10^6}{60n}\left(\frac{f_T C}{P}\right)^{\varepsilon}=\frac{10^6}{60\times1450}\times\left(\frac{1\times50500}{4620}\right)^3=15011\text{h}>12000\text{h}$$

由此可见轴承的寿命大于预期寿命,所以该对轴承合适。

6. 滚动轴承的静强度计算

对于缓慢摆动或低转速 ($n<10\text{r/min}$) 的滚动轴承,其主要失效形式为塑性变形,应按静强度进行计算确定轴承尺寸。对在重载荷或冲击载荷作用下转速较高的轴承,除按寿命计算外,为安全起见,也要再进行静强度验算。

(1) 基本额定静载荷 C_0

轴承两套圈间相对转速为零,使受最大载荷滚动体与滚道接触中心处引起的接触应力达到一定值(向心和推力球轴承为 4200MPa,滚子轴承为 4000MPa)时的静载荷,称为滚动轴承的基本额定静载荷 C_0(向心轴承称为径向基本额定静载荷 C_{0r},推力轴承称为轴向基本额定静载荷 C_{0a})。各类轴承的 C_0 值可由轴承标准中查得。实践证明,在上述接触应力作用下所产生的塑性变形量,除了对那些要求转动灵活性高和振动低的轴承外,一般不会影响其正常工作。

(2) 当量静载荷 P_0

当量静载荷 P_0 是指承受最大载荷滚动体与滚道接触中心处,引起与实际载荷条件下相当的接触应力时的假想静载荷。其计算公式为

$$P_0=X_0 F_r+Y_0 F_a \tag{10-4}$$

式中,X_0,Y_0 分别为当量静载荷的径向系数和轴向系数,可由表 10-10 查取。若由式 (10-4) 计算出的 $P_0<F_r$,则应取 $P_0=F_r$。

表 10-10 单列轴承的径向静载荷系数 X_0 和轴向静载荷系数 Y_0

轴承类型		X_0	Y_0
深沟球轴承		0.6	0.5
角接触球轴承	$\alpha=15°$	0.5	0.46
	$\alpha=25°$		0.38
	$\alpha=40°$		0.26
圆锥滚子轴承		0.5	$0.22\text{ctan}\alpha$
推力球轴承		0	1

(3) 静强度计算

轴承的静强度计算式为

$$C_0 \geqslant S_0 P_0 \tag{10-5}$$

式中，S_0 称为静强度安全系数，其值可查表 10-11。

表 10-11 静强度安全系数 S_0

旋转条件	载荷条件	S_0	使用条件	S_0
连续旋转轴承	普通载荷	1～2	高精度旋转场合	1.5～2.5
	冲击载荷	2～3	振动冲击场合	1.2～2.5
不常旋转及作摆动运动的轴承	普通载荷	0.5	普通旋转精度场合	1.0～1.2
	冲击及不均匀载荷	1～1.5	允许有变形量	0.3～1.0

项目训练 10-5 齿轮减速器中的 30205 轴承受轴向力 $F_a=2000\text{N}$，径向力 $F_r=4500\text{N}$，静强度安全系数 $S_0=2$，试验算该轴承是否满足静强度要求。

解： 由机械设计手册查得 30205 轴承的基本额定静载荷为 $C_0=37000\text{N}$，$X_0=0.5$，$Y_0=0.9$。

当量静负荷 $P_0=X_0F_r+Y_0F_a=0.5\times 4500+0.9\times 2000=4050\text{N}$

由式（10-5） $\dfrac{C_0}{P_0}=\dfrac{37000}{4050}=9.14>S_0=2$

该轴承满足静强度要求。

知识点三 滚动轴承的组合设计

滚动轴承安装在机器设备上，它与支承它的轴和轴承座（机体）等周围零件之间的整体关系，就称为轴承部件的组合。为了保证滚动轴承正常工作，除了合理地选择轴承类型、尺寸外，还必须正确地进行轴承组合的结构设计。在设计轴承的组合结构时，要考虑轴承的安装、调整、配合、拆卸、紧固、润滑和密封等多方面的内容。

1. 滚动轴承的固定

常用的轴承固定方式有三种。

（1）两端单向固定（双固式）

如图 10-17（a）所示，在轴的两个支点上，用轴肩顶住轴承内圈，轴承盖顶住轴承的外圈，使每个支点都能限制轴的单方向轴向移动，两个支点合起来就限制了轴的双向移动，这种固定方式称为两端单向固定或双固式。图 10-17（a）上半部为采用深沟球轴承支承的结构，它结构简单、便于安装，适于工作温度变化不大的短轴。考虑轴因受热而伸长，安装轴承时，如图 10-17（b）所示，在深沟球轴承的外圈和端盖之间，应留有 $c=0.25\sim 0.4\text{mm}$ 的热补偿轴向间隙。图 10-17（a）下半部为采用角接触球轴承支承的结构。

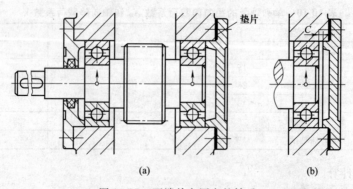

图 10-17 两端单向固定的轴系

（2）一端双向固定、一端游动（固游式）

如图 10-18（a）所示，左端轴承内、外圈都为双向固定，以承受双向轴向载荷，称为固定端。右端为游动端，选用深沟球轴承时内圈作双向固定，外圈的两侧自由，且在轴承外圈与端盖之间留有适当的间隙，轴承可随轴颈沿轴向游动，适应轴的伸长和缩短的需要。如图 10-18（b）所示，游动端选用圆柱滚子轴承时，该轴承的内、外圈均应双向固定。这种固游式结构适于工作温度变化较大的长轴。

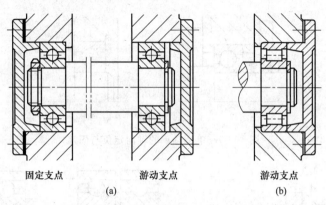

图 10-18　一端双向固定、一端游动的轴系

（3）两端游动式

图 10-19 所示为人字齿轮传动中的主动轴，考虑到轮齿两侧螺旋角的制造误差，为了使轮齿啮合时受力均匀，两端都采用圆柱滚子轴承支承，轴与轴承内圈可沿轴向少量移动，即为两端游动式结构。与其相啮合的从动轮轴系则必须用双固式或固游式结构。若主动轴的轴向位置也固定，可能会发生干涉以至卡死现象。

轴承在轴上一般用轴肩或套筒定位，轴承内圈的轴向固定应根据轴向载荷的大小选用图 10-20（a）所示的轴端挡圈、圆螺母、轴用弹性挡圈等结构。外圈则采用

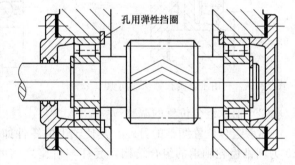

图 10-19　两端游动的轴系

图 10-20（b）所示的轴承座孔的端面（止口）、孔用弹性挡圈、压板、端盖等形式固定。

2. 轴承组合的调整

（1）轴承间隙的调整

常用的调整轴承间隙的方法有：

① 如图 10-17 所示，靠增减端盖与箱体结合面间垫片的厚度进行调整；

② 如图 10-21 所示，利用端盖上的调节螺钉改变可调压盖及轴承外圈的轴向位置来实现调整，调整后用螺母锁紧防松。

（2）滚动轴承的预紧

在轴承安装以后，使滚动体和套圈滚道间处于适合的预压紧状态，称为滚动轴承的预紧。预紧的目的在于提高其工作刚度和旋转精度。成对并列使用的圆锥滚子轴承、角接触球轴承及对旋转精度和刚度有较高要求的轴系通常都采用预紧方法。如图 10-22 所示，常用的预紧方法有在套圈间加垫片并加预紧力、磨窄套圈并加预紧力。

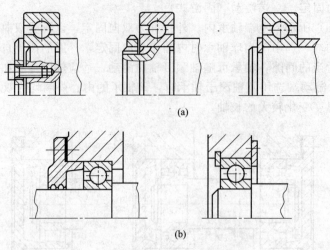

图 10-20 单个轴承的轴向定位与固定

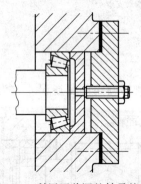

图 10-21 利用压盖调整轴承的间隙

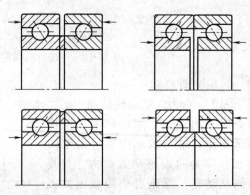

图 10-22 轴承的预紧

（3）轴承组合位置的调整

轴承组合位置调整的目的，是使轴上的零件如齿轮等具有准确的轴向工作位置。图 10-23 为圆锥齿轮轴承的组合结构，套杯与机座之间的垫片 1 用来调整轴系的轴向位置，而垫片 2 则用来调整轴承间隙。

3. 支承部位的刚度和同轴度

为保证支承部分的刚度，轴承座孔壁应有足够的厚度，并设置图 10-24（a）所示的加强肋以增强支承刚度。为保证两端轴承座孔的同轴度，箱体上同一轴线的两个轴承座孔应一次

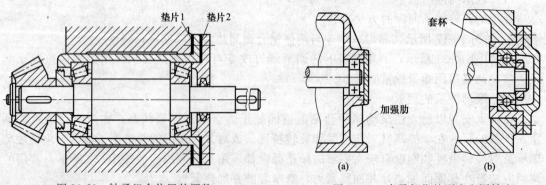

图 10-23 轴承组合位置的调整　　　　图 10-24 支承部位的刚度和同轴度

镗出。如图 10-24（b）所示，若轴上装有不同外径尺寸的轴承时，可采用套杯式结构，使两端轴承座孔的直径尺寸尽量相同，以便加工时一次镗出两轴承座孔。

4. 滚动轴承的配合

滚动轴承的配合是指轴承内圈与轴颈、外圈与轴承座孔的配合。因为滚动轴承已经标准化，轴承内孔与轴颈的配合采用基孔制，轴承外圈与轴承座孔的配合采用基轴制。一般说来，转动圈（通常是内圈与轴一起转动）的转速越高，载荷越大，工作温度越高，则内圈与轴颈应采用越紧的配合；而外圈与座孔间（特别是需要作轴向游动或经常装拆的场合）常采用较松的配合。轴颈公差带常取 n6、m6、k6、js6 等；座孔的公差带常用 J7、J6、H7 和 G7 等，具体选择可参考有关的机械设计手册。

5. 滚动轴承的安装与拆卸

设计轴承的组合结构时，应考虑有利于轴承的装拆，以便在装拆时不损坏轴承和其他零部件。装拆时，要求滚动体不受力，装拆力要对称或均匀地作用在套圈的端面上。

（1）轴承的安装

① 冷压法 用专用压套压装轴承，如图 10-25（a）所示，装配时，先加专用压套，再用压力机压入或用手锤轻轻打入。

② 热装法 将轴承放入油池或加热炉中加热至 80～100℃，然后套装在轴上。

（2）轴承的拆卸

应使用专门的拆卸工具拆卸轴承，如图 10-25（b）所示。

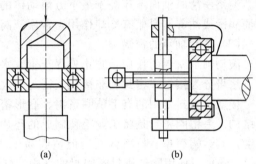

图 10-25 轴承的安装与拆卸

为了便于用专用工具拆卸轴承，设计时应使轴上定位轴肩的高度小于轴承内圈的高度。同理，轴承外圈在套筒内应留出足够的高度和必要的拆卸空间，或采取其他便于拆卸的结构。如图 10-26 所示为结构设计错误的示例，图 10-26（a）表示轴肩 h 过高，无法用拆卸工具拆卸轴承；图 10-26（b）表示衬套孔直径 d_0 过小，无法拆卸轴承外圈。

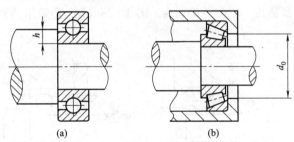

图 10-26 结构错误示例

6. 滚动轴承的润滑和密封

（1）滚动轴承的润滑

滚动轴承润滑的主要目的是减少摩擦与磨损，同时也有吸振、冷却、防锈和密封等作用。滚动轴承的润滑与滑动轴承类似，常用的润滑剂有润滑油和润滑脂两种，一般高速时采用油润滑，低速时用脂润滑，某些特殊情况下用固体润滑剂。润滑方式可根据轴承的 dn 值来确定。这里 d 为轴承内径（mm），n 是轴承的转速（r/min），dn 值间接表示了轴颈的圆周速度。适用于脂润滑和油润滑的 dn 值界限列于表 10-12 中，可作为选择润滑方式时的参考。

脂润滑能承受较大的载荷，且润滑脂不易流失，结构简单，便于密封和维护。润滑脂常常采用人工方式定期更换，润滑脂的加入量一般应是轴承内空隙体积的 1/3～1/2。

速度较高或工作温度较高的轴承都采用油润滑，润滑和散热效果均较好，但润滑油易于流失，因此要保证在工作时有充足的供油。减速器常用的润滑方式有油浴润滑及飞溅润滑

表 10-12　适用于脂润滑和油润滑的 dn 值界限（$10^4 \times mm \cdot r/min$）

轴承类型	脂润滑	油润滑			
		油浴	滴油	循环油（喷油）	油雾
深沟球轴承	16	25	40	60	>60
调心球轴承	16	25	40		
角接触球轴承	16	25	40	60	>60
圆柱滚子轴承	12	25	40	60	>60
圆锥滚子轴承	10	16	23	30	
调心滚子轴承	8	12		25	
推力球轴承	4	6	12	15	

等。油浴润滑时油面不应高于最下方滚动体的中心，否则搅油能量损失较大易使轴承过热。喷油润滑或油雾润滑兼有冷却作用，常用于高速情况。

（2）滚动轴承的密封

滚动轴承密封的作用是防止外界灰尘、水分等进入轴承，并阻止轴承内润滑剂流失。密封方法可分为接触式密封和非接触式密封两大类。

接触式密封常用的有毛毡圈密封、唇形密封圈密封等。图 10-27（a）为采用毛毡圈密封的结构。毛毡圈密封是将工业毛毡制成的环片，嵌入轴承端盖上的梯形槽内，与转轴间摩擦接触，其结构简单、价格低廉，但毡圈易于磨损，常用于工作温度不高的脂润滑场合。图 10-27（b）为采用唇形密封圈密封的结构。唇形密封圈是由专业厂家供货的标准件，有多种不同的结构和尺寸；其广泛用于油润滑和脂润滑场合，密封效果好，但在高速时易于发热。

高速时多采用与转轴无直接接触的非接触式密封，以减少摩擦功耗和发热。非接触式密封常用的有油沟式密封、迷宫式密封等结构。图 10-28（a）为采用油沟密封的结构，在油沟内填充润滑脂密封，其结构简单，适于轴颈速度 $v \leqslant (5\sim6)$m/s。图 10-28（b）为采用曲路迷宫式密封的结构，适于高速场合。

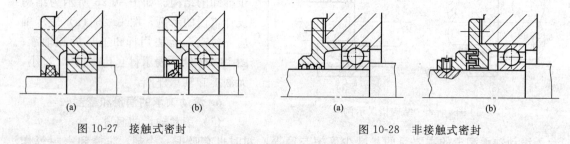

图 10-27　接触式密封　　　　　图 10-28　非接触式密封

知识点四　滑动轴承

1. 滑动轴承概述

工作时轴承和轴颈的支承面间形成直接或间接滑动摩擦的轴承，称为滑动轴承［图 10-29（a）］。滑动轴承工作表面的摩擦状态有非液体摩擦和液体摩擦之分。图 10-29（b）、图 10-29（c）是轴承摩擦表面的局部放大图，如图 10-29（b）所示，摩擦表面不能被润滑油完全隔开的轴承称为非液体摩擦滑动轴承。这种轴承的摩擦表面容易磨损，但结构简单，制造精度要求较低，用于一般转速，载荷不大或精度要求不高的场合。摩擦表面完全被润滑油隔开的轴承称为液体摩擦滑动轴承，如图 10-29（c）所示。这种轴承与轴表面不直接接触，因此避免了磨损。液体摩擦滑动轴承制造成本高，多用于高速、精度要求较高或低速、重载的场合。

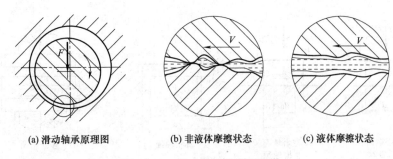

(a) 滑动轴承原理图　　(b) 非液体摩擦状态　　(c) 液体摩擦状态

图 10-29　滑动轴承的摩擦状态

根据轴承所能承受的载荷方向不同，滑动轴承可分为向心滑动轴承和推力滑动轴承。向心滑动轴承用于承受径向载荷；推力滑动轴承用于承受轴向载荷。

2. 滑动轴承的结构

① 整体式滑动轴承　其是在机体上、箱体上或整体的轴承座上直接镗出轴承孔，并在孔内镶入轴套，如图 10-30 所示，安装时用螺栓连接在机架上。这种轴承结构形式较多，大都已标准化。它的优点是结构简单、成本低；缺点是轴颈只能从端部装入，安装和维修不便，而且轴承磨损后不能调整间隙，只能更换轴套，所以只能用在轻载、低速及间歇性工作的机器上。

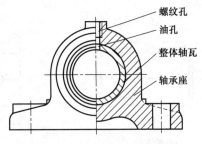

② 剖分式滑动轴承（对开式滑动轴承）如图 10-31 所示，它由轴承座、轴承盖、剖分式轴瓦等组成。在轴承座和轴承盖的剖分面上制有阶梯形的定位止口，

图 10-30　整体式向心滑动轴承

便于安装时对心。还可在剖分面间放置调整垫片，以便安装或磨损时调整轴承间隙。轴承剖分面最好与载荷方向近于垂直。一般剖分面是水平的或倾斜 45°角，以适应不同径向载荷方向的要求。这种轴承装拆方便，又能调整间隙，克服了整体式轴承的缺点，得到了广泛的应用。

③ 调心式滑动轴承　当轴颈较宽（宽径比 $B/d > 1.5$）、变形较大或不能保证两轴孔轴线重合时，将引起两端轴套严重磨损，这时就应采用调心式滑动轴承。如图 10-32 所示，就是利用球面支承，自动调整轴套的位置，以适应轴的偏斜。

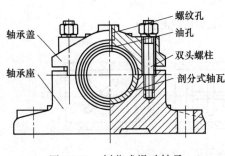

图 10-31　剖分式滑动轴承

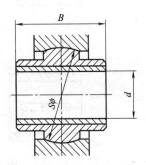

图 10-32　调心式滑动轴承

④ 推力滑动轴承　推力滑动轴承用于承受轴向载荷。常见的推力轴颈形状如图 10-33 所示。实心端面轴颈由于工作时轴心与边缘磨损不均匀，以致轴心部分压强极高，所以很少采用。空心端面轴颈和环状轴颈工作情况较好。载荷较大时，可采用多环轴颈。

项目十　轴承

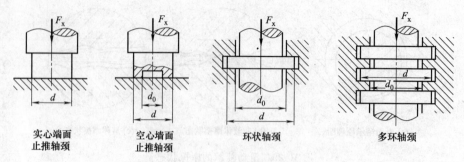

图 10-33 推力滑动轴承

3. 轴瓦的结构和滑动轴承的材料

（1）轴瓦的结构

常用的轴瓦有整体式和剖分式两种结构。

整体式轴承采用整体式轴瓦，整体式轴瓦又称为轴套，如图 10-34（a）所示。剖分式轴承采用剖分式轴瓦，如图 10-34（b）所示。

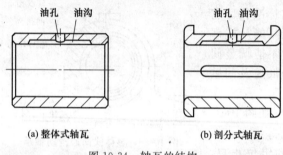

图 10-34 轴瓦的结构

轴瓦可以由一种材料制成，也可以在高强度材料的轴瓦基体上浇注一层或两层轴承合金作为轴承衬，称为双金属轴瓦或三金属轴瓦。为了使轴承衬与轴瓦基体结合牢固，可在轴瓦基体内表面或侧面制出沟槽，如图 10-35 所示。

为了使润滑油能均匀流到轴瓦的整个工作表面上，轴瓦上要开出油孔和油沟，一般油孔和油沟应开在非承载区，以保证承载区油膜的连续性。图 10-36 所示为几种常见的油沟形式。

图 10-35 瓦背内壁沟槽

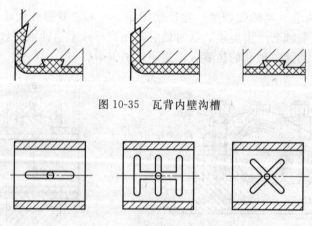

图 10-36 油沟形式（非承载区）

（2）轴承的材料

轴承材料是指与轴颈直接接触的轴瓦或轴承衬的材料。对其材料的主要要求如下。

① 具有足够的抗压、抗疲劳和抗冲击能力。

② 具有良好的减摩性、耐磨性和磨合性，抗粘着磨损和磨粒磨损性能较好。

③ 具有良好的顺应性和嵌藏性，具有补偿对中误差和其他几何误差及容纳硬屑粒的能力。

④ 具有良好的工艺性、导热性及抗腐蚀性能等。

但是，任何一种材料不可能同时具备上述性能，因而设计时应根据具体工作条件，按主要性能来选择轴承材料。常用的轴瓦或轴承衬的材料及其性能见表10-13。

表10-13 常用的金属轴瓦材料及性能

轴承材料		最大许用值			最高工作温度/℃	最小轴颈硬度/HBS	性能比较				备注
		$[p]$/MPa	$[v]$/(m/s)	$[pv]$/MPa·m/s			抗咬黏性	顺应性	嵌藏性	耐蚀性	疲劳强度	
锡基轴承合金	ZSnSb11Cu6 ZSnSb8Cu4	平稳载荷			150	150	1	1	1	5	用于高速、重载下工作的重要轴承，变载荷下易疲劳，价贵
		25	80	20							
		冲击载荷									
		20	60	15							
铅基轴承合金	ZPbSb16Sn16Cu2	15	12	10	150	150	1	1	3	5	用于中速、中等载荷的轴承，不宜受显著的冲击载荷。可作为锡锑轴承合金的代用品
	ZPbSb15Sn5Cu3	5	8	5							
锡青铜	ZCuSn10P1	15	10	15	280	200	3	5	1	1	用于中速、重载及受变载荷的轴承
	ZCuSn5Pb5Zn5	8	3	15							用于中速、中等载荷的轴承
铝青铜	ZCuAl10Fe3	15	4	12	280	200	5	5	5	2	用于润滑充分的低速、重载轴承

除了上述几种金属材料外，还可采用其他金属材料及非金属材料，如黄铜、铸铁、塑料、橡胶及粉末冶金等作为轴瓦材料。

4. 非液体摩擦滑动轴承的设计计算

（1）径向滑动轴承

设计轴承时，通常已知轴颈的直径d、转速n及轴承径向载荷F_r。因此，轴承的设计是根据这些条件，选择类型、轴瓦材料、确定轴承宽度B，并进行校核计算。对于非标准轴承还需进行结构设计。

对于非液体润滑轴承，常取宽度$B=(0.8\sim1.5)d$；如选用标准滑动轴承座，则宽度B值可由有关标准或手册中查到。

由于滑动轴承的主要失效形式为磨损和胶合，故设计时应进行相应的校核计算。

① 验算平均压强p 为防止轴颈与轴瓦间的润滑油被挤出而发生过度磨损，应限制压强p。径向滑动轴承的承载情况如图10-37所示。

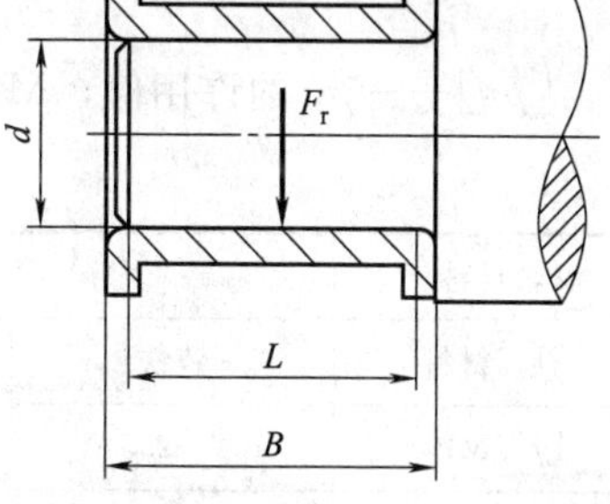

图10-37 径向滑动轴承的计算图

$$p = \frac{F_r}{dB} \leqslant [p] \tag{10-6}$$

式中 F_r——轴承所受的径向载荷，N；
     B——轴承宽度，mm；
     d——轴颈的直径，mm；
     $[p]$ 为许用压强，MPa，由表 10-12 查取。

② 验算 pv 值 为了防止轴承因温度升高过热而发生胶合，应限制轴承单位面积上的摩擦功率 fpv 值。由于摩擦系数 f 可认为是定值，于是限制 pv 值，即可限制温升。

$$pv = \frac{F_r n}{19100 B} \leqslant [pv] \tag{10-7}$$

式中 n——轴的转速，r/min；
     $[pv]$——pv 的许用值，MPa·m/s，见表 10-12。

③ 验算轴颈的圆周速度 v 当压强 p 较小时，虽然用式 (10-6)、式 (10-7) 验算 p 和 pv 值均合格，但由于轴产生弯曲或不同心，轴承的局部区域，可能产生相当高的压力，当速度 v 过高时，局部的 pv 值可能超过其许用值，轴承会加速磨损，因而还要求

$$v = \frac{\pi d n}{60 \times 1000} \leqslant [v] \tag{10-8}$$

式中 $[v]$——轴颈的许用圆周速度，m/s，见表 10-12。

(2) 推力滑动轴承的计算

推力滑动轴承的计算与径向轴承的计算相似，当轴承的结构形式及基本尺寸确定后，要对其 p 和 pv 值进行验算。推力滑动轴承的承载情况如图 10-38 所示。

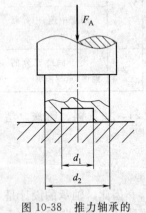

图 10-38 推力轴承的计算图

① 校核压强 p

$$p = \frac{F_a}{(\pi/4)(d_2^2 - d_1^2)} \leqslant [p] \tag{10-9}$$

式中 F_a——轴向载荷，N；
     $[p]$——许用压强，MPa，见表 10-13。

② 校核 pv 值

$$pv_m \leqslant [pv] \tag{10-10}$$

式中 v_m——轴颈的平均圆周速度，$v_m = \frac{\pi d_m n}{60 \times 100}$，m/s；
     d_m——轴颈的平均直径，$d_m = \frac{d_1 + d_2}{2}$，mm；
     n——轴的转速，r/min；
     $[pv]$——pv 的许用值，MPa·m/s，见表 10-14。

表 10-14 推力轴承的 $[p]$ 和 $[pv]$ 值

轴材料	未淬火钢			淬火钢	
轴瓦材料	铸铁	青铜	轴承合金	青铜	轴承合金
$[p]$/MPa	2～2.5	4～5	5～6	7.5～8	8～9
$[pv]$/MPa·m/s	1～2.5				

5. 滑动轴承的润滑

润滑对减少滑动轴承的摩擦和磨损以及保证轴承正常工作具有重要意义。因此，设计和使用轴承时，必须合理地采取措施，对轴承进行润滑。

（1）润滑剂

① 润滑油 润滑油是使用最广的润滑剂，其中以矿物油应用最广。润滑油的主要性能指标是黏度。通常它随温度的升高而降低。我国润滑油产品牌号是按运动黏度（单位为 mm^2/s，记为 cSt，读作厘斯）的中间值划分的。例如 L-AN46 全损耗系统用油（机械油），即表示在 40℃时运动黏度的中间值为 46cSt，（40℃时的运动黏度记为 ν_{40}）。除黏度之外，润滑油的性能指标还有凝点、闪点等。滑动轴承常用的润滑油牌号及选用可参考表 10-15。

表 10-15 滑动轴承常用润滑油牌号选择

轴颈圆周速度 $v/(m/s)$	轻载 $p<3MPa$ 工作温度（10~60℃）		中载 $p=3~7.5MPa$ 工作温度（10~60℃）		重载 $p\geqslant 7.5~30MPa$ 工作温度（20~80℃）	
	运动黏度 ν_{40}/cSt	适用油牌号	运动黏度 ν_{40}/cSt	适用油牌号	运动黏度 ν_{40}/cSt	适用油牌号
0.3~1.0	45~75	L-AN46,L-AN68	100~125	L-AN100	90~350	L-AN100,L-AN150 L-AN200,L-AN320
1.0~2.5	40~75	L-AN32,L-AN46, L-AN68	65~90	L-AN68 L-AN100		
2.5~5.0	40~55	L-AN32,L-AN46				
5.0~9.0	15~45	L-AN15,L-AN22, L-AN32,L-AN46				
>9	5~23	L-AN7,L-AN10, L-AN15,L-AN22				

② 润滑脂 润滑脂是由润滑油添加各种稠化剂和稳定剂稠化而成的膏状润滑剂。润滑脂主要应用在速度较低（轴颈圆周速度小于 1~2m/s）、载荷较大、不经常加油、使用要求不高的场合。具体选用见表 10-16。

表 10-16 滑动轴承润滑脂选择

轴承压强 p/MPa	轴颈圆周速度 $v/(m/s)$	最高工作温度 $t/℃$	润滑脂牌号
<1.0	≤1.0	75	3号钙基脂
1.0~6.5	0.5~5.0	55	2号钙基脂
1.0~6.5	≤1.0	−50~100	2号锂基脂
≤6.5	0.5~5.0	120	2号钠基脂
>6.5	≤0.5	75	3号钙基脂
>6.5	≤0.5	110	1号钙钠基脂

除了润滑油和润滑脂之外,在某些特殊场合,还可使用固体润滑剂,如石墨、二硫化钼、水或气体等作润滑剂。

(2) 润滑方法

在选用润滑剂之后,还要选用恰当的润滑方式。滑动轴承的润滑方法可按下式求得的 k 值选用:

$$k=\sqrt{pv^3} \tag{10-11}$$

式中　p——轴颈的平均压强,MPa;
　　　v——轴颈的圆周速度,m/s。

当 $k \leqslant 2$ 时,若采用润滑脂润滑,可用图 10-39(a)所示的旋盖式油杯或用图 10-39(b)所示的压配式压注油杯定期加润滑脂润滑;若采用润滑油润滑,用图 10-39(b)所示的压配式压注油杯或图 10-39(c)所示的旋套式油杯定期加油润滑。当 $k>2\sim16$ 时,用图 10-39(e)所示的针阀式注油杯或图 10-39(d)所示的油芯式油杯进行连续的滴油润滑。

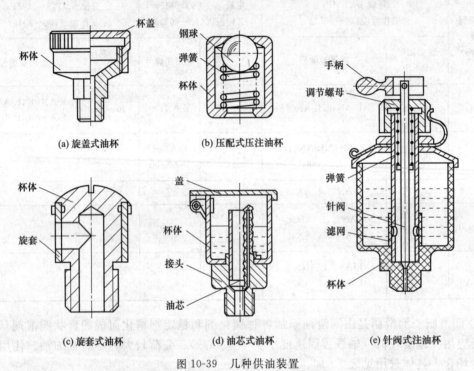

图 10-39　几种供油装置

当 $k>16\sim32$ 时,用图 10-40 所式的油环带油方式,或采用飞溅、压力循环等连续供油方式进行润滑;当 $k>32$ 时,则必须采用压力循环的供油方式进行润滑。

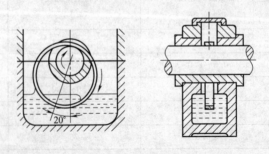

图 10-40　油环润滑

【知识拓展】 滚动轴承与滑动轴承的对比

现将滚动轴承、滑动轴承的性能、使用效果、维护要求、产品价格作一总结性对比，见表10-17，供使用轴承时参考。

表10-17 滚动轴承与滑动轴承性能对比

性　能		滚动轴承	滑动轴承		
			非液体摩擦轴承	液体摩擦	
				动压轴承	静压轴承
承载能力与转速关系		一般无关，特别高速时滚动体的离心惯性力要降低承载能力	随转速增高而降低	随转速增高而增大	与转速无关
受冲击载荷的能力		不高	不高	油层有承受较大冲击的能力	良好
高速性能		一般，受限于滚动体的离心力及轴承的升温	不高，受限于轴承的发热和磨损	高，受限于油膜振荡现象及润滑油的温升	高，用空气作润滑剂时极高
启动阻力		低	高	高	低
功率损失		一般不大，但如润滑及安装不当时将骤增	较大	较低	轴承本身的损失不大。加上油泵功率损失可能超过液体动压轴承
寿命		有限，受限于材料的点蚀	有限，受限于材料的磨损	长，载荷稳定时理论上寿命无限，实际上受限于轴瓦的疲劳破坏	理论上无限
噪声		较大	不大	工作不稳定时有噪声，工作稳定时基本上无噪声	轴承本身的噪声不大，但油泵有不小的噪声
轴承的刚性		高，预紧时更高	一般	一般	一般
旋转精度		较高	较低	一般到高	较高到更高
轴承尺寸	径向	大	小	小	小
	轴向	$(0.2\sim0.5)d*$	$(0.5\sim4)d$	$(0.5\sim4)d$	中等
使用润滑剂		油或脂	油、脂或固体	液体或气体	液体或气体
润滑剂使用量		一般很少，高速时较多	一般不大	较大	最大
维护要求		润滑油要清洁	要求不高	油须清洁	油须清洁要经常维护润滑供油系统
更换易损零件		很方便，一般不用修理轴颈	轴承轴瓦要经常更换，有时还要修复轴颈	轴承轴瓦要经常更换，有时还要修复轴颈	轴承轴瓦要经常更换，有时还要修复轴颈
价格		中等	大量生产时价格不高	较高	连同供油系统价格最高

注：$d*$ 为轴承内径。

练习与思考

一、思考题

1. 滑动轴承的主要结构形式有哪几种？主要应用在什么场合？
2. 轴瓦上为什么要开油沟、油孔？开油沟时应注意什么问题？
3. 对轴瓦和轴承衬的材料有何要求，常用的轴瓦、轴承衬的材料有哪几种？
4. 非液体润滑轴承的设计依据是什么？限制 p 和 pv 的目的是什么？
5. 一般轴承的宽径比在什么范围内？为什么宽径比不宜过大或过小？
6. 滑动轴承的润滑装置主要有哪些？它们分别适用于哪些场合？
7. 滚动轴承的主要类型有哪些？各有什么特点？
8. 说明下列轴承代号的意义：6210/0，31306，LN203，7207AC/P5，N208。
9. 滚动轴承失效的主要形式有哪些？计算准则是什么？
10. 试说明角接触轴承内部轴向力 F_s 产生的原因及其方向的判断方法。
11. 何谓滚动轴承的基本额定寿命？何谓当量动载荷？如何计算？
12. 滚动轴承内外圈的固定形式有几种？适用于哪些场合？
13. 为什么角接触轴承往往成对使用且"面对面"或"背靠背"安装？
14. 安装滚动轴承时为什么要施加预紧力？
15. 选择滚动轴承时应考虑哪些因素？
16. 轴承常用密封装置有哪些？各适用于什么场合？

二、填空题

1. 滑动轴承轴瓦的常用材料有_____、_____和_____。
2. 根据摩擦状态，滑动轴承分为_____和_____两类。
3. 不完全液体润滑滑动轴承的主要失效形式是_____，在设计时应验算的项目的公式为_____、_____、_____。
4. 滑动轴承的润滑作用是减少_____，提高_____，轴瓦的油槽应该开在_____载荷的部位。
5. 形成流体动压润滑的必要条件是_____、_____和_____。
6. 滚动轴承代号为6215，其类型为_____轴承，内径_____ mm，直径系列为_____系列。
7. 寿命等于_____、可靠度为_____时的轴承所能承受的最大载荷值称为轴承的基本额定载荷。
8. 角接触球轴承7210C的基本额定动载荷 $C_r = 33.9$ kN，表示该轴承在33.9 kN的载荷下寿命为_____ r 时，可靠度为_____。
9. 滚动轴承的主要失效形式是_____和_____。
10. 滚动轴承一般由_____、_____、_____和_____四部分组成。
11. 滚动轴承按滚动体不同可分为_____轴承和_____轴承；按主要承受载荷的方向的不同又可分为_____轴承和_____轴承。

三、选择题

1. 滑动轴承的润滑方法，可以根据_____来选择。

    A. 平均压强 p B. $\sqrt{pv^3}$ C. 轴颈圆周速度 v D. pv 值

2. 含油轴承是采用_____制成的。

A. 硬木   B. 硬橡皮   C. 粉末冶金   D. 塑料

3. 不完全液体润滑滑动轴承，验算 $pv \leq [pv]$ 是为了防止轴承_____。

A. 过度磨损   B. 过热产生胶合   C. 产生塑性变形   D. 发生疲劳点蚀

4. 在非液体润滑滑动轴承中，限制 p 值的主要目的是间接保证轴瓦不致_____。

A. 过度磨损   B. 过热产生胶合   C. 产生塑性变形   D. 发生疲劳点蚀

5. 巴氏合金是用来制造_____。

A. 单层金属轴瓦   B. 轴承衬   C. 含油轴承轴瓦   D. 非金属轴瓦

6. 径向滑动轴承的直径增大1倍，长径比不变，载荷及转速不变，则轴承的 pv 值为原来的_____倍。

A. 2   B. 1/2   C. 4   D. 1/4

7. 滚动轴承的代号由前置代号、基本代号和后置代号组成，其中基本代号表示_____。

A. 轴承的类型、结构和尺寸
B. 轴承组件
C. 轴承内部结构变化和轴承公差等级
D. 轴承游隙和配置

8. 滚动轴承套圈与滚动体的常用材料为_____。

A. 20Cr   B. 40Cr   C. GCr15   D. 20CrMnTi

9. _____是只能承受径向载荷的轴承。

A. 深沟球轴承   B. 圆锥滚子轴承   C. 推力球轴承   D. 圆柱滚子轴承

10. 滚动轴承的接触式密封是_____。

A. 毡圈密封   B. 油沟式密封   C. 迷宫式密封   D. 甩油密封

11. 滚动轴承内圈与轴颈、外圈与座孔的配合_____。

A. 均为基轴制
B. 前者基轴制，后者基孔制
C. 均为基孔制
D. 前者基孔制，后者基轴制

12. 滚动轴承在安装中应留有一定轴向间隙的目的是：_____。

A. 装配方便
B. 拆卸方便
C. 散热
D. 轴受热后可自由伸长

四、计算题

1. 有一滑动轴承，轴转速 $n=650$ r/min，轴颈直径 $d=120$ mm，轴承上受径向载荷 $F=5000$ N，轴瓦宽度 $B=150$ mm，试选择轴承材料，并按非液体润滑滑动轴承校核。

2. 有一非液体摩擦径向滑动轴承，轴径直径 $d=60$ mm，轴承宽度 $B=60$ mm，轴瓦材料为 ZCuAl10Fe3。试求：(1) 当径向载荷 $F=36000$ N 时，$n=150$ r/min 时，校核轴承是否满足非液体润滑轴承的使用条件；(2) 当径向载荷 $F=36000$ N 时，轴的允许转速 n。

3. 一转轴上装有直齿圆柱齿轮。已知齿轮所受的切向力 $F_t=5000$ N，径向力 $F_r=1820$ N，齿轮在两轴承间对称布置，工作时有中等冲击，转速 $n=960$ r/min，要求工作寿命 $L_h'=8000$ h。试问选用6307型滚动轴承是否可用？

4. 一个减速器选用深沟球轴承，已知轴的直径 $d=40$ mm，转速 $n=2500$ r/min，轴承所受径向载荷 $F_r=2000$ N，轴向载荷 $F_a=500$ N，工作温度正常，要求轴承预期寿命 $[L_h]=5000$ h，试选择轴承型号。

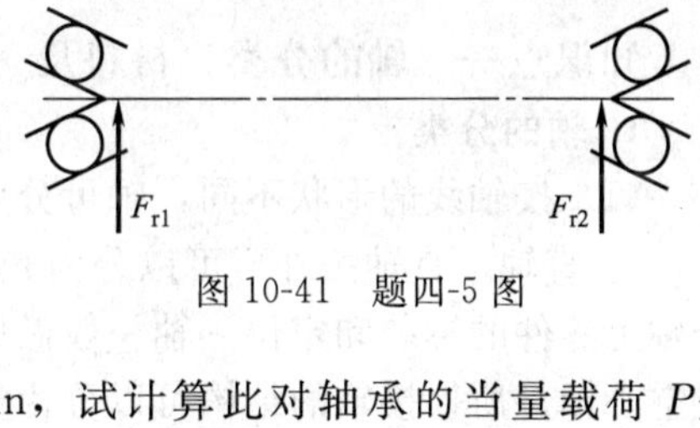

图10-41 题四-5图

5. 如图10-41所示，已知轴承载荷平稳，在室温下工作，$F_{r1}=200$ N，$F_{r2}=100$ N，转速 $n=1000$ r/min，试计算此对轴承的当量载荷 P_1、P_2。该对轴承型号为7208AC，$F_S=0.7F_r$，$e=0.7$，$F_a/F_r>e$ 时，$x=0.41$，$y=0.85$，$F_a/F_r \leq e$ 时，$x=1$，$y=0$。

项目十一 轴

【任务驱动】

案例分析：试设计如图 11-1 所示的用于带式输送机中的单级斜齿圆柱齿轮减速器的输出轴。

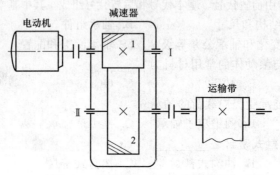

图 11-1 单级斜齿圆柱齿轮减速器

【学习目标】

① 由任务驱动的案例，分析用于带式输送机中的单级斜齿圆柱齿轮减速器的输出轴的基本功用。

② 根据单级斜齿圆柱齿轮减速器低速输出轴功用，分析轴上需连接的零件及零件安装方法、定位以及轴的制造工艺等方面的要求，考虑轴上零件的位置和固定方式，以及结构工艺性，选材，按比例绘制出轴及轴系零件的结构草图，从而合理地确定轴的结构形式和尺寸。

③ 根据轴结构设计对轴的强度、刚度和振动稳定性等方面进行校核验算。

【知识解读】

轴是组成机器的重要零件之一，各种作回转运动的零件（如带轮、齿轮、凸轮等）都必须安装在轴上才能进行运动及动力的传递，轴工作情况的好坏直接影响到整台机器的性能和质量。它的主要作用是支承回转零件并传递运动和动力。

知识点一 轴的分类、材料及一般设计步骤

1. 轴的分类

（1）按轴线的形状不同，轴可分为直轴、曲轴和挠性软轴。

① 直轴 直轴按外形可以分为光轴 [图 11-2（a）] 和阶梯轴 [图 11-2（b）]。阶梯轴便于轴上零件的拆装和定位。轴一般做成实心的，但为了减轻质量或满足某种功能，还可以做成空心轴。所以按轴的结构可以分为实心轴和空心轴 [图 11-2（c）]。

② 曲轴 曲轴常用于往复式机器（如内燃机、空气压缩机等）和行星轮系中，如图 11-3所示。它可以实现直线运动与旋转运动的转换。

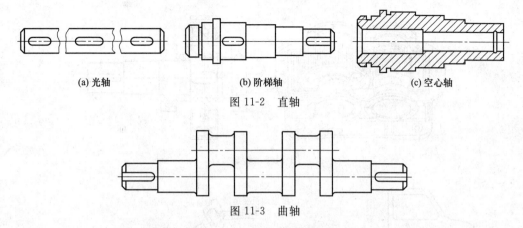

(a) 光轴　　　　　(b) 阶梯轴　　　　　(c) 空心轴

图 11-2　直轴

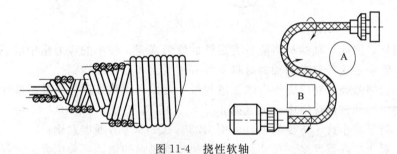

图 11-3　曲轴

③ 挠性软轴　挠性软轴可以将扭转或旋转运动灵活地传到任何所需的位置，常用于振捣器、手提砂轮机和汽车中的转速表等。如图 11-4 所示，挠性软轴可将扭转或旋转运动绕过障碍 A、B 传到所需位置。

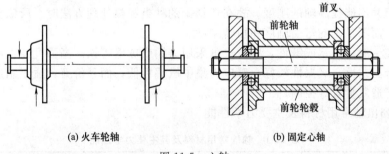

图 11-4　挠性软轴

（2）按承载情况不同，轴可分为转轴、传动轴和心轴三种。

① 心轴　只承受弯矩而不传递转矩的轴称为心轴。心轴又可分为转动心轴和固定心轴，工作时轴转动（如铁路车辆的轴）是转动心轴，如图 11-5（a）所示；工作时轴不转动（如自行车的前轮轴），叫固定心轴，如图 11-5（b）所示。

(a) 火车轮轴　　　　　(b) 固定心轴

图 11-5　心轴

② 转轴　既支承传动件又传递动力，即同时承受弯矩和转矩（如齿轮减速箱中的轴），如图 11-6 所示。

③ 传动轴　主要传递动力，即主要承受转矩作用，不承受或承受很小弯矩（如汽车的传动轴），如图 11-7 所示。

2. 轴的材料

轴的材料常用碳素钢和合金结构钢。由于轴工作时产生的应力多为变应力，所以轴的失

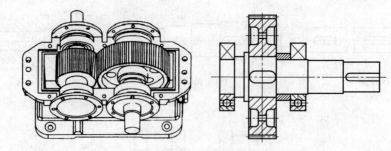

图 11-6 转轴

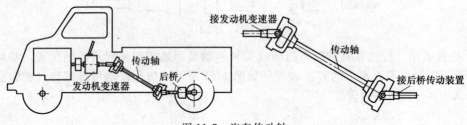

图 11-7 汽车传动轴

效多为疲劳损坏,因此,轴的材料应具有足够的疲劳强度、较小的应力集中敏感性和良好的加工性能等。能满足这些要求的轴的材料主要有碳素钢和合金结构钢。

碳素钢:价格低廉,对应力集中的敏感较低,可以利用热处理提高其耐磨性和抗疲劳强度。一般机器中的轴常用优质中碳钢(如 35、40、45 和 50 钢),其中以 45 钢应用最广,常经调质处理。对于较小或不重要的轴,可用 Q235、Q275 等普通碳素钢。

合金钢:对于要求强度高、尺寸小或有其他特殊要求的轴,可采用合金钢材料。耐磨性要求较高的轴可采用 20Cr、20CrTi 等低碳合金钢,轴颈部分进行渗碳淬火处理。要求高强度的轴可采用 40Cr(或用 35SiMn、40MnB 代替)、40 CrNi(或用 38SiMnMo 代替)并进行热处理。

合金钢比碳素钢具有更高的机械强度和良好的淬火性能,但对应力集中比较敏感,价格也比较贵。在常温下,合金钢和碳素钢的弹性模量相差无几,但当其他条件相同时,用合金钢代替碳素钢并不能提高轴的刚度。故在选择钢的种类和热处理方法时,所依据的主要是强度和耐磨性,而不是轴的弯曲刚度和扭转刚度。

轴的毛坯一般用圆钢或锻件,有时也可采用铸钢或球墨铸铁。高强度铸铁和球墨铸铁具有良好的制造工艺性,吸振性较好,对应力集中敏感性低,而且价廉,适于制造结构形状复杂的轴,但铸造质量较难控制。

表 11-1 列出轴常用材料及主要力学性能。

表 11-1 轴的常用材料及其主要力学性能

材料牌号	热处理	毛坯直径 /mm	硬度 /HBS	强度极限 σ_B	屈服极限 σ_s	弯曲疲劳极限 σ_{-1}	剪切疲劳极限 τ_{-1}	许用弯曲应力 $[\sigma_{-1}]$	应用说明
				MPa					
Q235				440	240	200	105	40	用于不重要或载荷不大的轴
Q275			190	520	280	220	130	42	
35	正火	≤100	150~185	520	270	250	120	44	塑性好和强度适中,可做一般曲轴、转轴等

续表

材料牌号	热处理	毛坯直径/mm	硬度/HBS	强度极限 σ_B	屈服极限 σ_s	弯曲疲劳极限 σ_{-1}	剪切疲劳极限 τ_{-1}	许用弯曲应力 $[\sigma_{-1}]$	应用说明
						MPa			
45	正火	≤100	170~217	590	295	255	138	54	用于较重要的轴,
45	调质	≤200	217~255	650	355	275	155	60	应用最为广泛
40Cr	调质	25		1000	800	500	275	69	用于载荷较大, 而
40Cr	调质	≤100	241~286	750	550	350	199	69	无很大冲击的重要
40Cr	调质	>100~300	241~266	700	550	340	183	69	的轴
35SiMn 40SiMn	调质	≤100	229~286	800	520	400	202	69	性能接近于40Cr,
35SiMn 40SiMn	调质	>100~300	217~269	750	450	350	243	74	用于重要的轴
40MnB	调质	25		1000	800	485	260	75	性能接近于40Cr,
40MnB	调质	≤200	241~286	750	500	335	250	75	用于重要的轴
35CrMo	调质	≤100	207~269	750	550	390	220	70	用于受重载荷的轴
20Cr	渗碳淬火回火	15	表面HRC56~62	850	550	375	215	60	用于要求强度、韧
20Cr	渗碳淬火回火	≤60	表面HRC56~62	650	400	280	160	56	性及耐磨性均较高的轴
QT400-1		—	156~197	400	300	145	140	25	结构复杂的轴
QT600-3		—	197~269	600	420	215	155	35	结构复杂的轴

3. 轴的设计要求和一般步骤

(1) 轴的基本设计要求

设计轴时应考虑多方面因素和要求,其中主要问题是轴的选材、结构、强度和刚度。就一般情况而言,轴的设计应满足如下两个基本要求。

① 合理的结构:即根据轴上零件的安装、定位及轴的制造工艺等方面的要求,合理确定轴的结构形状和尺寸,使轴的加工方便、成本低廉,轴上的零件定位可靠、便于安装。

② 足够的强度:一般的轴都应具有足够的疲劳强度。

但不同机械对轴工作的要求各不相同,如机床主轴要求有足够的刚度;对高速和受周期性载荷的轴,应满足振动稳定性的要求。

(2) 轴的一般设计步骤

设计轴的一般步骤:首先选择轴的材料;再根据扭转强度(或扭转刚度)条件,初步确定轴的最小直径,然后根据轴上零件的相互关系和定位要求,以及轴的加工、装配工艺性等,合理地拟订轴的结构形状和尺寸;在此基础上,再对较为重要的轴进行强度校核。只有在需要时,才进行轴的刚度或振动稳定性校核。

知识点二 常用轴的结构设计

1. 轴的基本结构要素

图 11-8 所示为圆柱齿轮减速器中的低速轴。轴通常由轴颈、轴头、轴肩、轴环及轴身等部分组成。与轴承配合的部分称为轴颈,轴上安装回转零件的部分称为轴头。轴头的直径与相配合的轮毂内径一致,并应符合标准直径。连接轴头与轴颈的非配合部分称为轴身。轴向尺寸较小而径向尺寸较大的轴身又称为轴环,轴环主要用作轴上零件的轴向定位,轴身的直径可采用自由尺寸。阶梯轴中直径突变的垂直于轴线的环面部分称为轴肩。

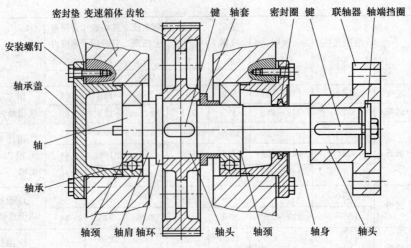

图 11-8 轴系的结构

轴的结构设计包括定出轴的合理外形和全部结构尺寸。轴的结构没有标准形式，在进行轴的结构设计时，必须针对不同的情况进行具体分析。要合理考虑机器的总体布局，轴上零件的类型及其定位方式，轴上载荷的大小、性质、方向和分布情况等，同时要考虑轴的加工和装配工艺等，合理地确定轴的结构形状和尺寸。对一般轴结构设计的基本要求是：①轴和装在轴上的零件要有准确的工作位置；②轴上的零件应便于装拆和调整；③轴应具有良好的制造工艺性等。

2. 轴上零件的装配方案

下面以减速器轴为例，说明轴的结构设计主要解决的问题。

在进行结构设计时，首先应按传动简图上所给出的各主要零件的相互位置关系拟定轴上零件的装配方案。轴上零件的装配方案不同，轴的结构形状也不同。在实际设计过程中，往往拟定几种不同的装配方案进行比较，从中选出一种最佳方案。

"任务驱动"中的图 11-1 所示为一单级圆柱齿轮减速器简图。其输出轴上装有齿轮、联轴器和滚动轴承。可以采用如下的装配方案：将齿轮、右端轴承和联轴器从轴的右端装配，左端轴承从轴的左端装配。在考虑了轴的加工及轴和轴上零件的定位、装配与调整要求后，再确定轴的结构形式。该单级圆柱齿轮减速器中的输出轴的结构如图 11-8 所示。

3. 零件在轴上的定位和固定

为了防止轴上零件受力时发生沿轴向或周向的相对运动，必须进行轴向和周向的定位与固定（有游动或相对转动要求者例外），以保证其准确的工作位置。

(1) 零件的轴向定位与固定

轴上零件的轴向定位与固定常通过轴肩、套筒、轴端挡圈（又称压板）、圆螺母等来实现。

① 轴肩和轴环 [图 11-9 (a)、(b)] 通过轴肩和轴环定位与固定零件，这种方法结构简单，定位可靠，能承受较大的轴向载荷，广泛用于齿轮类零件和滚动轴承的轴向定位，缺点是轴径变化处会产生应力集中。

轴肩和轴环能实现轴上零件的单向定位。为了使轴上零件的端面能与轴肩紧贴，轴上过渡圆角半径 r 应小于零件圆角半径 R 或倒角 C，见图 11-10。一般情况下轴肩定位高度取为 $h=(0.07\sim0.1)d$，轴环宽度 $b=1.4h$；详见表 11-2。

零件孔端圆角半径 R 和倒角 C 的数值见表 11-3。

为保证传动件能得到可靠的轴向固定,轴与传动件轮毂相配合的部分的长度 L 一般比轮毂长度 B 短 2~3mm;轴与联轴器相配合的部分的长度一般比半联轴器长度短 5~10mm;见图 11-9(c)。

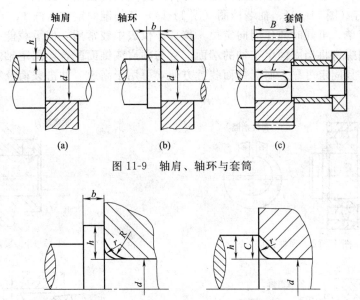

图 11-9 轴肩、轴环与套筒

图 11-10 轴肩的圆角与相配零件的倒角

表 11-2 轴肩的分类及高度确定

名称	分类		轴肩高度 h 的确定
轴肩	非定位轴肩		$h=1$~2mm(视具体情况可适当调整)
	定位轴肩	定位标准件	查找有关机械设计手册或 $h=(0.07$~$0.1)d$ mm
		定位非标准件	$h=R(C)+(0.5$~$2)$mm 或 $h=(0.07$~$0.1)d$ mm

表 11-3 零件孔端圆角半径 R 和倒角 C

轴径 d	>10~18	>18~30	>30~50	>50~80	>80~100
r(轴)	0.8	1.0	1.6	2.0	2.5
R 或 C(孔)	1.6	2.0	3.0	4.0	5.0

② 套筒[图 11-9(c)] 套筒常用于两个距离较近的零件之间,起轴向定位和固定的作用。但由于套筒与轴的配合较松,故不宜用于转速很高的轴上。图中套筒对齿轮起固定作用,一般取 $L=B-(2$~$3)$mm。

③ 圆螺母和弹性挡圈 圆螺母常与止动垫圈配合使用,见图 11-11,可以承受较大的轴

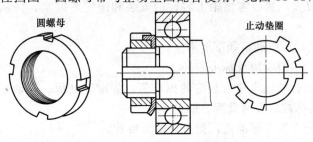

图 11-11 圆螺母与止动垫圈

向力，固定可靠，但轴上需切制螺纹和退刀槽，对轴的强度有所削弱。这种固定方式有应力集中（细牙螺纹），要注意防松。弹性挡圈结构简单，见图 11-12，但装配时轴上需切槽，会引起应力集中，一般用于受轴向力不大的零件，对其轴向固定。

④ 紧定螺钉（图 11-13）、轴端挡圈（图 11-14）和圆锥面定位（图 11-15） 用紧定螺钉固定的轴结构简单，可同时兼作周向定位，仪器、仪表中较常用，但承载能力低，不适合高速重载场合。用螺钉将挡圈固定在轴的端面，常与轴肩或锥面配合，固定轴端零件；能承受较大的轴向力，且固定可靠。而圆锥面装拆方便，可用于高速、冲击载荷及零件对中性要求高的场合。

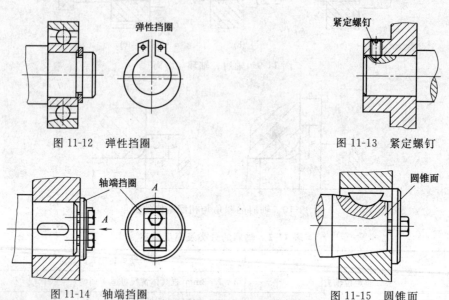

图 11-12　弹性挡圈　　　　　　　图 11-13　紧定螺钉

图 11-14　轴端挡圈　　　　　　　图 11-15　圆锥面

为了确保套筒、螺母或轴端挡圈能靠紧零件端面，采用套筒、螺母、轴端挡圈作轴向固定时，应把装零件的轴段长度 L 做得比零件轮毂宽度 B 短 2～3mm，即一般取 $L=B-(2\sim3)$mm。

（2）零件的周向定位

轴上零件周向固定的目的是使其能同轴一起转动并传递转矩。轴上零件的周向固定，大多采用键（如齿轮等）、花键、销、紧定螺钉以及过盈配合（如滚动轴承）等。

4. 确定各轴段的直径和长度

各轴段的直径与轴上的载荷大小有关。在确定转轴的直径时，通常还不知道支反力的作用点，不能决定弯矩的大小与分布情况，还不能按轴所受到的具体载荷及其引起的应力来确定轴的直径。但在进行轴的结构设计前，通常能求得轴所受到的扭矩。因而，在实际设计中，一般先按轴所传递的扭矩初步估算轴的直径，并将这一估算值作为轴受扭矩段的最小直径 d_{min}，然后考虑轴上零件的安装和固定等因素，并从 d_{min} 处起逐一确定各段轴的直径。

确定各轴段直径时，应满足如下要求。

① 有配合要求的轴段应取成标准直径。

② 与标准件相配合的轴段应取相应的标准值，如滚动轴承、联轴器、密封圈等部位的轴径，应取为相应的标准值及所选配合的公差。

③ 非配合轴段允许为非标准值，但最好取为整数。

轴的直径确定后，可按轴上零件的装配方案和定位要求，逐步确定各轴段的直径，并根据轴上零件的轴向尺寸、各零件的相互位置关系以及零件装配所需的装配和调整空间,确定轴的各段长度。

5. 轴的结构工艺性

轴的结构工艺性是指在保证使用要求的前提下,轴的结构形式应能方便地加工和装配轴上的零件,并且有利于提高生产率和降低成本。因此设计轴时,轴的结构形式应尽量简化。轴的结构工艺应满足如下要求。

① 轴的形状从加工考虑,最好是直径不变的光轴,但光轴不利于零件的拆装和定位。由于阶梯轴接近于等强度,而且便于加工和轴上零件的定位和拆装,所以实际上的轴多为阶梯形。为了能选用合适的圆钢和减少切削量,阶梯轴各轴段的直径不宜相差过大,一般取5~10mm。

② 为了便于装配,轴端应加工出倒角(一般为45°),以免装配时把轴上零件的孔壁擦伤,见图11-16(a);过盈配合零件的装入端应加工出导向锥面,见图11-16(b),以便零件能顺利地压入。

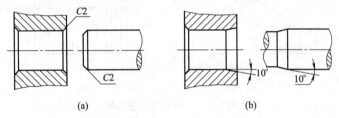

图 11-16　倒角与导向锥面

③ 需要切制螺纹的轴段,应留有螺纹退刀槽;需要磨削的轴段,应该留有砂轮越程槽;如图11-17(a)、(b)所示。有的轴需要磨削外圆,在轴的端部应制有定位中心孔,如图11-17(c)所示。

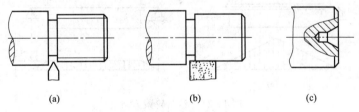

图 11-17　螺纹退刀槽、砂轮越程槽、定位中心孔

④ 为了便于切削加工,一根轴上的圆角应尽可能取相同的半径,退刀槽取相同的宽度,倒角尺寸应相同;一根轴上各键槽应沿轴的同一母线布置,以方便加工,降低加工成本,如图11-18所示。

制造工艺性往往是评价设计优劣的一个重要方面,为了便于制造、降低成本,设计轴时,具体结构必须认真考虑;另外,轴的精度和粗糙度要选得适当,不必要的提高标准将增加成本。

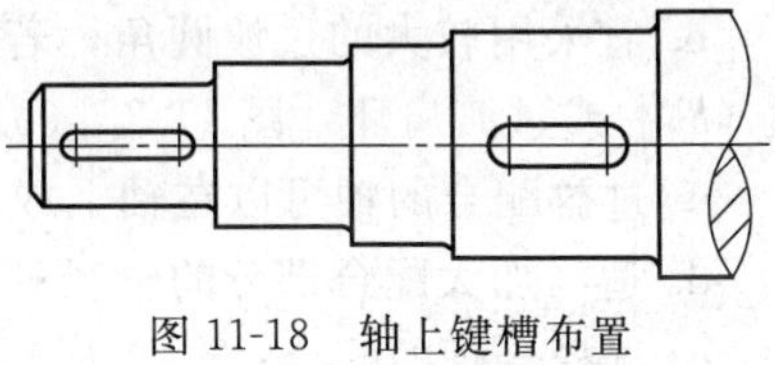

图 11-18　轴上键槽布置

6. 提高轴疲劳强度的措施

轴的基本形状确定后,还需要按照工艺的要求,对轴的结构细节进行合理设计,从而提高轴的强度和刚度。常用的措施有如下几种。

① 合理布置轴上传动零件,改进轴上零件的结构,以减小轴的载荷。图11-19所示为

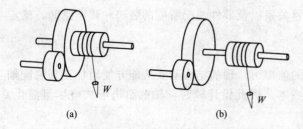

起重机卷筒的两种布置方案,图 11-19(a)所示结构中,大齿轮和卷筒连成一体,转矩经大齿轮直接传给卷筒,故卷筒轴只受弯矩而不传递扭矩,在起重同样载荷 W 时,轴的直径可小于图 11-19(b)所示的结构。再如,当动力需从两个轴输出时,为了减小轴上载荷,尽量将输入轮布置在中间。如图 11-20(a)中,当输入转矩为 T_1+T_2,而 $T_1>T_2$ 时,轴的最大转矩为 T_1;而在图 11-20(b)中,轴的最大转矩为 T_1+T_2。

图 11-19 起重机卷筒布置

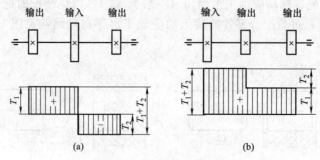

图 11-20 轴轮的布置方案

又如图 11-21(a)所示,卷筒的轮毂很长,轴的弯曲力矩较大,若把轮毂分成两段,如图 11-21(b)所示,就可以减少轴的弯矩,从而提高轴的强度和刚度,同时还能得到更好的轴孔配合。

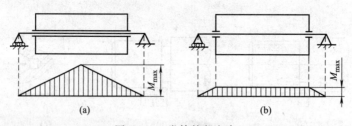

图 11-21 卷筒轮毂方案

② 改进轴的结构,减小应力集中。轴上的应力集中会严重削弱轴的疲劳强度,因此轴的结构应尽量避免和减小应力集中。常见的减小应力集中的方法主要措施有:

 a. 尽量避免形状的突然变化,使轴径变化平缓;
 b. 宜采用较大的过渡圆角,若圆角半径受到限制,可以改用内圆角、凹切圆角[图 11-22(a)]或过渡肩环[图 11-22(b)]以保证圆角尺寸;
 c. 过盈配合的轴可以在轴上或轮毂上开减载槽[图 11-22(c)];
 d. 适当加大配合部分的轴径;
 e. 选择合理的配合;
 f. 盘铣刀铣键槽比用指状铣刀铣键槽产生的应力集中小;
 g. 渐开线花键比矩形花键应力集中小。

③ 改进轴的表面质量。表面粗糙度对轴的疲劳强度也有显著的影响。实践表明,疲劳裂纹常发生在表面粗糙的部位。因此应合理减小轴的表面及圆处的加工粗糙度。对于高强度

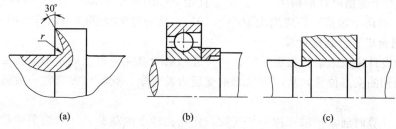

图 11-22 减小应力集中的结构

材料的轴更应如此。采用辗压、喷丸、渗碳淬火、氮化、高频淬火等表面强化的方法可以显著提高轴的疲劳强度。

知识点三 轴的强度计算

轴的强度计算是设计轴的重要内容,其目的是根据轴的承载情况及相应的强度条件来确定轴的直径,或对轴的强度进行校核。

常用轴的强度计算方法有 3 种:按扭转强度计算;按弯扭合成强度计算;安全系数校核计算。本课题介绍前两种强度计算方法。

1. 按扭转强度计算

对于传动轴,因为只受转矩,可只按扭转强度计算轴的直径;对于转轴,先用此方法估算轴的最小直径,然后进行轴的结构设计,并用弯扭合成强度校核。

实心圆截面轴的扭转强度条件为

$$\tau = \frac{T}{W_T} = \frac{9.55 \times 10^6 P}{0.2 d^3 n} \leqslant [\tau] \text{ (MPa)} \tag{11-1}$$

式中 τ——转矩 T(N·mm)在轴上产生的扭剪应力;

$[\tau]$——材料的许用剪切应力,MPa;

W_T——抗扭截面系数,mm³,对圆截面轴 $W_T = \frac{\pi d^3}{16} \approx 0.2 d^3$;

P——轴所传递的功率,kW;

n——轴的转速,r/min;

d——轴的直径,mm。

上式可用作传动轴强度计算;也可用于初步估算转轴最细部分直径,但必须把轴的许用扭剪应力 $[\tau]$ 适当降低,其值可查表 11-4,以补偿弯矩对轴强度的影响。将降低后的许用应力代入上式,可得轴设计公式为

$$d \geqslant \sqrt[3]{\frac{9.55 \times 10^6}{0.2 [\tau]}} \sqrt[3]{\frac{P}{n}} \geqslant C \sqrt[3]{\frac{P}{n}} \text{ (mm)} \tag{11-2}$$

式中 C——是由轴的材料和承载情况所确定的常数,见表 11-4。

表 11-4 常用材料的 $[\tau]$ 值和 C 值

轴的材料	Q235,20	Q275,35	45	40Cr,35SiMn
$[\tau]$/MPa	12~20	20~30	30~40	40~52
C	160~135	135~118	118~107	107~98

注:当作用在轴上的弯矩比传递的转矩小或只传递转矩时,$[\tau]$ 取较大值,C 取较小值;否则相反。

按照上式计算得到的直径,一般作为轴的最小直径。如果在轴上该处有键槽,则应考虑它对轴的削弱程度,应将最小直径加大。对于直径 $d > 100$mm 的轴,有一个键槽时,轴径

增大 3%；有两个键槽时，应增大 7%。对于直径 $d<100$mm 的轴，有一个键槽时，轴径增大 5%～7%；有两个键槽时，应增大 10%～15%。然后将轴径圆整为标准直径。

2. 按弯扭合成进行强度计算

轴的结构设计完成之后，根据轴的几何尺寸和形状就完全可以确定轴上载荷的大小、方向及作用点和轴的支点位置，从而可以求出支反力及弯矩，此时可按弯扭合成强度条件进行计算。

进行强度计算时通常把轴视作一简支梁，作用在轴上的载荷，一般按集中载荷考虑，其作用点取零件轮缘宽度的中点。轴上支反力的作用点（滚动轴承和滑动轴承）按有关手册选定。为简化计算，一般可将其支点位置取在轴承宽度的中点。具体计算步骤如下：

① 绘出轴的空间受力图，并求出水平面和垂直面上的支点反力。
② 绘出水平面弯矩图（M_H）、垂直面弯矩图（M_V）。
③ 计算出合成弯矩 $M=\sqrt{M_H^2+M_V^2}$，绘出合成弯矩图。
④ 作出扭矩图（T）。
⑤ 计算当量弯矩 $M_e=\sqrt{M^2+(\alpha T)^2}$，绘出 M_e 图。
⑥ 按弯扭组合强度计算。

对于钢制轴，可按第三强度理论计算，强度条件为

$$\sigma_e=\frac{M_e}{W}=\sqrt{\frac{M^2+(\alpha T)^2}{0.1d^3}}\leq[\sigma_b]_{-1} \tag{11-3}$$

由上式可推得轴设计公式为

$$d\geq\sqrt[3]{\frac{M_e}{0.1[\sigma_b]_{-1}}} \tag{11-4}$$

式中　σ_e——当量应力，N/mm²；
　　　M_e——当量弯矩，N·mm；
　　　W——轴计算截面的抗弯截面系数，mm²，对于圆截面轴 $W=0.1d^3$；
　　　α——由转矩性质而定的折算系数，$\alpha=\frac{[\sigma_{-1}]_b}{[\sigma_{+1}]_b}$。

对于不变的转矩，取 $\alpha\approx0.3$；对于脉动循环的转矩，取 $\alpha\approx0.6$；对于对称循环的转矩，取 $\alpha\approx1.0$。如果单向回转的转矩，其变化规律不太清楚时，一般按照脉动变化的转矩处理。其中 $[\sigma_{-1}]_b$、$[\sigma_0]_b$、$[\sigma_{+1}]_b$ 分别为对称循环、脉动循环及静应力状态下的许用弯曲应力，其值列于表 11-5 中。

表 11-5　轴的许用弯曲应力　　　　　　　　　　　MPa

材料	σ_B	$[\sigma_{+1}]_b$	$[\sigma_0]_b$	$[\sigma_{+1}]_b$
碳素钢	400	130	70	40
	500	170	75	45
	600	200	95	55
	700	230	110	65
合金钢	800	270	130	75
	900	300	140	80
	1000	330	150	90
铸钢	400	100	50	30
	500	120	70	40

对于有键槽的截面,应将计算出的轴径加大5%左右。若计算出的轴径大于结构设计初步估算的轴径,则表明结构图中轴的强度不够,必须修改结构设计;若计算出的轴径小于结构设计的估算轴径,且相差不很大,一般就以结构设计的轴径为准。

对于一般工作条件下的转轴,按上述方法计算已足够精确。对于重载、尺寸受限制和重要的转轴,应该采用更为精确的疲劳强度安全系数校核,其计算方法可查阅有关参考书。

3. 轴的刚度校核

在载荷的作用下,轴将产生一定的弯曲变形。若变形量超过允许的限度,就会影响轴上零件的正常工作,甚至会丧失及其应有的工作性能。例如安装齿轮的轴,若弯曲刚度(或扭转刚度)不足而导致挠度(或扭转角)过大时,将影响齿轮的正常啮合,使齿轮沿齿宽和齿高方向接触不良,造成载荷在齿面上严重分布不均。又如采用滑动轴承的轴,若挠度过大而导致轴颈偏斜过大时,将使轴颈和滑动轴承产生边缘接触,造成不均匀磨损和过度发热。因此,在设计有刚度要求的轴时,必须进行刚度的校核计算。

轴的刚度有弯曲刚度和扭转刚度两种,弯曲刚度用挠度和偏转角(见图11-23)来度量,扭转刚度用扭转角(见图11-24)来度量。

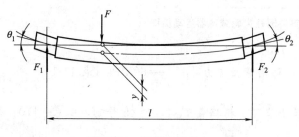

图11-23 挠度和偏转角

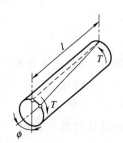

图11-24 轴的扭转角

轴的弯曲刚度条件为

$$y \leqslant [y] \tag{11-5}$$

$$\theta \leqslant [\theta] \tag{11-6}$$

轴的扭转刚度条件为

$$\varphi \leqslant [\varphi] \tag{11-7}$$

式中 $[y]$、$[\theta]$、$[\varphi]$——分别为许用挠度、许用偏转角和许用扭转角,可查表11-6。

表11-6 轴的许用挠度$[y]$、许用偏转角$[\theta]$和许用扭转角$[\varphi]$

变形种类	适用场合	许用值	变形种类	适用场合	许用值
挠度$[y]$ /mm	一般用途的轴	$(0.0003\sim0.0005)l$	偏转角$[\theta]$ /rad	滑动轴承	$\leqslant 0.001$
	刚度要求较高的轴	$\leqslant 0.0002l$		径向球轴承	$\leqslant 0.05$
	感应电机轴	0.1Δ		调心球轴承	$\leqslant 0.05$
	安装齿轮的轴	$(0.01\sim0.05)m_n$		圆柱滚子轴承	$\leqslant 0.0025$
	安装蜗轮的轴	$(0.02\sim0.05)m_t$		圆锥滚子轴承	$\leqslant 0.0016$
	l—支承间跨距; Δ—电机定子与转子间的气隙; m_n—齿轮法面模数; m_t—蜗轮端面模数。			安装齿轮处的截面	$\leqslant 0.001\sim0.002$
			每米长的扭转角$[\varphi]$/(°/m)	一般传动	$0.5\sim 1$
				较精密的传动	$0.25\sim 0.5$
				重要传动	<0.25

项目训练 11-1 图 11-25 所示为用于带式输送机中的单级斜齿圆柱齿轮减速器。已知输出轴的功率为 $P_2=11\text{kW}$,转速 $n_2=210\text{r/min}$,齿轮的主要参数及尺寸:法面模数 $m_n=4\text{mm}$,法面压力角 $\alpha_n=20°$,齿数比 $u=3.95$,小齿轮齿数 $z_1=20$,分度圆上的螺旋角 $\beta=8°6'34''$,大齿轮分度圆直径为 $d_2=382\text{mm}$,轮毂宽度 $B=80\text{mm}$。试设计该减速器的输出轴。

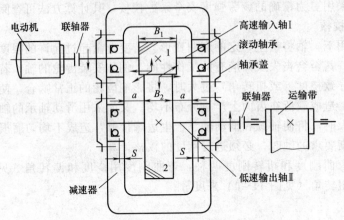

图 11-25 单级斜齿圆柱齿轮减速器运动简图

解 (一)选择材料,确定许用应力

该轴无特殊要求,选用 45 钢,调质;许用弯曲应力 $[\sigma_{-1}]=60\text{MPa}$(表 11-1)

(二)初估轴径

按扭转强度估算输出端联轴器处的最小直径,根据表 11-4,按 45 号钢,取 $C=110$;根据式(11-2)有:

$$d_{\min}=C\sqrt[3]{\frac{P_2}{n_2}}=110\sqrt[3]{\frac{11}{210}}=41.2\text{mm}$$

考虑有键槽,轴径应增加 5%,$41.2+41.2\times5\%=43.3\text{mm}$;为了使所选轴径与联轴器孔径相适应,需要同时选取联轴器。选用弹性联轴器 TL7 型弹性套柱销联轴器,其轴孔直径为 45mm,和轴配合部分长度为 84mm,故取与联轴器连接的轴径为 $d_1=45\text{mm}$。

(三)轴的结构设计

1. 轴上零件的定位、固定和装配

根据齿轮减速器的简图确定轴上主要零件的布置图(图 11-26)和轴的初步估算定出轴径,并进行轴的结构设计。

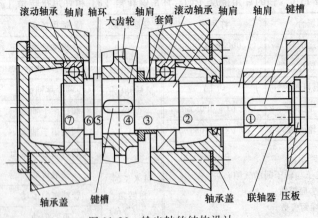

图 11-26 输出轴的结构设计

齿轮的左面端由轴环定位，右端用套筒定位，两端轴承常用同一尺寸，轴承处轴肩不宜过高（其高度最大值可从轴承标准中查得），故左端轴承与齿轮间设置一个轴肩，还设置一个轴环，如图11-26所示。齿轮与轴、半联轴器与轴的周向定位均采用平键连接及过盈配合。轴做成阶梯形，左轴承从左面装入，齿轮、套筒、右轴承和联轴器依次从右面装到轴上。

根据机械设计手册，在齿轮、半联轴器处得到键剖面尺寸为$b×h=18×11$，配合均采用H7/k6；滚动轴承内圈与轴的配合采用基孔制，轴的尺寸公差为k6。

2. 确定轴的各段直径和长度

各轴段直径分为7段来确定。

轴段①：为轴的最小直径，由前可知，$d_1=45$mm。

轴段②：$d_2=d_1+2h_1$，h_1为定位轴肩，由表11-2，$h_1=(0.07\sim0.1)d_1=3.15\sim4.5$mm，取$h_1=3.5$mm，$d_2=d_1+2h_1=52$mm；为标准值。

轴段③：d_3为安装轴承的轴颈，查轴承内径标准值，取$d_3=55$mm。

轴段④：$d_4=d_3+2h_3$，h_3为非定位轴肩，由表11-2，取2mm即可，考虑到加工，取$h_3=2.5$mm，则$d_4=d_3+2h_3=60$mm。

轴段⑤：$d_5=d_4+2h_4$，h_4为定位轴肩（环），由表11-2，$h_4=R(C)+(0.5\sim2)$mm，由$R(C)=4$mm，取$h_4=6$mm，则$d_5=d_4+2h_4=72$mm。

轴段⑥：选用7211C角接触球轴承，查机械设计手册，其安装尺寸$d_a=64$mm，即$d_6=64$mm。

轴段⑦：同一轴的两轴承一般取相同型号，故$d_7=55$mm。

各轴段长度的确定：取决于轴上零件的宽度及它们的相对位置。选用7211C轴承，其宽度为$B=21$mm；齿轮端面至箱体壁间的距离取$a=15$mm；考虑到箱体的铸造误差，装配时留有余地，取滚动轴承与箱体内边距$s=5$mm；轴承处箱体凸缘宽度，应按箱盖与箱座连接螺栓尺寸及结构要求确定，暂定：该宽度$B_3=$轴承宽$+(0.08\sim0.1)a+(10\sim20)$mm，取为50mm；轴承盖厚度取为20mm；轴承盖与联轴器之间的距离取为$b=16$mm；半联轴器与轴配合长度为$l=84$mm，为使压板压住半联轴器，取其相应的轴长为82mm；已知齿轮宽度为$B_2=80$mm，为使套筒压住齿轮端面，取其相应的轴长为78mm。根据以上考虑可确定每段轴长，并可以计算出轴承与齿轮、联轴器间的跨度：

$$L=80+2×15+2×5+2×(21/2)=141\text{mm}$$
$$L_1=58+82/2+21/2=109.5\text{mm}$$

3. 考虑轴的结构工艺性

考虑轴的结构工艺性，在轴的左端与右端均制成$2×45°$倒角；左端支撑轴承的轴径为磨削加工到位，留有砂轮越程槽；为便于加工，齿轮、半联轴器处的键槽布置在同一母线上，并取同一剖面尺寸。

4. 按弯扭合成强度校核轴的强度

1) 绘制轴的受力简图，如图11-27（a）。

2) 求齿轮上作用力的大小和方向

如图11-27（a）所示，取集中载荷作用于齿轮及轴承的中点；

转矩：$T_2=9.55×10^3 P_2/n_2=9.55×10^3×11/210=500.2$N·m

圆周力：$F_{t2}=2T_2/d_2=2×500200/382=2618.85$N

径向力：$F_{r2}=F_{t2}\tan\alpha_n/\cos\beta=2618.85×\tan20°/\cos8°6'34''=962.8$N

轴向力：$F_{a2}=F_{t2}\tan\beta=2618.85×\tan8°6'34''=372.9$N

F_{t2}、F_{r2}、F_{a2} 的方向如图 11-27（b）所示。

3）求轴承的支反力

水平面上的支反力：$F_{HA}=F_{HB}=F_{t2}/2=2618.85/2=1309.4\text{N}$

垂直面上的支反力：$F_{VA}=(-F_{a2}d_2/2+70.5\times F_{r2})/141=(-3346.5)/141=-23.7\text{N}$

$\qquad F_{VB}=(F_{a2}d_2/2+70.5\times F_{r2})/141=986.5\text{N}$

4）画弯矩图，如图 11-27（b）。

水平面上的弯矩：$\qquad M_{HC}=F_{HA}\times 70.5=1309.4\times 70.5=92.3\text{N}\cdot\text{m}$

垂直面上的弯矩：$\qquad M_{VC左}=F_{VA}\times 70.5=-23.7\times 70.5=-1.67\text{N}\cdot\text{m}$

$\qquad M_{VC右}=F_{VB}\times 70.5=986.5\times 70.5=69.55\text{N}\cdot\text{m}$

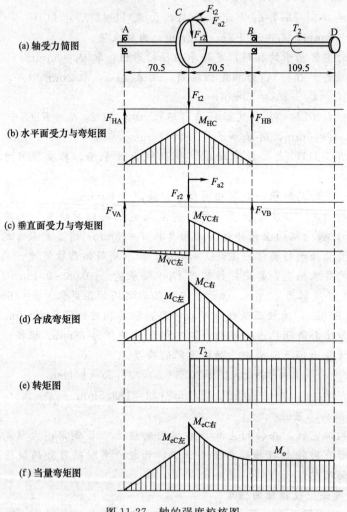

图 11-27 轴的强度校核图

5）画合成弯矩图

合成弯矩：$M_{C左}=\sqrt{M_{HC}^2+M_{VC左}^2}=\sqrt{92.3^2+(-1.67)^2}=92.3\text{N}\cdot\text{m}$

$\qquad M_{C右}=\sqrt{M_{HC}^2+M_{VC右}^2}=\sqrt{92.3^2+69.55^2}=115.6\text{N}\cdot\text{m}$

6）画转矩图

转矩：$\qquad T_2=500.2\text{N}\cdot\text{m}$

7) 画当量弯矩图

因为减速器单向回转，可认为转矩为脉动循环变化，$\alpha = \dfrac{[\sigma_{-1}]_b}{[\sigma_0]_b}$。查表得：$[\sigma_{-1}]_b =$ 60MPa，$[\sigma_0]_b = 98$MPa，则 $\alpha = 0.602$。

剖面 C 处的当量弯矩：

$$M_{eC左} = \sqrt{M_{C左}^2 + (\alpha T_2)^2} = \sqrt{92.3^2 + (0.6 \times 500.2)^2} = 313.99\text{N} \cdot \text{m}$$

$$M_{eC右} = \sqrt{M_{C右}^2 + (\alpha T_2)^2} = \sqrt{115.6^2 + (0.6 \times 500.2)^2} = 321.6\text{N} \cdot \text{m}$$

8) 判断危险截面并验算强度

① 剖面 C 当量弯矩最大，而其直径与邻接段相差不大，故剖面 C 为危险剖面。

$$M_e = M_{eC右} = 321.6\text{N} \cdot \text{m}, \quad \sigma_e = \frac{M_e}{W} = \frac{M_e}{0.1d^3} = \frac{321.6 \times 10^3}{0.1 \times 60^3} = 14.89\text{MPa}$$

② 剖面 D 处虽然仅受转矩，但其直径较小，则该剖面也为危险剖面。

$$M_D = \sqrt{(\alpha T_2)^2} = \sqrt{(0.6 \times 500.2)^2} = 300.1\text{N} \cdot \text{m},$$

$$\sigma_e = \frac{M_e}{W} = \frac{M_D}{0.1d^3} = \frac{300.1 \times 10^3}{0.1 \times 45^3} = 32.9\text{MPa}$$

由上，$\sigma_{max} = 32.9$MPa $< [\sigma_{-1}]_b = 60$MPa，所设计的轴有足够的强度。

5. 根据以上确定的尺寸，绘制出该减速器输出轴的零件尺寸图，如图 11-28。

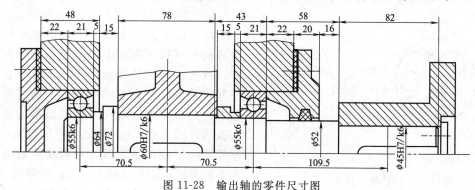

图 11-28 输出轴的零件尺寸图

【知识拓展】 刚性回转件的平衡

机械中转动的构件，由于结构、工艺和材料组织的不均匀性等原因，其质心可能不在回转轴线上，运转时会产生相应的惯性力和惯性力偶矩。这些惯性力和惯性力偶矩会在机构的各运动副中引起附加动压力，并且会随着机械运转的循环而发生周期性变化，因而会增加机构运动副的摩擦和磨损，引起机械及其基础的周期性振动和噪声，工作精度和可靠性下降，机械零件易发生疲劳损坏，降低机械工作效率和使用寿命。如果引起的振动频率接近机械系统的固有频率时，还会引起共振，使机械遭到破坏，甚至会危及周围建筑和人员的安全。随着现代高速、重载和精密机械的发展，上述问题就显得尤为突出。因此，为了减轻机械振动，改善机械的工作性能和延长使用寿命，应尽量消除附加动压力，也就是使惯性力和惯性力偶矩得到部分或完全的平衡，这就是机械的平衡问题。

机械平衡问题分为以下两类。

① 绕固定轴回转构件的惯性力的平衡，简称回转件的平衡或转子的平衡。

② 所有构件的惯性力和惯性力矩，最后以合力和合力矩的形式作用在机构的机架上，称为机构在机架上的平衡。

1. 刚性回转件的静平衡

对于轴向尺寸较小的盘状回转件（即宽径比 $B/D \leqslant 0.2$），如齿轮、盘形凸轮、带轮、砂轮等，可近似的认为它们的质量分布在垂直于其回转轴线的同一平面内。此时，若其质心不在回转轴线上，则其偏心质量就会产生离心惯性力从而引起不平衡。因这种不平衡现象在回转件静止时就可表现出来，所以称为静不平衡。刚性回转件的静平衡，就是在回转件上增加或减去一部分质量的方法，使其质心和回转中心重合，从而平衡惯性力。

(1) 刚性回转件静平衡的计算

当该回转件匀速转动时，这些质量所产生的离心力构成同一平面内汇交于回转中心的力系。如果该力系不平衡，则它们的合力不等于零。如欲使其平衡，只要在同一回转面内加一质量（或在相反方向减一质量），使它产生的离心力与原有质量所产生的离心力之总和等于零，达到平衡状态。即平衡条件为：

$$P = P_b + \sum P_i = 0$$

式中，P、P_b 和 $\sum P_i$ 分别表示总离心力、平衡质量的离心力和原有质量离心力的合力。

上式可写成：
$$me\omega^2 = m_b r_b \omega^2 + \sum m_i r_i \omega^2 = 0$$

消去公因子 ω^2，可得：
$$me = m_b r_b + \sum m_i r_i = 0 \tag{11-8}$$

式中，m、e 为回转件的总质量和总质心的向径；m_b、r_b 为平衡质量及其质心的向径；m_i、r_i 为原有各质量及其质心的向径，如图 11-29 所示的情况。

(2) 刚性回转件静平衡的试验

尽管按上述方法加上平衡质量后的回转件理论上可以平衡，但由于制造和装配的误差、材质不均匀等原因，实际上多少会存在一些不平衡，对重要的回转件，仍需要用试验方法加以平衡。常用的试验设备为静平衡实验机。图 11-30（a）导轨式静平衡架，将要平衡的回转件用轴安放在平衡实验机的两根水平的刀口形钢制导轨上，若回转件的质心 S 不在轴线的正下方，则重力将驱动回转件在

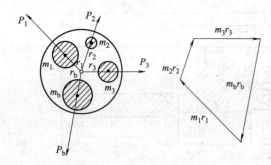

图 11-29　回转件的静平衡计算

导轨上滚动，待其停止滚动时，其质心必位于轴心的正下方，如图 11-30（c）所示。这时，可在轴心的正上方加一平衡质量（可用橡皮泥）继续试验，不断调整平衡质量或改变偏距 r_b 的值，直到回转件在任意位置都能静止不动，保持平衡。也可在其相反方向去掉相当于质

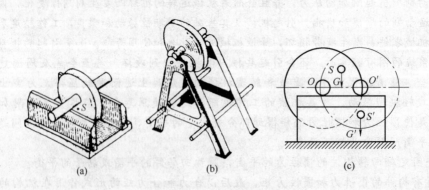

图 11-30　静平衡试验

径积的构件材料，一样也可使该回转件达到静平衡。

导轨式静平衡架简单可靠，其精度也能满足一般生产需要，其缺点是它不能用于平衡两端轴径不等的回转件。图 11-30（b）所示为圆盘式静平衡架。待平衡回转件的轴放置在分别由两个圆盘组成的支承上。圆盘可绕其几何轴线转动，故回转件也可以自由转动。它的试验程序与上述相同。这类平衡架一端的支承高度可调，以便平衡两端轴径不等的回转件。这种设备安装和调整都很简便；但圆盘中心的滚动轴承易于弄脏，致使摩擦阻力矩增大，故精度略低于导轨式静平衡架。

2. 刚性回转件的动平衡

（1）刚性回转件动平衡的计算

轴向尺寸较大的回转件，如多缸发动机曲轴、电动机转子、汽轮机转子和机床主轴等，其质量的分布不能再近似地认为是位于同一回转面内，而应看作分布于垂直于轴线的许多互相平行的回转面内。这类回转件转动时所产生的离心力系不再是平面汇交力系，而是空间力系。因此，单靠在某一回转面内加一平衡质量的静平衡方法并不能消除这类回转件转动时的不平衡。例如在图 11-31 所示的转子中，设不平衡质量 m_1、m_2 分布于相距 l 的两个回转面内，且 $m_1 = m_2$，$r_1 = r_2$。该回转件的质心虽落在回转轴上，而且 $m_1 r_1 + m_2 r_2 = 0$，满足静平衡条件；但因 m_1 和 m_2 不在同一回转面内，因此当回转件转动时，在包含回转轴的平面内存在着一个由离心力 P_1、P_2 组成的力偶，使回转件处于动不平衡状态。

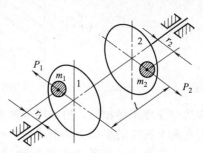

图 11-31 静平衡而动不平衡的长回转件

如图 11-32（a）所示，设回转件的不平衡质量分布在 1、2、3 三个回转面内，依次以 m_1、m_2、m_3 表示，其向径各为 r_1、r_2、r_3。可由任选的两个平行平面 T' 和 T'' 内的另两个质量 m_i' 和 m_i'' 代替，且 m_i' 和 m_i'' 处于回转轴线和 m_i 的质心组成的平面内。现将平面 1、2、3 内的质量 m_1、m_2、m_3 分别用任选的两个回转面 T' 和 T'' 内的质量 m_1'、m_2'、m_3' 和 m_1''、m_2''、m_3'' 来代替。上述回转件的不平衡质量可以认为集中在 T' 和 T'' 两个回转面内。

对回转面 T'，其平衡方程为 $\qquad m_b' r_b' + m_1' r_1 + m_2' r_2 + m_3' r_3 = 0$

对回转面 T''，其平衡方程为 $\qquad m_b'' r_b'' + m_1'' r_1 + m_2'' r_2 + m_3'' r_3 = 0$

作向量图如图 11-32（b）、（c）所示。由此求出质径积 $m_b' r_b'$ 和 $m_b'' r_b''$。选定 r_b' 和 r_b'' 后即可确定 m_b' 和 m_b''。

由以上分析可以推知，不平衡质量分布的回转面数目可以是任意个。只要将各质量向所选的回转面 T' 和 T'' 内分解，总可在 T' 和 T'' 面内求出相应的平衡质量 m_b' 和 m_b''。因此可得结论如下：质量分布不在同一回转面内的回转件，只要分别在任选的两个回转面（即平衡校正面）内各加上适当的平衡质量，就能达到完全平衡。所以动平衡的条件是：回转件上各个质量的离心力的向量和等于零；而且离心力所引起的力偶矩的向量和也等于零。

比较静平衡和动平衡，有如下结论。

① 静平衡只需在一个平面内进行平衡，动平衡则必须在垂直于轴线的两个平面内进行平衡。

② 回转件满足了静平衡，不一定满足动平衡；若满足了动平衡，则一定满足静平衡。

（2）刚性回转件动平衡的试验

回转件的动平衡试验一般需在专门的动平衡试验机上进行。动平衡实验机有多种形式，

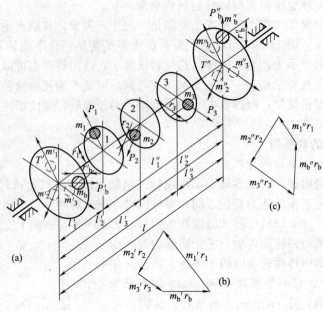

图 11-32 动平衡计算示意图

构造和原理不尽相同，但都用来测出回转件在两平衡基准面上不平衡质量的大小和方位，从而在两个选定的平面上加上或减去平衡质量，最终达到平衡的目的。

大多数平衡实验机是按振动原理设计的，利用测振传感器将回转件转动产生的振动信号通过电子线路放大处理，电子仪器显示出被测试回转件的不平衡质径积的大小及方位。目前常用的是电测式动平衡试验机。关于动平衡试验机的详细内容，读者可参阅有关产品样本。

练习与思考

一、思考题

1. 轴的功用是什么？
2. 轴的常用材料有哪些？各有何特点？试说明其应用场合。
3. 按承受载荷情况不同，轴可分为哪几类？试各举一例。
4. 轴的强度计算方法有哪几种？各适用于何种情况？
5. 轴的结构设计应从哪几个方面考虑？
6. 提高轴的疲劳强度有哪些措施？
7. 在轴的弯扭合成强度校核中，α 表示什么？为什么要引入 α 值？
8. 刚性回转件静平衡与动平衡的条件各是什么？

二、填空题

1. 轴常用的材料有_____和_____两大类。
2. 零件在轴上的固定形式包括_____和_____。
3. 设计轴的基本要求是保证轴具有足够的_____和_____。
4. 根据所受载荷的不同，轴分为_____、_____、_____。其中_____主要承受弯矩；主要承受扭矩；_____既承受弯矩，也承受扭矩。
5. 轴的结构设计就是确定轴的_____和_____。

6. 轴上零件的轴向定位和固定常用的方法有_____、_____、_____和_____。

7. 轴上零件的周向固定常用的方法有_____、_____、_____和_____。

三、选择题

1. 轴环的用途是_____。
   A. 作为轴加工时的定位面　　　B. 提高轴的强度
   C. 提高轴的刚度　　　　　　　D. 使轴上零件获得轴向定位

2. 自行车的前、中、后轴_____。
   A. 都是转动心轴　　　　　　　B. 分别是固定心轴、转轴和固定心轴
   C. 都是转轴　　　　　　　　　D. 分别是转轴、转动心轴和固定心轴

3. 当轴上安装的零件要承受轴向力时，采用_____来进行轴向固定，所能承受的轴向力最大。
   A. 螺母　　　B. 紧定螺钉　　　C. 弹性挡圈　　　D. 销连接

4. 在轴的初步计算中，轴的直径是按照_____初步确定的。
   A. 弯曲强度　　B. 扭转强度　　C. 复合强度　　D. 轴段上零件的孔径

5. 如果一转轴工作时是正反转运动，则轴的计算弯矩公式 $M_e = \sqrt{M^2 + (\alpha T)^2}$ 中 α 应取_____。
   A. 0.3　　　B. 0.6　　　C. 1　　　D. 2

6. 用来安装轮毂的轴段长度应比轮毂短_____。
   A. 1～2mm　　B. 2～3mm　　C. 5～7mm　　D. 7～10mm

四、计算题

1. 指出图 11-33 中轴的结构 1、2、3、4、5 处是否合理？为什么？应如何改进（画图表示）？

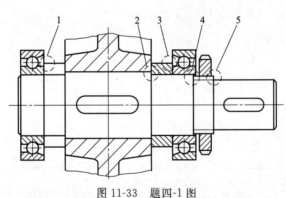

图 11-33　题四-1 图

2. 已知一传动轴传递功率为 37kW，转速 $n = 900$r/min，如果轴上的扭切应力不能超过 65MPa，问该轴的最小直径 d 应为多少？

3. 已知一单级直齿圆柱齿轮减速器，用电动机直接驱动，电动机功率 $P = 12$kW，转速 $n_1 = 1470$r/min，齿轮模数 $m = 4$mm，齿数 $z_1 = 19$，$z_2 = 72$，若输出轴的支承间距 $l = 180$mm，齿轮位于跨距中央，轴的材料用 45 号钢调质，试计算该输出轴最小直径，并设计轴系结构。

4. 如图 11-34 所示，已知减速器输出轴传递的功率 $P = 13$kW，输出轴的转速 $n_2 = 245$r/min，齿轮分度圆直径 $d_2 = 400$mm，所受的圆周力 $F_{t2} = 2500$N，径向力 $F_{r2} = 1000$N，

轴向力 $F_{a2}=560\text{N}$，轮毂宽度为90mm，联轴器轮毂宽度为70mm，建议采用轻窄系列单列深沟球轴承，工作时单向转动。试设计该输出轴。

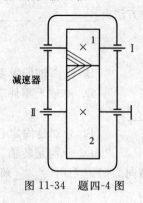

图 11-34　题四-4 图

项目十二　联轴器与离合器

【任务驱动】

联轴器和离合器是机械传动中常用的部件，它们主要是用来连接两轴（有时也可连接轴与其他回转零件），使其一同转动并传递运动和动力。所不同的是，用联轴器连接的两根轴，只有在机器停车后，经过拆卸才能把它们分离。用离合器连接的两根轴，不必拆卸，在机器运转中，可通过操纵机构随时使两轴接合或分离。联轴器和离合器的类型很多，大都已标准化。

例如，图 12-1 所示带式运输机系统有多处用到联轴器。试根据工作要求设计选用该系统的联轴器。

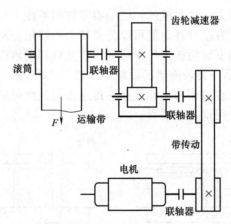

图 12-1　含齿轮减速器的带式运输机系统

【学习目标】

由任务驱动的案例，要能够完成机械传动中的联轴器和离合器的选用，需要掌握以下内容。

① 联轴器的种类及特性。
② 联轴器的正确选择。
③ 常用离合器的结构与特点。

【知识解读】

知识点一　联轴器

1. 联轴器的种类及特性

联轴器所连接的两轴，由于制造及安装误差、承载后的变形以及温度变化的影响等，往往不能保证精确的同心，而是存在着某种程度的相对位移，如图 12-2 所示。这就要求设计联轴器时，要从结构上采取各种不同的措施，使之具有适应一定范围的相对位移的性能。

根据联轴器对各种相对位移有无补偿能力（即能否在发生相对位移条件下保持连接的功

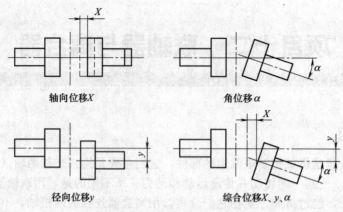

图 12-2 两轴间的相对位移

能），联轴器可分为刚性联轴器和挠性联轴器两大类。挠性联轴器又可按是否包含有弹性元件，分为有弹性元件的挠性联轴器和无弹性元件的挠性联轴器两个类别。

（1）刚性联轴器

刚性联轴器是由刚性传力元件组成的，联轴器零件间不能有相对运动，因此，没有补偿两轴相对位移的能力，不具有缓冲性，但可以传递较大的转矩。刚性联轴器要求两轴有较大的刚度和准确地安装，否则安装后或工作中的变形将使轴和轴承产生附加载荷。

① 套筒式联轴器 这是一类最简单的联轴器，如图 12-3 所示。这种联轴器是由公用的圆柱形套筒、键、圆锥销或螺钉将两轴相连接并传递扭矩。此种联轴器没有标准，需要自行设计，例如机床上就经常采用这种联轴器。

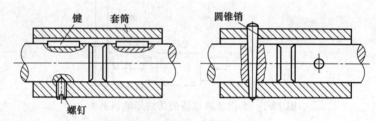

图 12-3 套筒式联轴器

② 凸缘联轴器 刚性联轴器中应用最广的是凸缘联轴器。如图 12-4 所示，凸缘联轴器是把两个带有凸缘的半联轴器用普通平键分别与两轴连接，然后用螺栓把两个半联轴器连成一体，以传递运动和转矩。凸缘联轴器有两种结构形式。图 12-4（a）是靠铰制孔用螺栓来实现两轴对中和靠螺栓杆承受挤压与剪切来传递转矩；图 12-4（b）靠一个半联轴器上的凸肩与另一个半联轴器上的凹槽相配合而对中，连接两个半联轴器的螺栓可以采用 A 级或 B 级的普通螺栓，转矩靠两个半联轴器接合面的摩擦力矩来传递。这种联轴器结构简单，能传递较大的转矩，但被连接的两轴必须严格对中，不能缓冲和吸振。一般用于转矩较大，两轴能很好对中以及冲击较小的场合。

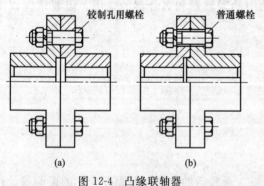

图 12-4 凸缘联轴器

(2) 挠性联轴器

① 无弹性元件的挠性联轴器　这类联轴器具有挠性，所以可补偿两轴的相对位移。但又因无弹性元件，故不能缓冲减振。

a. 十字滑块联轴器　如图 12-5 所示，滑块联轴器是由两个端面开有凹槽的半联轴器 1、3 和一个两面都有凸榫的圆盘 2 组成。圆盘 2 的两凸榫的中线相互垂直并通过圆盘中心，两个半联轴器分别和主、从动轴连接在一起。当轴转动时，如两轴有相对径向偏移，圆盘上的两凸榫可在两半联轴器的凹槽中来回滑动。由于中间圆盘作偏心转动将产生离心力，为了避免离心力过大，尽量减小圆盘的质量，因此，常将圆盘制成空心式。为了防止圆盘凸榫和半联轴器凹槽过早磨损，除应使工作表面具有足够的硬度外，还应注意润滑。

滑块联轴器允许的径向位移 $y<0.04d$（d 为轴的直径）和角位移 $\alpha<30'$，当两轴不同心且转速较高时，滑块的偏心会产生较大的离心力，给轴和轴承带来附加动载荷，并引起磨损，因此只适用于低速，一般转速 $n<300 \text{r/min}$。

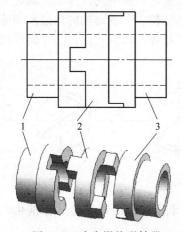

图 12-5　十字滑块联轴器
1,3—半联轴器；2—圆盘

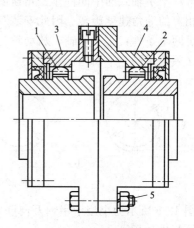

图 12-6　齿轮联轴器
1,2—内套筒；3,4—外套筒；5—螺栓

b. 齿轮联轴器　图 12-6 所示齿轮联轴器是由两个带内齿的外套筒 3、4 和两个带外齿的内套筒 1、2 组成。套筒与轴相联，两个外套筒用螺栓 5 联成一体。工作时靠啮合的轮齿传递扭矩。为了减少轮齿的磨损和相对移动时的摩擦阻力，在壳内储有润滑油，为防止润滑油泄漏，内外套筒之间设有密封圈。齿轮联轴器能补偿适量的综合位移，由于轮齿间留有较大的间隙和外齿轮的齿顶制成椭球形，能补偿两轴的不同心和偏斜。允许角位移 $30'$ 以下，若将外齿做成鼓形齿，角位移可达 $3°$。通常，轮齿采用压力角为 $20°$ 的渐开线齿廓。

齿轮联轴器具有良好的补偿两轴偏移的能力，传递转矩的能力比同尺寸的其他联轴器大得多，在重型机械中应用很广；但其结构复杂，质量较大，制造成本高。

c. 万向联轴器　万向联轴器又称万向铰链机构，用以传递两轴间夹角可以变化的、两相交轴之间的运动。万向联轴器由于能连接交角较大的相交轴或距离较大的两平行轴，其结构紧凑，工作可靠，维护方便，这种机构广泛地应用于汽车、机床、轧钢等机械设备中。

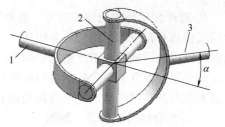

图 12-7　十字轴万向联轴器
1,3—叉轴；2—十字轴

图 12-7 所示即为十字轴万向联轴器的结构原

理。它由一个轴线相互垂直的十字轴 2，两个分别与十字轴的四端铰接的叉轴 1、3 组成。叉轴 1、3 的轴线交点与十字轴 2 的中心 O 相重合。当一叉轴的位置固定后，另一叉轴可在任意方向偏 α 斜角，通常 α 可达 $35°\sim45°$。对于单个十字轴万向联轴器，虽然其主动叉轴 1 回转一周，从动叉轴 3 也回转一周，但因存在 α 角，两叉轴的角速度并不时时相等。当主动叉轴 1 作等角速度 ω_1 回转时，从动叉轴 3 将作不等角速度 ω_3 回转。由于两轴的瞬时传动比不能保持恒定，因而引起附加动载荷。叉轴 3 转动时角速度 ω_3 的变化与两轴夹角 α 有关。当叉轴 1 以等角速度 ω_1 转动时，叉轴 3 的角速度 ω_3 的变化范围为

$$\omega_1 \cos\alpha \leqslant \omega_3 \leqslant \frac{\omega_1}{\cos\alpha} \qquad (12\text{-}1)$$

由上式可见，两轴的夹角 α 愈大，ω_3 变化幅度也愈大，产生的动载荷也愈大。

因为单个万向联轴器存在着上述缺点，所以在机器中很少单个使用。实用上，常采用双万向联轴器，即由两个单万向联轴器串接而成，如图 12-8 所示。当主动轴 1 等角速度旋转时，带动十字轴式的中间件作变角速度旋转，利用对应关系，再由中间件带动从动轴 2 以与轴 1 相等的等角速度旋转。因此安装双万向联轴器时，如要使主、从动轴的角速度相等，必须满足两个条件：①主动轴、从动轴与中间件的夹角必须相等，即 $\alpha_1 = \alpha_2$；②中间件两端的叉面必须位于同一平面内。

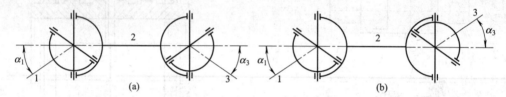

图 12-8　双万向联轴器示意图

图 12-9 所示为小型十字轴万向联轴器的结构。小型十字轴万向联轴器已标准化，设计时可按标准选用。

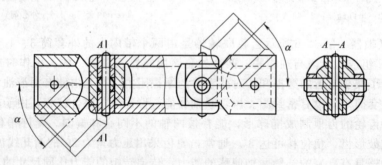

图 12-9　双万向联轴器结构图

② 有弹性元件的挠性联轴器　在这类联轴器中因装有弹性零件，所以不仅可以补偿两轴的线位移和角位移，而且具有缓冲和吸振的能力。它适用于受变载荷、频繁启动、经常正反向转动以及两轴不便于严格对中的场合。弹性元件的材料可以分为金属和非金属两大类。由橡胶和尼龙等非金属材料制成的弹性零件结构较简单，有较好的缓冲能力，同时橡胶和尼龙具有较好的阻尼特性，对扭转振动起着良好的消振作用，近年来获得广泛应用。

a. 弹性套柱销联轴器　如图 12-10 所示，弹性套柱销联轴器的结构与凸缘联轴器相似，只是用套有弹性圈的柱销代替了连接螺栓。

弹性套的变形可以补偿两轴线的径向位移和角位移，并且有缓冲和吸振作用。半联轴器

的材料可用 HT200，有时也用 35 钢或 ZG270～500；柱销材料多用 35 钢。这种联轴器结构简单、容易制造、装拆方便、成本较低，但弹性套容易磨损、寿命较短。适用于经常正反转、启动频繁、载荷平稳的高速运动中。如电动机与减速器（或其他装置）之间就常使用这类联轴器。

b. 弹性柱销联轴器　图 12-11 所示弹性柱销联轴器主要由两个半联轴器和尼龙柱销组成。为了防止柱销滑出，在柱销孔外侧设置了挡板。与弹性套柱销联轴器相比，弹性柱销联轴器结构更为简单，便于制造维修，耐久性好。适用于轴向窜动较大、冲击不大，经常正反转的中、低速以及较大转矩的传动轴系。

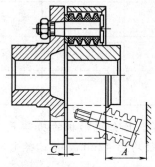

图 12-10　弹性套柱销联轴器

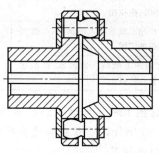

图 12-11　弹性柱销联轴器

2. 联轴器的选择

常用联轴器的种类很多，大多已标准化和系列化。一般不需要重新设计，直接从标准中选用即可。选择联轴器的步骤是：先根据工作条件确定合适的类型，再按转矩、轴径及转速选择联轴器的型号（尺寸），最后进行必要的强度校核。

（1）联轴器的类型选择

选择联轴器的类型时一般应考虑以下几方面。

① 所需传递转矩的大小和性质以及对缓冲和减振方面的要求。

② 联轴器的工作转速高低和引起的离心力大小。

③ 两轴对中性要求。

此外还应考虑联轴器的可靠性、使用寿命和工作环境，以及联轴器的制造、安装、维护和成本等因素。

（2）联轴器型号、尺寸的选择

选择类型后，联轴器的型号（尺寸）通常是根据计算转矩 T_c、轴的转速 n 和轴端直径 d 查阅有关手册或标准，选择适当型号的联轴器。

按下式计算联轴器的计算转矩

$$T_c = KT \tag{12-2}$$

式中　T_c——轴的计算转矩，N·m；

　　　K——工作情况系数，见表 12-1；

　　　T——轴的名义转矩，N·m。

选择联轴器型号时应满足以下几点。

① 计算转矩 T_c 不超过联轴器的公称转矩 T_n，即 $T_c \leqslant T_n$。

② 转速 n 不超过联轴器的许用转速 $[n]$，即 $n \leqslant [n]$。

③ 轴端直径不超过联轴器的孔径范围。

表 12-1　工作情况系数 K

工作机	原动机			
	电动机、汽轮机	单缸内燃机	双缸内燃机	四缸内燃机
转矩变化很小的机械：如发电机、小型通风机、小型离心泵	1.3	2.2	1.8	1.5
转矩变化较小的机械：如透平压缩机、木工机械、运输机	1.5	2.4	2.0	1.7
转矩变化中等的机械：如搅拌机、增压机、有飞轮的压缩机	1.7	2.6	2.2	1.9
转矩变化和冲击载荷中等的机械：如织布机、水泥搅拌机、拖拉机	1.9	2.8	2.4	2.1
转矩变化和冲击载荷较大的机械：如挖掘机、碎石机、造纸机械	2.3	3.2	2.8	2.5
转矩变化和冲击载荷大的机械：如压延机、起重机、重型轧机	3.1	4.0	3.6	3.3

项目训练 12-1　电动机经减速器拖动水泥搅拌机工作。已知电动机的功率 $P=11\text{kW}$，转速 $n=970\text{r/min}$，电动机轴的直径和减速器输入轴的直径均为 42mm，试选择电动机与减速器之间的联轴器。

解　（一）选择类型　为了缓和冲击和减轻振动，选用弹性套柱销联轴器。

（二）求计算转矩

$T = 9550 \dfrac{P}{n} = 9550 \dfrac{11}{970} = 108\text{N}\cdot\text{m}$，由表 12-1 查得，工作机为水泥搅拌机时工作情况系数 $K=1.9$，故计算转矩：$T_c = KT = 1.9 \times 108 = 205\text{N}\cdot\text{m}$

（三）确定型号　由设计手册中选取弹性套柱销联轴器 TL 6。它的公称扭矩（即许用转矩）为 250N·m；半联轴器材料为钢时，许用转速为 3800r/min，允许的轴孔直径在 32～42mm 之间。以上数据均能满足本题的要求，故合适选用。

知识点二　离合器

离合器在机器运转中需随时分离或接合被连接的两轴，不可避免地要受到摩擦、发热、冲击、磨损等情况。因而对离合器的要求是：接合平稳、分离迅速、操作省力方便，同时结构简单、散热好、耐磨损、寿命长等。

1. 常用离合器的结构和特点

离合器的种类很多。按离合工作原理的不同可分为牙嵌式离合器、摩擦式离合器和电磁式离合器；牙嵌式离合器能保证被连接两轴同步运转，但只宜在停车或转速差很小时离合。摩擦式离合器则可在任何不同的转速下离合。按控制方法的不同，可分为操纵式离合器和自动式离合器，前者按操纵方法又有机械式、气压式、液压式和电磁式等。自动离合器能够在特定的工作条件下（如一定的转矩、一定的回转方向或达到一定的转速）自动分离或接合，如安全离合器、超越离合器等。

（1）牙嵌式离合器

牙嵌式离合器是由两个端面带牙的半离合器所组成，如图 12-12 所示。其中一个半离合器 1 用键和螺钉固定在主动轴上，另一半离合器 2 则用导向平键 3（或花键）与从动轴构成动连接。通过操纵杆拨动滑环 4 可使离合器 2 沿导向平键作轴向移动，以实现两半离合器的结合和分离。为了保证两轴的对中，在主动轴端的半离合器 1 上装有一个对中环 5，从动轴的轴端始终置于对中环的内孔中可相对转动。当离合器接合时，从动轴与对中环同步旋转；

当离合器分离时，对中环继续旋转而从动轴不转。牙嵌式离合器常用的牙型有三角形、梯形和锯齿形，如图12-13所示。

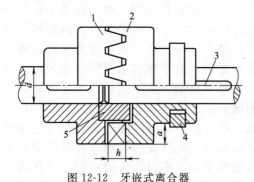

图12-12 牙嵌式离合器
1，2—半离合器；3—导向平键；4—滑环；5—对中环

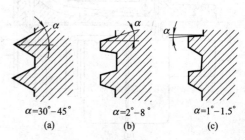

图12-13 牙嵌式离合器常用牙型

梯形牙其强度高，传递转矩大，能自动补偿牙面磨损所产生的间隙，同时由于嵌合牙间有轴向分力，便于分离，故应用较广；三角形牙只能传递中、小转矩；矩形牙不便于离合，且磨损后无法补偿，故很少采用；锯齿形牙只能传递单向转矩。

牙嵌式离合器结构简单，外廓尺寸小，能保证两轴同步运转，但只能在停车或低速转动时才能进行接合，因此常用于低速和不需在运转中进行接合的机械上，一般在机床和农业机械中应用较多。

（2）摩擦式离合器

利用主、从动半离合器摩擦片接触面间的摩擦力来传递转矩的离合器，通称为摩擦式离合器，它是能在高速下离合的机械式离合器。

摩擦式离合器的形式很多，其中以圆盘摩擦式离合器应用最广。图12-14所示为一单圆盘摩擦式离合器，主动摩擦盘2与主动轴1用键连接，从动摩擦盘3与从动轴4通过导向键连接。工作时，利用操纵装置对从动摩擦盘3上的滑环5施加一轴向压力F_a，使从动摩擦盘3向左移动与主动摩擦盘2接触并压紧，从而在两圆盘的接合面间产生摩擦力以传递转矩。单圆盘摩擦离合器结构简单，散热性好，但传递的转矩较小。

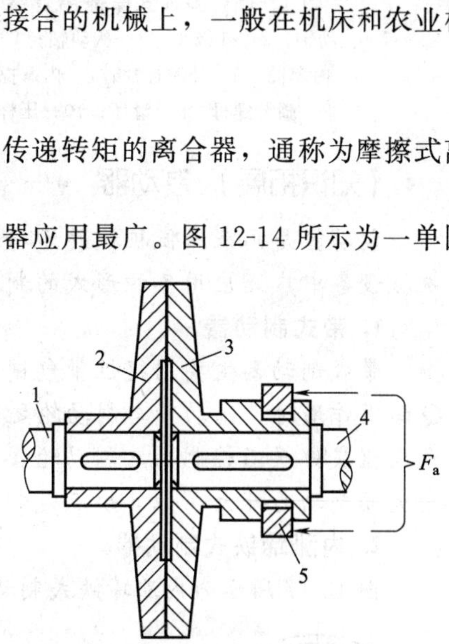

为了传递较大的转矩，可采用图12-15（a）所示的多圆盘（多片式）摩擦离合器。其主动轴1用键与外鼓轮2相联；从动轴3也用键与内套筒5相联。它有两组摩擦片，一组外摩擦片6［图12-15（b）］的外圆与外鼓轮之间通过花键连接，而其内孔不与其他零件接触；另一组内摩擦片7［图12-15（c）］的内孔与内套筒之间也通过花键相联，其外圆不与其他零件接触。当滑环9沿轴向移动时，将拨动曲臂压杆10，使压板4压紧或松开内、外两组摩擦片，从而使主、从动轴接合或分离。调节螺母8是用以调节内、外两组摩擦片之间的间隙大小。

图12-14 单圆盘摩擦式离合器
1—主动轴；2—主动盘；3—从动盘；
4—从动轴；5—滑环

多圆盘摩擦离合器可以通过增加摩擦片的数目，而可不增加轴向压力来传递较大的转矩，故其径向尺寸可较小。但摩擦片数目不能过多，否则将影响分离的灵活性。此外，中间摩擦片的冷却比较困难。因而一般摩擦片数目不多于12～16对。

摩擦式离合器与牙嵌式离合器比较，其优点是两轴能在不同速度下接合；接合和分离过程比较平稳、冲击振动小；从动轴的加速时间和所传递的最大转矩可以调节；过载时将发生打滑，避免使其他零件受到损坏，故摩擦离合器的应用较广。缺点是结构复杂、成本高；当产生滑动时不能保证被连接两轴间的精确同步转动；摩擦会产生发热，当温度过高时会引起摩擦系数的改变，严重的可能导致摩擦盘胶合和塑性变形。所以，一般对钢制摩擦盘应限制其表面最高温度不超过 300～400℃，整个离合器的平均温度不超过 100～120℃。

2. 离合器的选择

离合器的选择方法与联轴器类似，首先是根据工作条件和使用要求，确定离合器类型，然后根据轴径和传递转矩的大小查手册选用型号。大多数离合器尚未标准化，其主要尺寸和计算方法可查阅《机械设计手册》。

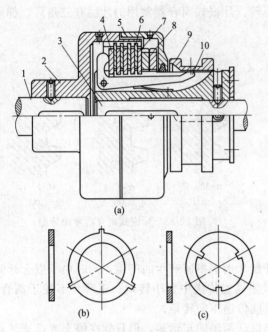

图 12-15 多片式摩擦离合器
1—主动轴；2—外鼓轮；3—从动轴；4—压板；
5—内套筒；6—外摩擦片；7—内摩擦片；
8—调节螺母；9—滑环；10—压杆

• 【知识拓展】 制动器 •

制动器是用来降低机械的运转速度或迫使机械停止运转的装置。在车辆、起重机等机械设备中广泛应用各种形式的制动器。以下介绍两种常见的制动器。

1. 带式制动器

带式制动器主要用挠性带包围制动轮。如图 12-16 所示，制动带包在制动轮上，当 Q 向下作用时，制动带与制动轮之间产生摩擦力，从而实现合闸制动。制动带是钢带内表面镶嵌一层石棉制品与制动轮接触，以增加摩擦力。带式制动器结构简单，它由于包角大而制动力矩大，但其缺点是制动带磨损不均匀，容易断裂，而且对轴的作用力大。

2. 内涨蹄铁式制动器

图 12-17 所示为内涨蹄铁式制动器，制动蹄 1 上装有摩擦材料，通过销轴 2 与机架固

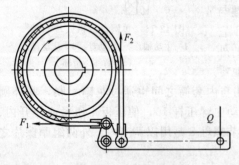

图 12-16 带式制动器

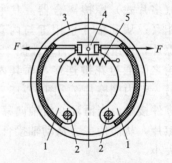

图 12-17 内涨蹄铁式制动器
1—制动蹄；2—销轴；3—制动轮；
4—液压缸；5—弹簧

定连接，制动轮3与需要制动的轴固连。制动时，压力油进入液压缸4，推动左右两活塞移动，在活塞推力作用下，两制动蹄绕销轴向外摆动，并压紧在制动轮内侧，实现制动。若要松开，液压油回油，制动蹄在弹簧5作用下与制动轮分离。

练习与思考

一、思考题

1. 联轴器和离合器的功用有何异同？各用在机械的什么场合？
2. 联轴器所联的两根轴可能出现哪些偏移形式？产生的原因是什么？
3. 常用的联轴器有哪些类型？各有什么优、缺点？试举例说明各应用场合。
4. 刚性联轴器和弹性联轴器有何差别？各举例说明它们适用于什么场合？
5. 选择联轴器的类型时要考虑哪些因素？确定联轴器的型号应根据什么原则？
6. 牙嵌式离合器和摩擦式离合器各有何优缺点？各适用于什么场合？
7. 为什么有的联轴器要求严格对中，而有的联轴器则可以允许有较大的综合位移？
8. 万向联轴器有何特点？如何使轴线间有较大偏斜角 α 的两轴保持瞬时角速度不变？
9. 试分析带式制动器与内涨蹄铁式制动器的工作原理？各适用于什么场合？

二、填空题

1. 用联轴器连接的两轴在机器运转时_____分开，而用离合器连接的两轴在机器运转时_____。
2. 按照有无补偿轴线偏移能力，可将联轴器分为_____联轴器和_____联轴器两大类。
3. 挠性联轴器按其组成中是否具有弹性元件，可分为_____联轴器和_____联轴器两大类。
4. 按工作原理，离合器可分为_____和_____两大类。
5. 在确定联轴器类型后，可根据_____、_____和_____，查阅_____来选择联轴器的型号、尺寸。
6. 摩擦离合器靠_____来传递扭矩，两轴可在_____时实现接合或分离。

三、选择题

1. 联轴器和离合器的主要作用是_____。
   A. 连接两轴，使其一同旋转并传递转矩　　B. 补偿两轴的综合位移
   C. 防止机器发生过载　　　　　　　　　　D. 缓和冲击和振动
2. 对于工作中载荷平稳，不发生相对位移，转速稳定且对中性好的两轴宜选用_____联轴器。
   A. 刚性凸缘　　B. 滑块　　C. 弹性套柱销　　D. 齿式
3. 金属弹性元件和挠性联轴器中的弹性元件都具有_____的功能。
   A. 对中　　B. 减磨　　C. 缓冲和减振　　D. 装配很方便
4. 下面_____联轴器是属于刚性联轴器。
   A. 凸缘　　B. 滑块　　C. 弹性套柱销　　D. 齿式
5. 牙嵌式离合器的常用牙型有矩形、梯形、锯齿形和三角形等，在传递较大转矩时常用牙型为梯形，因为_____。

A. 梯形牙强度高，接合、分离较容易，且磨损能补偿
B. 只能传递单向转矩
C. 梯形牙齿与齿接触面间有轴向分力
D. 接合后没有相对滑动

6. 凸缘联轴器_____。
A. 结构简单，使用方便，但只能传递较小的转矩
B. 属于刚性联轴器
C. 对所连接的两轴之间的相对位移具有补偿能力
D. 有缓冲和吸振的功能

四、计算题

1. 某电动机与油泵之间用弹性联轴器相连，已知电动机功率 $P=7.5\text{kW}$，转速 $n=970\text{r/mm}$，两轴直径均为 42cm，试选择联轴器类型与型号。

2. 一齿轮减速器的输出轴用联轴器与破碎机的输入轴连接，已知传动功率 $P=40\text{kW}$，转速 $n=140\text{r/mm}$，轴的直径 $d=80\text{mm}$，试选择联轴器的型号。

3. 在发电厂中，由高温高压蒸汽驱动汽轮机旋转，并带动发电机供电。在汽轮机与发电机之间用什么类型的联轴器为宜？理由何在。试为 3000kW 的汽轮发电机机组选择联轴器的具体型号，设轴颈 $d=120\text{mm}$，转速为 3000r/min。

参 考 文 献

[1] 濮良贵，纪名刚. 机械设计. 第8版. 北京：高等教育出版社，2006.
[2] 杨可桢，程光蕴. 机械设计基础. 第5版. 北京：人民教育出版社，2006.
[3] 陈立德. 机械设计基础. 北京：高等教育出版社，2008.
[4] 丁洪生. 机械设计基础. 北京：机械工业出版社，2000.
[5] 王宁. 机械设计基础. 北京：机械工业出版社，2005.
[6] 黄锡恺，郑文纬. 机械原理. 第6版，北京：高等教育出版社，1989.
[7] 徐锦康. 机械原理. 北京：机械工业出版社，1996.
[8] 朱东华. 机械设计基础. 北京：机械工业出版社，2003.
[9] 孔庆华. 机械设计基础. 上海：同济大学出版社，2004.
[10] 孙德志. 机械设计基础课程设计. 北京：科学出版社，2006.
[11] 马秋生. 机械设计基础. 北京：机械工业出版社，2006.
[12] 邓昭铭，杜志忠. 机械设计基础. 北京：高等教育出版社，1993.
[13] 刘颖，马春荣. 机械设计基础. 北京：清华大学出版社，2005.
[14] 黄华梁，彭文生. 机械设计基础. 第3版. 北京：高等教育出版社，2000.
[15] 朱文坚，黄平. 机械设计. 北京：高等教育出版社，2002.
[16] 刘春林. 机械设计基础课程设计. 杭州：浙江大学出版社，2004.
[17] 黄晓荣. 机械设计基础课程设计指导书. 北京：中国电力出版社，2005.
[18] 宋敏. 机械设计基础课程设计指导书. 西安：西安电子科技大学出版社，2006.